U0831529

深部巷道围岩稳定性控制技术与应用

汤红枪　刘旦龙　孟献歌　编著

中国矿业大学出版社
· 徐州 ·

内 容 提 要

本书在分析深部巷道围岩稳定性控制所面临问题的基础上，阐述了深部巷道围岩稳定性控制技术的发展和技术路线，利用系统工程思想提出了解决深部巷道围岩稳定性控制问题的方法论。本书共5章内容，主要包括绪论、深部巷道围岩地应力状态与围岩物理力学性质研究、断层割裂区巷道围岩稳定性控制技术、高应力巷道爆破卸压辅助支护机理与应用、深部巷道围岩稳定性控制技术发展展望。

本书既可以作为高校相关专业研究生的参考用书，也可以作为相关工程技术人员的参考用书和相关企业技术人员的培训用书。

图书在版编目(CIP)数据

深部巷道围岩稳定性控制技术与应用 / 汤红枪，刘旦龙，孟献歌编著. —徐州：中国矿业大学出版社，2024.4

ISBN 978-7-5646-6237-0

Ⅰ. ①深… Ⅱ. ①汤… ②刘… ③孟… Ⅲ. ①巷道围岩—围岩稳定性 Ⅳ. ①TD325

中国国家版本馆 CIP 数据核字(2024)第 082599 号

书　　名　深部巷道围岩稳定性控制技术与应用
编 著 者　汤红枪　刘旦龙　孟献歌
责任编辑　杨　洋
出版发行　中国矿业大学出版社有限责任公司
　　　　　（江苏省徐州市解放南路　邮编 221008）
营销热线　(0516)83885370　83884103
出版服务　(0516)83995789　83884920
网　　址　http://www.cumtp.com　**E-mail**:cumtpvip@cumtp.com
印　　刷　苏州市古得堡数码印刷有限公司
开　　本　787 mm×1092 mm　1/16　**印张** 12.75　**字数** 326 千字
版次印次　2024 年 4 月第 1 版　2024 年 4 月第 1 次印刷
定　　价　50.00 元
（图书出现印装质量问题，本社负责调换）

前 言

我国煤炭预测总储量的73.2%埋深在1 000 m以下，浅部储量较少。目前我国东部煤矿开采深度正在以每年10～25 m的速度向深部发展，预计在未来20年内有很多煤矿的开采深度将达到1 000～1 500 m。深部采矿引发的围岩大变形破坏和强冲击动力灾害日益严峻。在深部高地应力、高地温、高渗透压、强采动、强流变及多场耦合的复杂地质力学环境下，深部采场的应力场特征、煤岩体破碎性质、岩层移动及能量的积聚释放规律等均发生了显著变化，给深部矿井建设以及采矿作业带来严峻挑战。作为深部矿井重要运输、通风等功用的各种巷道工程，面临高地应力、高温高热及渗流以及采动压力扰动等复杂环境的影响，其围岩变形破坏机理和稳定性控制已成为当前矿井建设和煤矿生产领域需要正确面对、认真研究和亟待解决的重要问题之一。

本书在从深部巷道围岩稳定性控制所面临的问题出发，以维持深部巷道围岩稳定为目标，遵循深部巷道围岩稳定性控制问题研究的内在规律，从掌握深部巷道围岩地应力状态和围岩物理力学性质的基础出发，分析总结了断层割裂区深部巷道围岩稳定性控制的技术方法，分析了高应力深部巷道爆破卸压辅助支护机理，并以典型工程应用实例来说明相关技术的应用效果，同时提出以系统工程思想方法论来指导深部巷道围岩稳定性控制的工程实践。

本书强调对解决具体深部巷道围岩稳定性控制问题的技术路线和方法的实用性和有效性，在内容的选择上，立足于我们多年来的工程实践，并注意借鉴国内外相关研究成果和典型工程实例。本书可以作为高校相关专业研究生的参考用书，也可以作为相关工程技术人员的参考用书和相关企业技术人员的培训用书。

本书的第1章、第5章、第2章2.1节由汤红枪编写，第2章2.2节、第3章由刘旦龙编写，第2章2.3节、第4章由孟献歌编写。

深部巷道围岩稳定性控制具有广泛认同的复杂性，且限于我们的水平，书中错误和不妥之处在所难免，敬请广大读者批评指正。

编著者

2024年1月

目　录

1 绪　　论

1.1 深部巷道围岩稳定性控制面临的问题

有关统计表明:2021 年、2022 年我国原煤产量均超过 40 亿 t,其中 2021 年为 40.71 亿 t,2022 年为 45.6 亿 t,2023 年前 8 个月原煤总产量为 30.51 亿 t[1-3]。其中井工开采的煤炭量约占 78%。为了完成如此巨大量煤炭的开采任务,全国各类煤矿每年新掘巷道(占井下采掘工程量的 70%～80%)约 13 000 km,位居世界第一。如此巨大的巷道开掘工程量,成为完成超 40 亿 t 原煤产量的重要保障。众所周知,矿井巷道工程施工过程中围岩稳定性的控制以及投入运营后巷道安全空间的保证与维护极大影响矿井生产的正常进行。巷道围岩稳定性控制受到巷道所处地层深度、地层地质条件和水文条件、岩石性质、巷道断面形状、支护方式以及其与周边巷道及硐室的位置关系和煤炭开采等多种因素的影响。随着煤炭开采量的逐年增加和浅部煤炭资源的逐渐枯竭,我国煤炭开采正在向千米及更深地层开展,自 20 世纪 90 年代至今,我国煤矿开采深度以平均每年 10～25 m 的速度向深部延伸[4],诸如河北的开滦、邯郸和邢台矿区,安徽的淮南矿区,河南的平顶山矿区等矿区,其生产矿井的开采深度大部分已超过千米,地质条件逐渐恶化,巷道围岩破碎,涌水量增大,地应力和水头压力升高等问题日趋凸显,给深部巷道的支护和巷道围岩稳定性的维护带来了极大的难度和矿井生产必须面对的挑战。

综合分析深部巷道围岩支护的工程现状可知,我国煤矿巷道围岩稳定性控制,尤其是深部巷道围岩稳定性控制,面临的难题和挑战主要包括以下几个方面。

(1) 相比浅部巷道,煤矿深部巷道地应力大,受到冲击地压的风险也不断增大,其成为制约我国煤矿安全生产和高效生产的主要灾害风险之一。

研究表明:具有冲击倾向的巷道,受强采动应力作用影响,回采巷道和护巷煤柱围岩区容易产生大面积破碎区和塑性区,又因其岩层自身的强度低,巷道冲击矿压发生频次和破坏程度显著提高,同时巷道围岩的变形量增大、变形持续时间增加、变形破坏也更加严重[5-7]。深部矿井巷道掘进后,在深部高地应力与冲击叠加作用下,围岩表现出非稳态特性和非线性特征,现有传统理论不能科学解释深部巷道围岩大变形和严重破坏机理;传统的浅部矿井弱冲击风险、低应力、弱采动条件下的巷道围岩,其单一锚网锚索、锚喷、钢棚支护技术不能有效解决深部冲击巷道围岩稳定性的控制问题[8-9]。目前深部冲击性巷道围岩的控制理论和技术研究还未完善,如何在深部冲击条件下对围岩进行稳定性控制以满足巷道的安全稳定生产是深部冲击巷道围岩控制亟须解决的课题。

(2) 深部巷道围岩的变形相比浅部巷道围岩的变形明显增大,深部巷道大变形的控制成为深部矿井煤炭开采时面临的又一难题。

为了保证深部巷道围岩的稳定性，目前工程实践中通常通过不断提高支护强度来控制围岩的变形与破坏，但是在高强度甚至超高强度支护下，巷道围岩剧烈变形与破坏并不能得到有效控制，深部巷道围岩控制效果不理想[10]。

研究表明：在现有工程技术条件下，支护强度的提高对深部大变形巷道塑性破坏的控制作用有限，采用高延伸性、能持续提供支护阻力、适应围岩大变形而不发生破断的支护材料是深部大变形巷道围岩控制的有效途径。

(3) 地应力随着矿井开采深度的不断延伸而增大，同时巷道围岩应力也随着增大。处于浅部较硬的围岩，在深部形成工程软岩，主要表现为应变软化和强力扩容性等特点，严重影响巷道围岩的整体性和稳定性，造成深部巷道变形大，翻修比例高(大多数在90%以上)，从而显著增加了巷道的维护成本，并导致矿井生产系统不畅通、运输能力降低、通风阻力增大等问题。具体表现在以下几方面：

① 巷道的变形速度较快，底鼓较严重，变形量大。在深部高应力条件下，岩石具有较高能量，对巷道开挖具有卸荷作用，短时间内可释放岩体内聚集的能量，使得深部围岩最大应力和最小应力差异呈上升趋势。前掘后修已成为回采巷道施工与维护的基础工作和常态化工作。② 岩性显著影响了深部巷道的稳定性。对于浅部岩体而言，岩性几乎不影响巷道变形，或者说巷道变形受地层岩性的影响很小。而到达深部之后，不同性质围岩的变形差异凸显，巷道位置取决于岩性主导因素，若同一巷道的岩性不同，采用非等强支护方法已成为深部巷道主要的维护方法。③ 巷道掘进后表现出持续流变和变形。此外，深部矿井多存在瓦斯突出与冲击地压风险，很多时候还会受到承压水的影响，多种不利因素和环境因素的叠加，进一步增大了深部巷道维护的难度。

(4) 矿井水灾的威胁。随着开采深度的增加，煤矿地层水的涌水量、水头压力也呈现逐步增大的趋势，并表现出高渗透性，从而极易引发地质灾害，加上水对巷道围岩具有软化作用，从而恶化了深部巷道的地质和水文环境条件，进一步增大了深部巷道稳定性维护与控制的难度。

除此以外，对于煤矿尤其是深部矿井巷道围岩控制方面，还有很多问题没有弄清楚，这些问题包括以下几项[11]：

① 煤矿巷道围岩地质条件存在复杂性、多变性的特点，煤层作为围岩的一部分，是煤矿巷道的鲜明特色。目前，对巷道围岩，特别是深部巷道以及煤层地质力学特性，包括煤层中的孔隙、裂隙、节理、割理、层理等结构分布与力学参数及煤层中的地应力、瓦斯对煤层力学性质的影响等缺乏深入研究。这在一定程度上影响深部巷道治理措施的有效性。

② 采动应力具有在时空上不断移动、变化的特征，是煤矿巷道的又一大特色。虽然进行了大量的对采煤工作面周围及煤柱支承压力监测、理论分析与模拟研究，但是还缺乏能长期、稳定、有效监测采动应力的技术与仪器，还没有完全弄清三维采动应力的时空演化规律；采用不同采煤方法对不同参数的工作面开采后形成的上覆岩层结构，对巷道围岩稳定性的影响的研究还不充分。因此，需要从应力测试、模拟、理论建模等方面系统开展采动力学研究，为巷道围岩控制提供力学基础。

③ 围岩大变形是煤矿巷道的显著特征。虽然采用弹塑黏性等连续介质力学理论和多种数值模拟方法研究了围岩变形与破坏规律，但分析及计算结果与井下实际情况还是有较大差距。应针对煤岩体介质非均质，非连续，各向异性，内含多尺度孔隙、裂隙、水、瓦斯等

特点和不连续、不协调扩容变形（围岩大变形的主要组成部分），采用多尺度、多场、多相耦合及加卸载相结合的研究方法，进一步开展采动煤岩体力学行为研究，建立适合煤岩体，特别是煤层的本构关系与力学模型，以揭示煤矿巷道围岩变形破坏的本质，使分析及计算结果更接近实际。

④ 支护与围岩相互作用是巷道围岩控制研究的核心问题，应将围岩与支护看成相互作用、共同承载的整体，围绕强度、刚度及稳定性等开展支护力学研究。继续深化原岩应力场、采动应力场与支护应力场“三场”分布特征及相互作用研究；深化对各种围岩控制方式与围岩相互作用机制的认识；进一步研究支护与改性相互协调、互补的作用机制，支护与卸压耦合作用机制及支护、改性、卸压“三位一体”联合控制作用原理。在此基础上提出更适合煤矿巷道围岩稳定性控制的新理论、新方法。

⑤ 巷道围岩稳定性控制设计虽然有了很大进展，但仍有不少矿区还以经验设计为主，缺乏普遍认可、定量化的设计方法，因此应进一步提高初始设计的合理性，加大动态化、信息化、系统化设计方法的推广力度，积极运用现代信息技术，实时、精确捕捉设计过程中的各种信息并及时进行反馈，不断优化围岩稳定性控制设计，并确保巷道安全。

⑥ 锚杆支护已成为煤矿巷道围岩控制的主要方式，解决了一般条件巷道的支护问题。但是对于复杂的巷道，尤其是深部巷道的稳定性控制问题，仍有很多难题需要深入研究。在锚杆支护理论方面，需要进一步研究大变形巷道锚杆支护机制、锚杆与锚索协调作用机制等。在锚杆支护材料与构件、井下施工及监测等方面，还需开发适应高应力、大变形、强冲击的锚杆新材料、新产品；优化锚杆支护构件的几何参数和力学性能，研究构件的匹配性；开发锚杆高精度加工工艺与设备，提高锚杆加工质量；研制锚杆、锚索预应力精确施加技术与设备，确保施工质量；研发快速、准确、无损的锚杆监测系统，满足信息化设计与安全的要求。

⑦ 注浆加固是破碎围岩稳定性控制的有效手段，但是与注浆材料和设备的发展相比，注浆理论研究已明显滞后，需要深入研究浆液在不规则节理、裂隙及交叉裂隙网络中的扩散流动规律和围岩各向异性、浆液时变性等因素对注浆效果的影响。在注浆材料方面，需不断开发更适合煤矿巷道围岩的新型低成本、环境友好型注浆材料。在注浆质量检测与注浆效果评价方面，研发能实时监测注浆压力、流量、浆液黏度等注浆参数的仪器和可靠的注浆效果检测仪器，以提高注浆施工质量，准确评价注浆效果。

⑧ 卸压法是高应力、强采动巷道围岩控制的有效应力途径。目前，水力压裂法得到较多应用，但无论是水力压裂卸压机制、工艺技术，还是施工机具、设备及监测仪器，仍需进行大量深入的研究工作，包括：煤岩体中水力裂缝起裂、扩展规律及卸压机制；水力压裂参数的定量化设计，提高设计的合理性与科学性；水力压裂机械化、自动化施工设备研发，提高施工质量与效率；水力裂缝扩展与卸压效果检测、监测仪器开发，实现对水力压裂效果的准确评价。

⑨ 除个别巷道地质条件好的矿区，我国煤矿巷道掘进速度仍普遍较低，不能满足采煤工作面快速推进的要求。应根据不同巷道围岩条件开发不同形式的快速掘进与支护技术及装备，提高掘进与支护作业的机械化、自动化水平，并向智能化发展，从而大幅度提高成巷速度，解决日益突出的采掘接续紧张的矛盾。

1.2 深部巷道围岩稳定性控制技术发展

1.2.1 国外煤矿巷道支护理论与技术的发展

国外煤矿巷道支护理论起源于20世纪初的古典压力理论，该理论认为作用在支护结构上的荷载为上方整体岩层的重力。随着巷道开挖深度增大，古典压力理论不再适用，随之诞生了塌落拱理论和普氏冒落拱理论，二者都认为开挖尺度和围岩性质影响了冒落拱的高度和范围，并提出巷道围岩具有一定的自承能力。

20世纪60年代，文献[12]提出了新奥法，其核心为围岩与支护结构构成一个支承环，共同承载巷道变形，并在施工过程中进行实时监测，及时反馈。随后文献[13]提出了能量支护理论，根据能量守恒定律，认为围岩变形释放能量，支护结构随之吸收能量，二者在相互作用过程中的能量是守恒的，且认为应当将支护结构设计为能够自动调整能量吸收与释放的过程。文献[14]则是基于现场观测和数值模拟结果提出了最大水平应力理论，认为巷道变形主要受最大水平应力的影响。

国外煤矿地质条件相对简单、埋深浅，使用锚杆进行支护就可以满足巷道稳定性要求，保证矿井安全生产，其大概发展历程如图1-1所示[15]。英国在1872年率先在矿上使用金属锚杆，美国则是1900年开始尝试使用木锚杆，随后，机械端部锚杆（楔缝式、倒楔式、涨壳式）应用于煤矿巷道支护中，但是由于其锚固力较小且可靠性较低，时常导致支护失效；1960—1970年，德国埃森采矿研究中心研制出第一批药卷式树脂锚固剂，并和锚杆相结合应用于煤矿井下巷道支护中，且将锚杆直径从38～45 mm缩小到22～30 mm。此时树脂锚杆因其锚固力高、可靠性强的优点被大量应用。1970—1980年，锚杆锚固长度从端锚发展到全锚，管缝式和胀管式锚杆被用于井下支护，但是其容易受环境影响发生锈蚀，且施工工艺复杂。1980—1990年，这一段时间内锚杆形式蓬勃发展，主要有混合锚固锚杆、钢带式组合锚杆、桁架锚杆，并出现了可拉伸锚杆、锚注锚杆等特种锚杆。除此之外，在锚杆支护技术的基础上，支护强度更高的锚索加固技术开始被应用到煤矿中。1990年以来，则是支护性能优越且易施工的高强度树脂锚杆成为锚杆支护的主要形式，且锚索加固技术大量推广。

国外主要产煤国家煤矿巷道支护技术的发展简介如下。

(1) 美国与澳大利亚煤矿巷道支护技术

澳大利亚与美国的煤炭储量巨大，而且两个国家的煤炭赋存地质条件优越，大多数矿区埋藏浅，采用长壁开采法开采。基于以上条件，两国煤矿巷道几乎全部使用锚杆支护。丰富的煤炭储量为锚杆支护技术发展提供便利，由于巨大的锚杆消耗量，两国众多学者对锚杆支护技术展开研究，发明了种类繁多的锚杆，例如涨壳式锚杆、树脂锚杆、混合锚固锚杆（组合件有钢带和桁架）。除了锚杆支护外，美国煤矿也借鉴了许多金属矿山的支护手段。美国学者对长壁开采煤矿站立式支柱支护形式展开系统研究，认为围岩大变形会在巷道顶底板周围形成应力集中，其中支架的数量、刚度都会对围岩支护的稳定性产生影响。

澳大利亚锚杆支护技术已经形成比较完整的体系，许多学者针对全长锚固展开研究以期实现荷载分布最优化，煤矿巷道几乎全部采用W形钢带＋树脂全长锚固锚杆组合支护。

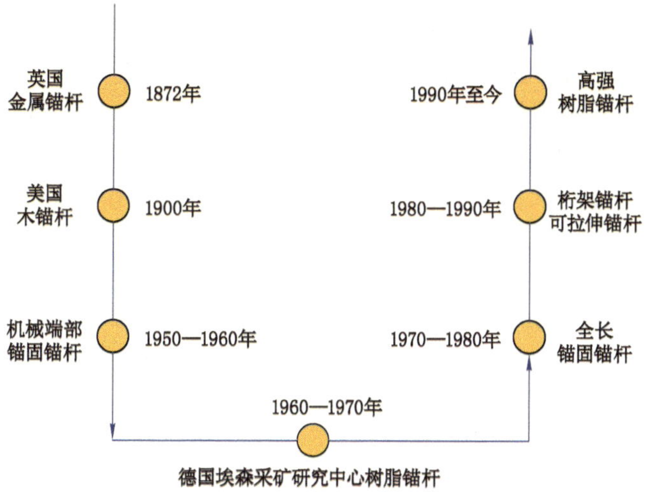

图 1-1 国外煤矿锚杆发展历程

尽管其巷道断面尺寸比较大，但是支护效果良好。对于复合和破碎顶板以及巷道交岔点、大断面硐室等难支护巷道，还采用锚索注浆进行补强加固，控制围岩的强烈变形。对于长壁开采工作面采动应力与地应力叠加的情况，锚杆、锚索和喷射混凝土联合支护体系，能有效减小巷道围岩变形。对 Glencore Bluga 矿严重底鼓现象进行分析，发现其主要原因是高水平应力，提出了采取增加采高、打设底板锚索、注浆等措施来治理。

(2) 俄罗斯煤矿巷道支护技术

俄罗斯是能源大国，已探明煤炭储量约为 1 500 亿 t，仅次于美国，煤矿支护技术水平也是一直位于世界前列。俄罗斯学者围绕煤矿巷道支护展开了大量研究，文献[16]对俄罗斯珀德莫斯科夫那亚煤矿巷道展开研究，针对软岩巷道采用锚杆-索与高承载力支架的复合支护手段(图 1-2)，该方法有效控制了巷道变形，保证了工程安全。文献[17]对锚杆锚固密度展开研究，认为锚杆锚固密度取决于巷道横截面面积。文献[18]针对深部矿井回采巷道的稳定性展开研究，结果表明金属支架在深部巷道支护中起到了至关重要的作用。同时，研究发现在深部软岩巷道支护中金属支架的类型和密度将会影响支护效果，甚至在一些特殊环境中的深部软岩巷道支护中锚杆-索和金属支架的复合支护技术也将失效。

图 1-2 俄罗斯煤矿巷道采用的复合支护

(3) 欧洲主要产煤国及其他国家煤矿巷道支护技术

欧洲一些国家的煤炭储量十分丰富,且开采历史悠久。早期欧洲煤矿巷道支护主要采用金属支架,但是金属消耗量太大,导致成本过高而逐渐向锚杆、锚索支护发展。许多学者对锚杆、锚索支护技术展开研究,并得到了积极推广应用。欧洲各国巷道支护经历了从被动支护到主动支护的发展历程,为巷道支护技术变革做出了巨大贡献。英国是工业革命驱动国,在那个蒸汽机代替手工的年代煤炭资源显得尤为重要,因此英国拥有当时世界上最先进的煤矿工业技术。

20 世纪 90 年代以前,英国煤矿的支护技术主要以被动支护为主,即采用金属支架对煤矿巷道进行支护。但是随着煤矿开采深度和煤炭需求量的逐渐增加,使用金属支架支护效果不佳且成本高昂。20 世纪 90 年代初,英国煤炭工业开始引进锚杆支护技术,相比于金属支架支护成本更低且施工更便捷,使得锚杆支护在英国煤矿中迅速得到推广,短短几年时间锚杆支护就在英国煤矿巷道支护中全面铺开。锚杆作为英国煤炭工业支护技术的一次革命,大幅度降低了支护成本,提高了巷道安全性,保障了英国煤矿的安全、高效生产。英国学者也展开了对锚杆支护技术的研究,文献[19]采用不同的数值模拟方法研究了高水平应力软弱胶结顶板对巷道围岩稳定性的影响。

2019 年 3 月英国坎布里亚郡议会批准了价值 1.8 亿英镑的深井煤矿项目,这意味着英国煤炭开采活动向深部进军。

德国煤炭工业历史悠久,具有成熟的煤矿巷道支护体系。德国是使用 U 形钢支架最早的国家,U 形钢支护技术较为成熟,且 U 形钢生产技术先进,无论是大巷还是回采巷道,德国煤矿大多数采用 U 形钢可缩性支架(图 1-3),整体 U 形钢消耗量巨大。但是从 1980 年以来,德国煤炭需求量增加,煤炭开采深度逐步加深,开采强度增大,大型采掘机械设备开始在煤矿中应用。这就造成巷道断面尺寸增大,原有的 U 形钢支护体系无法进行有效支护,且 U 形钢支护强度低的缺点逐渐显现出来。因此,德国煤矿选择提高 U 形钢质量和减小 U 形钢支架间距等措施,但是这致使巷道支护成本过高,同时带来施工和材料运输等问题。针对上述问题,德国许多专家学者开展了锚杆支护技术的研究与试验。最终,锚杆支护技术在鲁尔矿区试验成功,而且得以推广应用到德国千米深井煤矿巷道支护中。2018 年,德国最后一家煤矿关停,标志着德国二百多年的煤炭开采成为历史,但是德国煤矿使用锚杆与 U 形钢支架的联合支护体系为未来深井支护带来重要启示。

法国煤矿开采历史也是相当悠久,早期支护体系也是使用金属可缩性支架支护,支护参数主要凭借经验确定。随着开采推进,支护成本增加,逐渐采用单体支架进行支护,但是由于支护强度较低,很难控制围岩大变形的发生。随后欧洲各国引进锚杆-索支护成功后,法国也随之引进该技术来应对煤矿巷道变形。文献[20]对锚杆-索进行了实验室拉拔试验,研究了围压、巷道埋深、锚固材料等因素对锚杆-索拉拔的影响,提出了预测锚杆-索拉拔力学性质的方法,并对其合理性进行了验证。在法国,1986 年锚杆在煤矿支护体系中占比已达 50%,2004 年法国最后一家煤矿关闭,其采煤史随之结束。

除了上述主要产煤国对巷道围岩支护技术的研究外,世界其他国家煤矿巷道支护技术的发展和研究也很迅速。波兰煤矿巷道大部分采用复合支护手段,主要为以金属支架为主、以锚杆支护为辅的联合支护。针对不同煤矿的地质条件,波兰煤矿采用不同材质锚杆与不同支架间距来控制巷道支护成本,这种金属支架与锚杆联合支护技术在波兰广泛使

图 1-3　德国煤矿巷道 U 形钢支架

用，取得了很好的支护效果。乌克兰煤炭资源丰富，煤炭赋存区地质条件复杂，大部分煤矿都使用让压支架来保证复杂地质条件下的巷道安全。

综上所述，世界各国煤矿巷道支护发展历史给我们带来了重要启示：世界上其他国家由于煤炭资源埋深较浅，地质条件相对较好，因此在围岩支护方面经历了由型钢支架被动支护到锚杆-索主动支护的发展历程，并且锚杆-索支护体系基本可以满足巷道围岩稳定性要求；国外对煤矿巷道支护技术的研究紧密结合该国煤矿现场条件，不断完善锚杆-索支护体系，针对不同巷道条件采用不同的方法；U 形钢和锚杆-索支护体系为国外煤炭开采做出了重大贡献，但是在面对深部复杂的难以支护的巷道时，U 形钢和锚杆-索支护体系也会失效，故需要寻求一种针对深部复杂难支护巷道的有效支护理论及控制技术，干扰巷道围岩开挖后的应力重分布结果，调控不规则的应力场使之尽量恢复至与地应力场相匹配的等效应力状态。

1.2.2　我国煤矿巷道支护理论与技术

1.2.2.1　我国煤矿巷道支护理论

我国巷道支护理论种类较多，但是基本上都围绕巷道围岩与支护结构这两个部分的作用机理开展研究。支护理念主要是针对巷道围岩的认识，从“载荷来源”转变为“主要承载体”，而支护结构只是在协助或者调动巷道围岩进行自承载。据此可以将巷道支护理论划分为如下两个阶段：

第 1 个阶段为探索巷道围岩体的边界，随之计算出支护结构需要承载的具体荷载。比较具有代表性的支护理论为：① 1920 年以前的古典压力理论。该理论认为作用在支护结构上的压力是上覆岩层的重力，不适用于埋深较大的巷道。② 1920—1960 年的塌落拱理论。该理论将塌落拱内的岩石重力作为支护荷载，并据此进行支护设计。上述阶段的支护理论的研究者主要为国外学者，我国对巷道支护理论的研究则主要集中在第 2 个阶段。

第 2 个阶段则是将巷道围岩体看作主要承载体，探索支护结构如何协助和调动巷道围岩发挥承载能力，继而研究巷道围岩体与支护结构的相互作用机理，主要形成了以下支护理论[21]：

① 轴变理论：不同形状巷道断面在不同地应力条件下具有不同的巷道稳定轴比，当最

大地应力方向与巷道纵轴重合时，此时的巷道围岩最为稳定，称为稳定轴比。

② 松动圈支护理论：巷道开挖后，围岩在地应力与岩石强度的相互作用下会产生碎胀变形。碎胀变形大小决定了松动圈的尺寸，并且可据此对巷道围岩进行稳定性分类，从而可以采取不同的支护形式。具体的，松动圈越大，巷道围岩支护难度越大。

③ 联合支护理论：在面对复杂的难以支护的巷道时，仅提高支护结构的刚度已不能有效控制巷道围岩变形，而是要做到先柔后刚，先让后抗，柔让适度，稳定支护。这就需要锚喷配合网架进行联合支护。但是随着巷道围岩条件日趋复杂，此理论有待进一步完善。

④ 围岩强度强化理论：打设锚杆后，被锚固岩体的最大强度及残余强度得到提高，具体表现为被锚固岩体的内聚力、内摩擦角、弹性模量得到改善，有效修复了巷道围岩，提高了其整体承载能力。

⑤ 关键部位耦合支护理论：支护体与巷道围岩在强度和刚度两个方面的不耦合造成了软岩巷道的大变形。所以要求支护方式既要有一定柔度以吸收巷道变形所释放的能量，又要求其具有能够抵抗巷道围岩发生有害变形的刚度，且要对关键部位进行特殊支护。

⑥ 主次承载区支护理论：巷道开挖后会形成张拉域和压缩域，压缩域起主要承载作用，称为主承载区；而张拉域经过支护结构的维护后也会产生一定压缩域，并承担部分荷载，为次承载区。巷道不同支护结构和支护参数的变化会导致主次承载区的动态变化，二者协调控制巷道变形。

⑦ 其他支护理论包括锚注理论。a. 锚杆支护与注浆相结合的支护方法。b. 承压环强化支护理论：钢管混凝土支架与锚网喷相互结合能在巷道围岩中形成一个环形承载结构体。c. 强帮强角支护理论：不应该只局限于顶底板的支护，加强巷道帮部和顶角支护将会提升巷道围岩的整体承载能力。d. 等强梁支护理论：根据巷道顶板弯曲正应力的分布特征，采取不同长度的锚杆对顶板进行支护，目的是使最后将顶板的最大正应力调控至相等。e. 围压恢复加固理论：巷道开挖后由三向应力状态变为双向或单向应力状态，围压整体得到了释放，应该通过锚杆-索和一些护表结构恢复和补充巷道围压，提高其承载能力。f. 极限自稳平衡拱理论：巷道围岩垮落最终形成一个极限平衡拱，拱内的极限平衡岩体是支护所需控制的重点对象。

上述支护理论在我国巷道围岩控制工程实践中都起到了积极的指导作用，并且有一些共同特点，如一些理论侧重通过应力调控来改善巷道围岩体所处的应力环境，一些理论通过岩性改善来提高巷道围岩体的承载能力，还有一些理论关注通过表层的结构支护来协助或调动巷道围岩体发挥自承载能力，从而最终使得开挖后的巷道尽量恢复至未开挖时的等强度应力状态。但是在深部动压巷道和软岩巷道的支护过程中发现现有的支护理论并不能很好地指导现场支护工程实践，还需要探寻新的深部巷道支护理论。因此，需要综合考虑现有支护理论的特点来建立一个合适有效的深部巷道支护理论。

1.2.2.2 我国煤矿巷道支护技术

在众多支护理论的基础上，学者们相继提出了很多支护技术，根据支护结构的作用位置可以分为巷道内部支护技术、巷道表面支护技术、复合支护技术。巷道内部支护技术又可以分为锚杆-索支护技术、注浆控制技术、卸压控制技术；巷道表面支护技术包括砌碹支护技术、金属支架支护技术、钢管混凝土支架支护技术、钢筋混凝土支架支护技术、喷涂柔膜技术、其他表面支护技术等；复合支护技术则是一种或多种巷道内部支护技术与表面支护技术联合使用的支护技术。具体分类如图 1-4 所示。

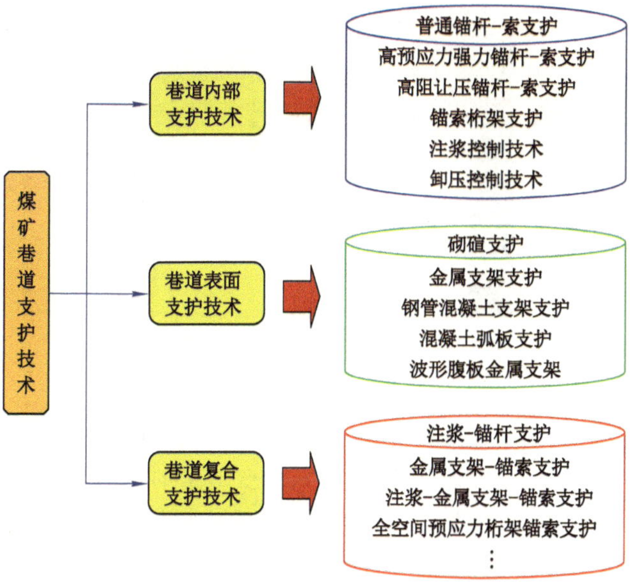

图 1-4 我国煤矿巷道支护技术分类示意图

(1) 巷道内部支护技术

① 普通锚杆(索)支护技术：我国于 1956 年在淄博和淮南等煤矿中对锚杆进行了井下性能试验，经过对锚杆支护理念、支护构件性质、支护设计方法及矿压监测方法的多年研究，我国煤矿中锚杆的利用率已经从 20 世纪 90 年代初期的 3%～5%提升到现阶段的 60%，很多国有煤矿已经达到 90%。总的来说，我国锚杆支护技术大体经历了起步阶段(20 世纪 80 年代中后期)、攻关阶段(1991—1995 年)、引进消化阶段(1996—2005 年)、创新提高阶段(2005 年至今)，并已经形成了适用于我国煤矿巷道的锚杆支护成套技术体系，极大地保障了我国煤矿生产安全。

② 高预应力强力锚杆(索)支护技术：文献[22]基于预应力锚杆支护原理(图 1-5)提出了高预应力强力锚杆(索)支护技术，认为合理的锚杆(索)预应力场的形成可以使得巷道围岩处于压应力状态，从而形成预应力承载结构，控制巷道围岩的非连续与非协调变形。一般情况下，预应力应为锚杆屈服强度的 30%～50%。此外，高延伸率以及高韧性的锚杆可以吸收巷道围岩大变形所带来的一部分能量，从而保证巷道稳定。文献[23-24]对深部巷道围岩进行了控制难度分级，并提出了高预拉力、高强度、高刚度“三高”锚杆控制对策，有效解决了淮南矿区巷道的变形难题。文献[25-26]针对深部采动巷道的冒顶灾害，提出了具有高延伸率的可接长锚杆支护技术，有效解决了锚索破断率高和顶板下沉严重问题。

③ 高阻让压锚杆-索支护技术：传统锚杆(索)由于延伸能力有限，经常由于巷道大变形而导致其破断失效。一般巷道围岩变形会有一部分是不可控制的，所以需要支护系统具有一定阻力，缓慢主动释放这部分不可控制的变形。基于此，对高阻让压锚杆-索的研究至关重要。文献[27]研发了一种恒阻可调、延伸量较大且包含让压管的新型让压锚杆。文献[28]基于可

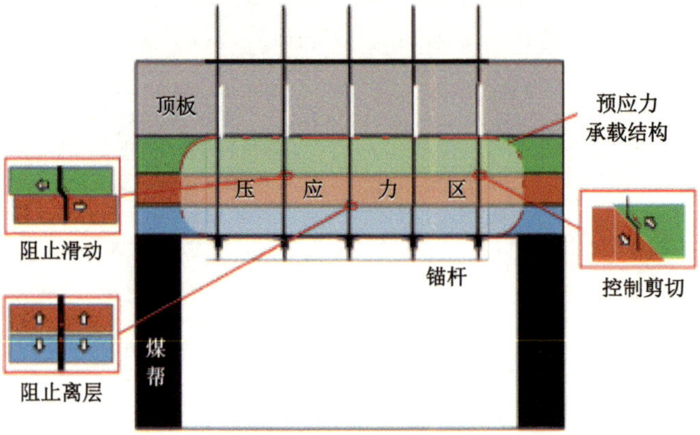

图 1-5 预应力锚杆支护原理示意图

让压的锚杆(索),提出了“高阻-让压”支护体系,有效解决了动压巷道的大变形问题。除此之外,文献[29-30]作者自主研发了具有高恒阻力、大变形量的负泊松比恒阻大变形锚杆(索)(图 1-6)。研究表明:恒阻大变形锚杆(索)通过结构变形来吸收巷道变形所释放的能量,并能够在变形过程中保持较高且恒定的阻力,有效解决了深部软岩巷道和动压巷道的大变形问题。

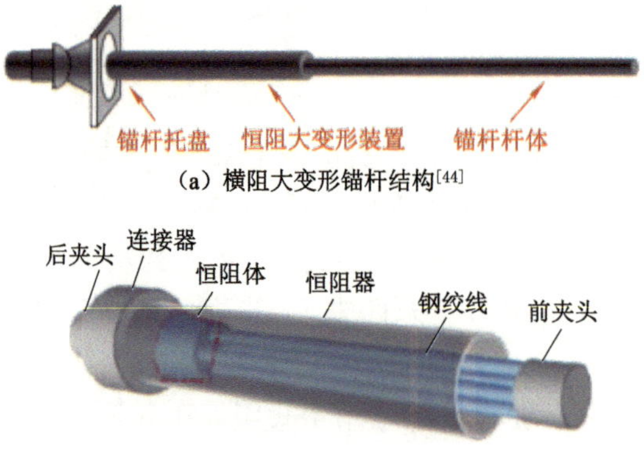

(a) 横阻大变形锚杆结构[44]

(b) 恒阻大变形锚索结构[45]

图 1-6 恒阻大变形锚杆(索)结构示意图

④ 锚索桁架支护技术:在松软破碎煤岩体中,普通锚杆(索)的锚固力难以保证,且只能对巷道围岩提供径向作用力,而没有切向作用力,最终导致普通锚杆(索)失效而发生顶板事故。基于此,文献[31-32]作者提出了以“双向施力、长软抗剪、线型承载、锚固点稳、变形闭锁”为控制准则的锚索桁架支护系统,使得支护后巷道围岩应力场以波纹形式均匀垂直地向顶板和两帮的深部扩散,形成较厚的顶帮预应力带,整体抗变形能力增强,维持了巷道稳定。

⑤ 注浆控制技术:将可以固化的液体材料通过物理或者化学的方法注入破碎岩体,从而提高破碎围岩的强度与整体性,改善锚固体的力学性能[33]。注浆加固方法的分类方法较多[34],根据注浆时间可以分为预注浆和后注浆;按照注浆工艺流程可以分为单液注浆与双液注浆;根据注浆材料可以分为水泥类注浆、黏土类注浆、化学注浆、复合材料注浆;根据工程地质条件可以分为渗透法、挤密法、劈裂法、高压喷射法。在注浆加固材料方面[35],大体

上经历了传统加固材料(石灰、黏土、水泥等)、高分子化学材料(脲醛树脂、聚氨酯、聚亚胺胶脂、环氧树脂等)、无机有机复合注浆材料三个阶段。此外,合适的注浆加固理论可以有效指导注浆工程实践,经过几十年的发展,注浆加固理论主要有多孔介质注浆理论、拟连续介质注浆理论和裂隙介质注浆理论[36]。注浆完成后需要对注浆效果进行检测,目前常用的方法有钻芯取样、钻孔壁观察、超声波、地质雷达及数字钻进测试等。

⑥ 卸压控制技术:巷道围岩内部应力经常由于地质构造或采动而异常升高,此时使用卸压控制技术改善巷道围岩的应力环境显得尤为重要。

巷道围岩卸压方法主要有以下几种:

a. 爆破卸压:在巷道围岩内部打入一定深度的钻孔,当钻孔底部的炸药发生爆炸后,会在爆源周围形成卸压区,将高应力向巷道深部转移,达到改善应力环境的目的。

b. 卸压槽卸压:在工作面前方开挖一条具有一定宽度和高度的槽,从而使得积聚在煤体内的弹性潜能得到释放,形成一定的卸压范围。

c. 水力压裂卸压:利用高压水流在岩体内部形成裂隙网,弱化基本顶,降低工作面来压的影响,从而减小工作面支架阻力。地面水力压裂、井下区域水力压裂及井下局部水力压裂是目前常用的水力压裂方法。

d. 其他卸压技术:除了上述三种卸压技术,常见的还有在巷道围岩内部打设不同深度的钻孔,改变钻孔附近煤岩体内部结构的钻孔卸压法和以深孔预裂技术为主的综合卸压法。此外,还有跨巷回采卸压和卸压巷道等卸压方法。

(2) 巷道表面支护技术

① 砌碹支护技术:砌碹支护是指利用混凝土和料石砌筑成巷道支架,砌筑长度和形状较为灵活,且对巷道围岩具有较好的封闭性,施工工艺简单。但是其缺点也很明显,施工强度大、速度慢,且为刚性支护,受到动荷载作用时容易破断、开裂,造成巷道支护失效。

② 金属支架支护技术:总的来说,巷道空间上方岩层的重力是由支架与巷道围岩共同承担的,但研究表明支架承担的荷载仅为上方岩层重力的1%～2%。所以,在20世纪60年代前,木支架用于我国煤矿巷道支护取得了一定的控制效果,但随着生产力的发展以及对支护要求的提高,具有较高支护阻力的金属支架逐渐取代了木支架。从横断面形式来看,矿用支护型钢主要有矿用工字钢和U形钢。矿用工字钢的断面高度和宽度比普通工字钢的小,腹板加厚,翼缘厚且斜度大,目前常用于制作矩形和梯形支架。而U形钢相比工字钢具有较好的断面形状和几何参数,可以使型钢搭接完成后平稳滑移,具有较好的支护性能。

根据工作原理进行划分,金属支架分为刚性支架和可缩性支架。相比金属可缩性支架,刚性支架的适用范围较窄,基本只能够在巷道围岩较为稳定以及变形量较小的巷道中使用。由于巷道围岩变形有一部分是不可控制的,所以可缩性金属支架就较好地解决了这个问题。通过巷道变形,驱使自身进行伸缩,从而主动释放那部分不可控的变形,最终使得“支架-围岩”作用关系处于一个较为稳定的状态。

金属支架在一定开采阶段较好地解决了我国煤矿的支护难题,但仍属于被动支护,没有最大限度地调动巷道围岩的自承载能力。此外,可缩性金属支架的伸缩量不能定量计算,且经常破坏后难以修复进行二次利用,所以其在煤矿巷道中的利用率逐渐降低,被支护成本较低的锚杆所替代。

③ 钢管混凝土支架支护技术：金属支架用于巷道支护时，虽然能够解决一部分问题，但是在面对软岩巷道、动压巷道等难支护巷道的大变形问题时，不能够提供足够的支护阻力。在地面上，钢管中常注入混凝土进行应用，混凝土的注入使得钢管从原来的二向受力状态变为三向受力状态，同时钢管约束了混凝土的变形，提高了整体结构的抗压性能。基于此，文献[37]首先研究了钢管混凝土支架在动压软岩巷道中的应用可能性，研究结果表明：钢管混凝土支架具有较高的承载能力和较大的可缩量，且验证了钢管混凝土支架是可以被成功制作的。2006 年之后，高延法团队采用理论分析、数值模拟和室内试验相结合的手段研究了钢管混凝土短柱的壁厚、直径、充填材料等对钢管混凝土支架支承性能的影响，并对不同断面形状的整体支架破坏模式和承载力进行了室内试验。研究结果表明：钢管混凝土支架可根据巷道断面设计为不同形状和不同节数，使用直径略大于钢管的套管将其连接为一个整体，通过注浆孔完成混凝土的注入，支架间使用连杆连接(图 1-7)。

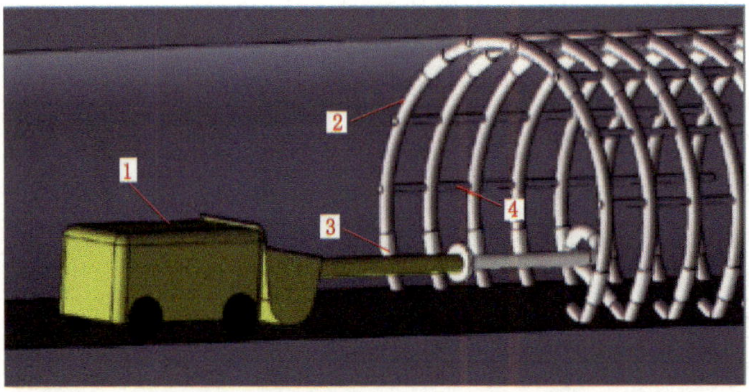

1—混凝土注浆泵；2—钢管；3—套管；4—顶杆。

图 1-7　钢管混凝土安装示意图

④ 其他表面支护技术：巷道围岩环境愈加复杂，学者们开始尝试不同类型的表面支护技术。文献[38]提出了双层钢板高强混凝土弧板支架的表面支护技术，该支护技术对巷道围岩进行边支边让，适于对软岩巷道的大变形进行控制。文献[39]提出了一种波形腹板支架(图 1-8)，该支架自重小，承载力高，且可以通过可缩性节点的设置降低作用在支架上的荷载，为冲击地压巷道围岩控制提供有益参考。

(3) 巷道复合支护技术

复合支护技术是指采用内部支护技术和表面支护技术中的一种或几种对巷道围岩进行控制。巷道内部支护技术主要是为了改善巷道围岩的内在属性，提高其内聚力、内摩擦角等参数，修复破损的巷道围岩，提高其自承载能力；表面支护技术是指控制巷道围岩表面变形，去调动或者协助巷道围岩发挥自承载能力。在面对复杂的难以支护的巷道时，单一的支护技术往往难以控制大变形，这时就需要将内部支护技术与表面支护技术相结合，优势互补，协同承载，共同恢复巷道围岩的自承载能力。目前常用的复合支护技术有注浆-锚杆支护技术，型钢-锚索支护技术，注浆-型钢-锚索支护技术，以及以钢管混凝土支架为核心、以锚杆-索为辅助的联合支护技术等。但是针对不同的地质条件，应具体问题具体分析，确定合适的复合支护技术。

具体来说，复合支护技术不是单纯的多种支护技术的叠加，而是对支护对象进行合理

图 1-8 波形钢腹板支架模型

分析，然后选定复合支护方案。前述支护技术大多数针对巷道顶板、帮部或底板进行单方面控制，基于此，文献[40]提出了“全空间预应力桁架锚索协同支护结构”(图 1-9)。

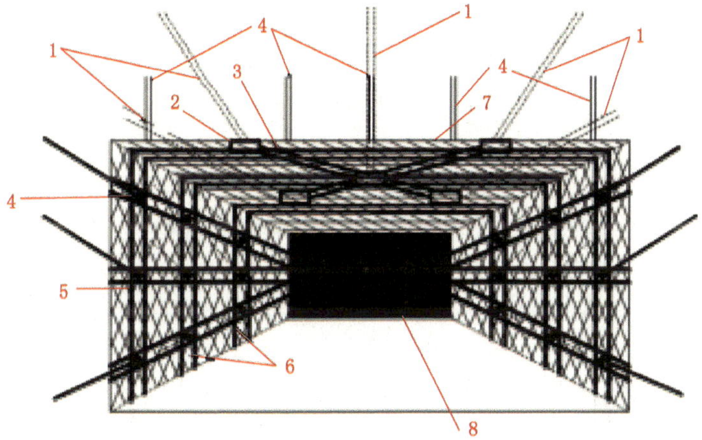

1—锚索；2—托架；3—拉杆；4—锚杆；5—金属网；6—钢带；7—顶板；8—煤巷。

图 1-9 全空间预应力桁架锚索协同支护结构示意图

传统的桁架锚索主要基于二维平面进行设计，在面对松软破碎巷道时，难以维持巷道稳定。相对的，全空间预应力桁架锚索协同支护结构则是从巷道顶板、两帮和底板进行三维空间上的系统耦合设计，使三者协同形成一个支护整体，支护结构均匀协调承载。具体的，主要包括顶板及时闭锁承载、两帮同时强控连顶、底角斜锚滞后注浆和空间协同支护。该复合支护技术是通过加强巷道两帮的支护，将巷道顶板和帮部连接处的深部岩体作为整体承载结构的着力基础。然后对顶板的钢绞线施加高预紧力，并使用专用拉杆将钢绞线对拉和锁紧，最终在顶板上形成一个压缩区，如图 1-10(a)和图 1-10(b) 所示。此外，全空间桁架锚索的高预紧力使顶板锚固区域的中性面整体下移，越往顶板中间，中性面下移越明显[图 1-10(c)]，围岩压缩程度越高，巷道顶板整体的应力状态得到了极大改善。总的来说，全空间预应力桁架锚索协同结构能够三向立体施力、稳固抗剪，并能够协调分配荷载，整体协同承载，有力保证了大断面松软破碎巷道的稳定。

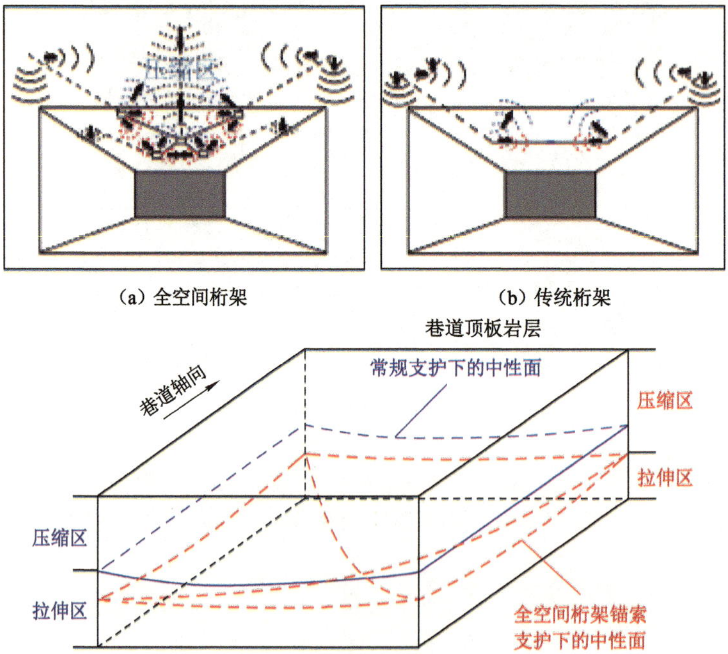

(a) 全空间桁架　(b) 传统桁架

(c) 中性面变化示意图

图 1-10　全空间桁架锚索协同支护原理示意图

我国煤矿为国民经济发展做出了巨大贡献，巷道埋深日益增大，煤矿巷道支护方式经历了被动—主动—强主动—强被动的过程。就主动支护来说，卸压是将应力较为集中的区域向巷道深部转移，注浆和打设锚杆-索则是改善巷道围岩性质，提高其自承载能力，而被动支护中的喷浆与支架是补偿巷道围岩径向失去的应力。

总之，各种支护措施都是对巷道开挖后的应力场进行调控，使其尽量恢复至未开挖时的等强度状态。但是在面对深部复杂困难巷道的大变形、难控制、变形不协调而多次返修、多次失效的支护难题时，现有的支护技术并不能完全有效地解决深部巷道的大变形问题，主要是对巷道开挖后的应力重分布进行干预，没有更好地使巷道围岩修复其原始承载能力，且表面支护结构强度较低，没有充分协助或调动巷道围岩的自承载能力，进而有可能导致支护失效。故需要对深部巷道面临的大变形、难控制、多次返修、多次失效的支护难题探寻一种有效的支护技术。

1.2.3　深部煤矿巷道等强支护力学理论

煤矿井下岩层在未进行巷道开挖时，同一层位或邻近层位岩层的应力近似相等，此时的应力状态为巷道未开挖时的原始等强状态。巷道开挖后不同断面形状巷道在不同的地应力和围岩条件下，应力重分布后会产生形状各异的应力场，意味着原始的等强应力场已被打破。

研究表明：不同形状巷道在地应力作用下最终的垮落形式大多数为稳定的椭圆形。

图 1-11 所示为不同轴比巷道的应力分布情况，巷道开挖后最理想的应力重分布结果为巷道周边应力大小相等，宽高轴比与侧压力系数相等，但由于受到巷道使用条件的限制，难以实现等应力轴比，此时，退而求其次，取不出现拉应力的零应力轴比与压应力轴比也可以使巷道处于相对稳定状态。现场进行巷道设计时，往往是地应力大小和方向已经确定，然后确定巷道轴向方位和尺寸，此时巷道稳定宽高轴比为地应力作用下横断面上对应两个主应力分量的比值，且当巷道纵轴与最大主应力方向平行时的巷道宽高轴比最为稳定。

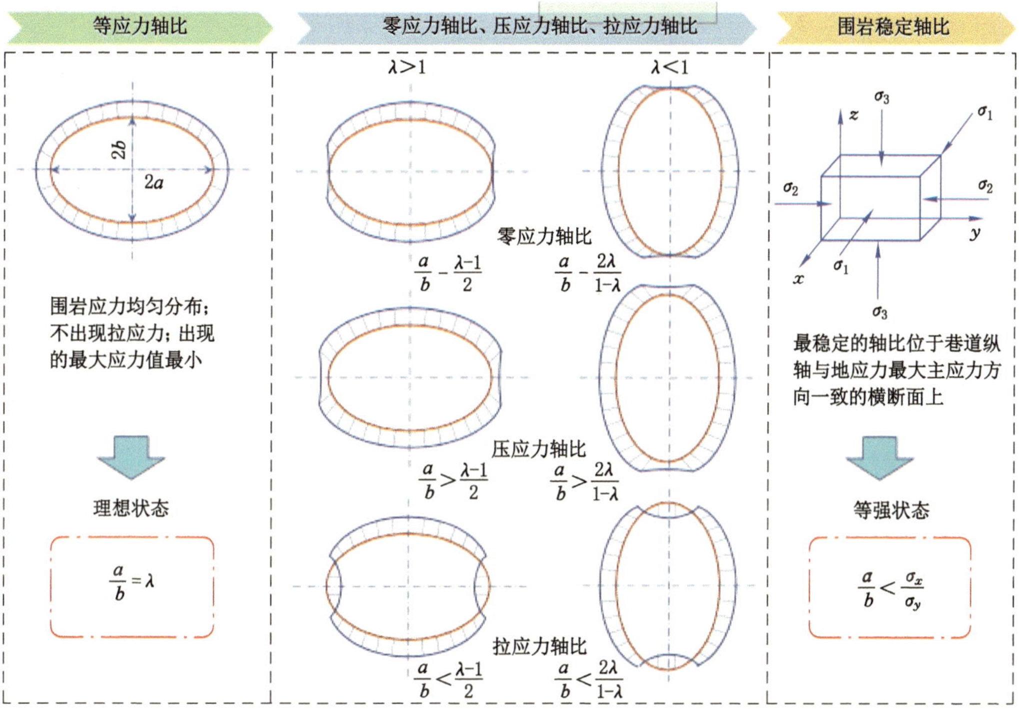

a—巷道水平半轴；b—巷道垂直半轴；λ—侧压力系数。

图 1-11 不同轴比巷道应力分布图

在此基础上，左建平等[41]提出了等强支护控制理论，即巷道开挖后秉承“深层应力调控、浅层岩性改善和表层结构支护”三位一体化支护理念将不规则应力场调控至与地应力比相匹配的等效应力强度状态，称其为“等强”支护控制。

深层应力调控技术将巷道围岩浅部高应力区域转移至深部，尽可能将巷道各位置处的应力调整到相近，降低巷道围岩的控制难度；浅层岩性改善技术在巷道浅部打设锚杆-索或进行注浆，填充巷道内部裂隙，减少拉应力区，改善巷道围岩的内在属性（如内聚力和内摩擦角等），提高巷道围岩的整体自承载能力；表层结构支护技术，如 U 形可缩性支架与钢管混凝土支架等，对巷道围岩表层进行强力支护，但又能够给予一定的让压空间，使巷道围岩变形处于可控状态。接下来将针对不同断面形状巷道的应力场分布特征和等强支护控制理念展开分析。

(1) 不同形状巷道应力场分布

巷道断面形状(外因)及地应力条件(内因)是巷道不规则应力场产生的重要影响因素，故本节选取圆形、矩形和直墙半圆拱形巷道，设定侧压力系数分别为0.5、1.0、1.5，研究不同形状巷道环向应力场分布规律。文献[42]中详细推导得到了圆形、矩形、直墙半圆拱形巷道围岩应力，其最终表达式如式(1-1)至式(1-3)所示。将其与原岩应力对比可得到不同形状巷道围岩环向应力集中系数分布情况。

$$\begin{cases}\sigma_\rho = \dfrac{p_0(1+\lambda)}{2}\left(1-\dfrac{R_0^2}{r^2}\right)-\dfrac{p_0(1-\lambda)}{2}\left(1-4\dfrac{R_0^2}{r^2}+3\dfrac{R_0^4}{r^4}\right)\cos(2\theta)\\ \sigma_\theta = \dfrac{p_0(1+\lambda)}{2}\left(1+\dfrac{R_0^2}{r^2}\right)+\dfrac{p_0(1-\lambda)}{2}\left(1+3\dfrac{R_0^4}{r^4}\right)\cos(2\theta)\\ \tau_{\rho\theta} = \dfrac{p_0(1-\lambda)}{2}\left(1+2\dfrac{R_0^2}{r^2}-3\dfrac{R_0^4}{r^4}\right)\sin(2\theta)\end{cases} \tag{1-1}$$

$$\sigma_\theta = (1+\lambda)p_0\cdot\left[1+\frac{g_1f_1-6g_1c_3\cos(2\theta)-6c_3(1+3c_3)\sin^2(2\theta)}{g_2^2+(1+3c_3)^2\sin^2(2\theta)}\right]$$

$$g_1 = c_1+(3c_3-1)\cos(2\theta)$$

$$\begin{cases}f_1 = 2(c_1+h_1)/(c_3-1)\\ h_1 = (1-\lambda)/(1+\lambda)\end{cases} \tag{1-2}$$

$$\begin{cases}\sigma_\theta = (1+\lambda)p_0\left(1+\dfrac{l_1l_3-l_2l_4}{l_3^2+l_4^2}\right)\\ l_1 = \dfrac{1}{8-c_5^2}\left(4c_2-c_3c_5-4\dfrac{1-\lambda}{1+\lambda}\right)-\dfrac{8\sin\theta}{8-c_5^2}\left(2c_3-c_2c_5+\dfrac{1-\lambda}{1+\lambda}\right)+2c_4\cos(2\theta)-2c_5\sin(3\theta)\\ l_2 = \dfrac{8\cos\theta}{8-c_5^2}\left(2c_3-c_2c_5+\dfrac{1-\lambda}{1+\lambda}\right)+2c_4\sin(2\theta)+2c_5\cos(3\theta)\\ l_3 = \cos(2\theta)+c_2+c_3\sin\theta+c_4\cos(2\theta)-c_5\sin(3\theta)\\ l_4 = \sin(2\theta)-c_3\cos\theta-c_4\sin(2\theta)-c_5\cos(3\theta)\end{cases} \tag{1-3}$$

式中，r为巷道围岩任意一点的极径，m；θ为巷道围岩任意一点的极角，(°)；σ_ρ、σ_θ分别为巷道围岩径向应力和环向应力，MPa；$\tau_{\rho\theta}$为巷道围岩剪应力，MPa；p_0为竖直地应力，MPa；λ为侧压力系数；R_0为巷道半径，m；c_1、c_2、c_3、c_4、c_5为与巷道宽高比相关的常实数。

总的来说，侧压力系数为1.0时，不同断面形状巷道的环向应力集中系数的最大值与最小值相差最小，即巷道的应力分布不均匀度最小。除此之外可以看出：当矩形巷道和直墙半圆拱形巷道的长轴与地应力的较大值方向相平行时，巷道的应力集中系数分散程度最低。

由图1-12可以看出：相比矩形巷道和直墙半圆拱形巷道，圆形巷道的应力分布曲线更为光滑，这表明其应力集中程度较其余两种巷道的更低。3种侧压力系数时，圆形巷道并未出现拉应力区，矩形巷道的帮部和直墙半圆拱形巷道的直墙段出现较为明显的拉应力，这可能会导致帮部鼓出。

(2) 深部煤矿巷道等强支护理念

针对巷道开挖后应力重分布形成的不规则应力场，需要根据“深层应力调控、浅层岩性改善、表层结构支护”的三位一体等强支护理念对其进行“等强”状态恢复。这里选取圆形

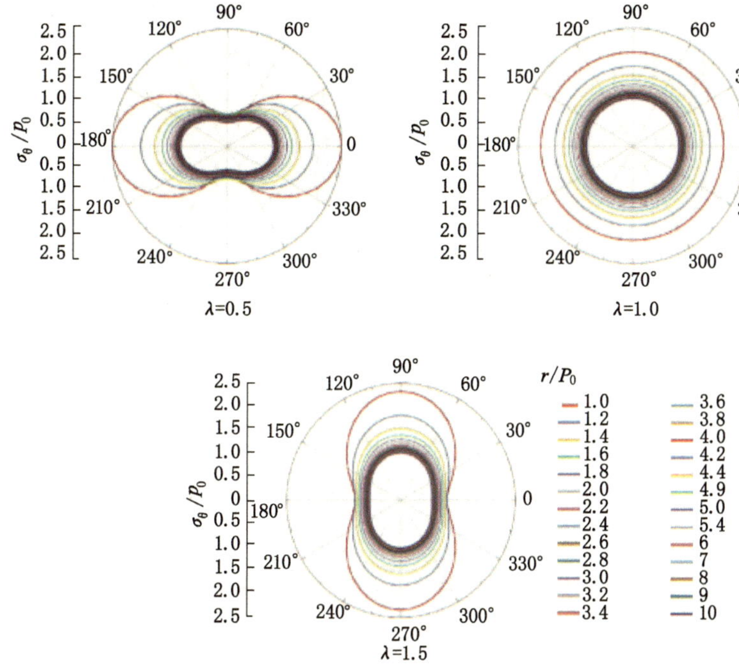

（a）圆形巷道

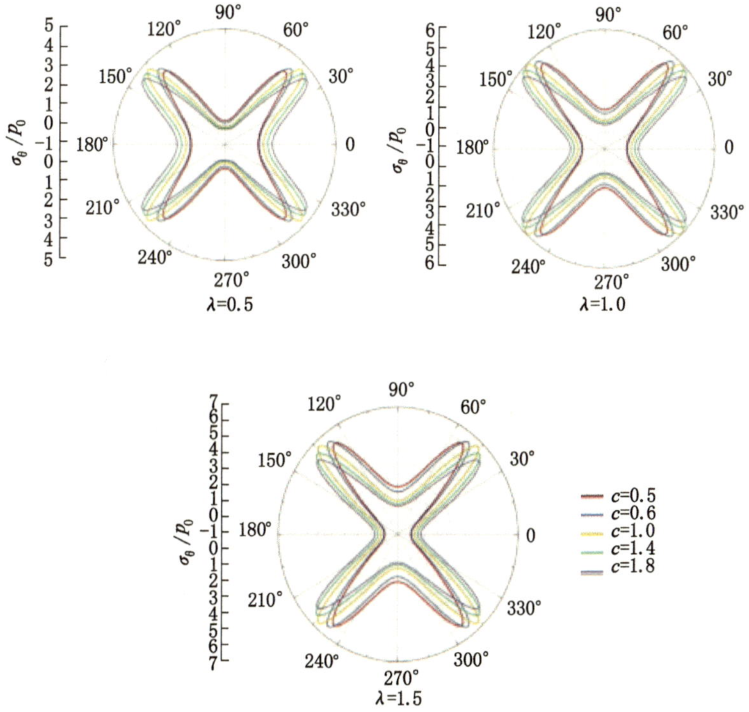

（b）矩形巷道

图 1-12 不同断面形状巷道环向应力集中系数分布图[42]

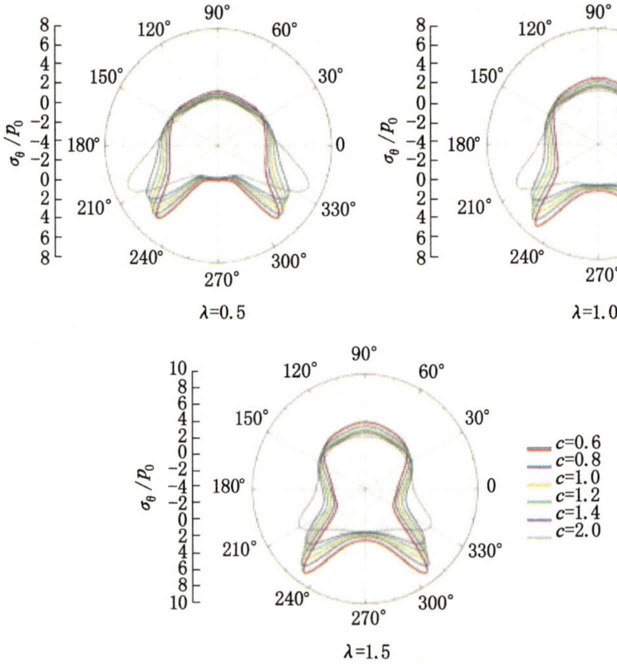

（c）直墙半圆拱形巷道

图 1-12 （续）

巷道和矩形巷道进行分析，其他断面形状巷道与此类似。图 1-13 所示为巷道围岩应力场重分布，以及其中产生的破碎区、塑性区和弹性区。

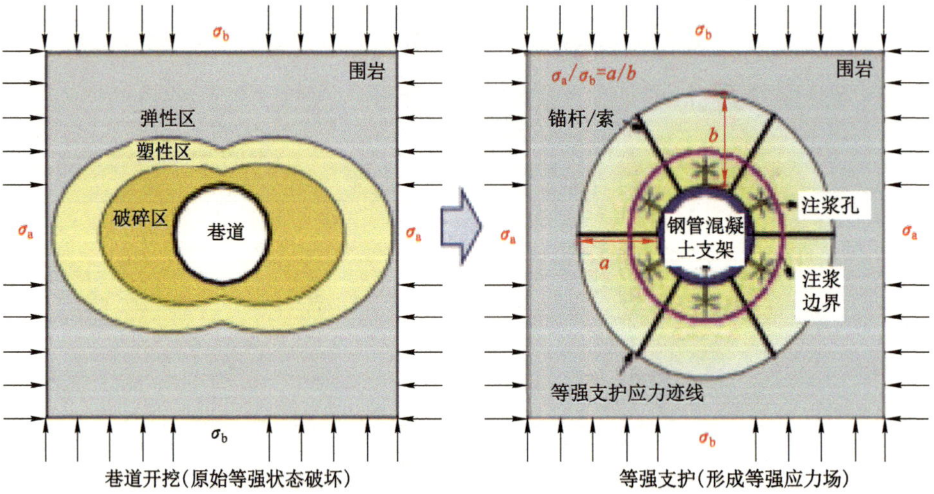

（a）圆形巷道等强支护控制模型

σ_a—巷道水平应力；σ_b—巷道竖直应力。

图 1-13 巷道等强支护控制理论概念模型示意图[42]

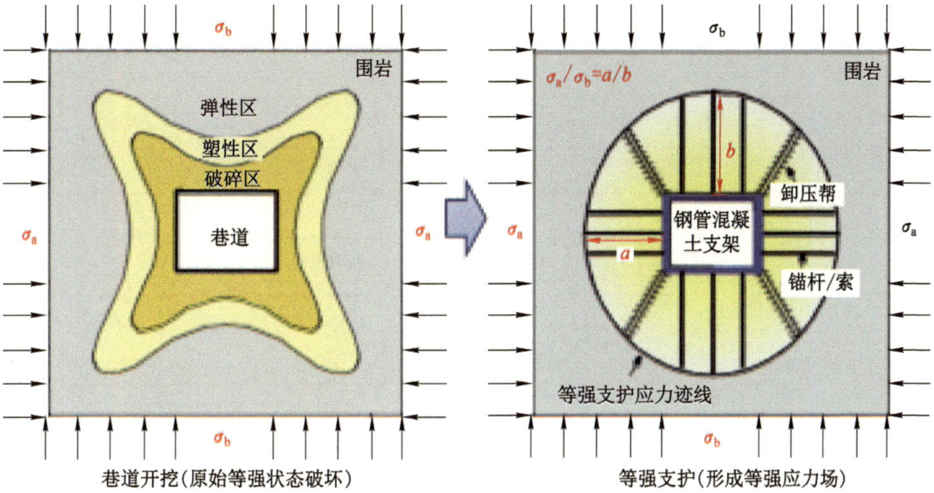

(b) 矩形巷道等强支护控制模型

图 1-13 (续)

对于圆形巷道,可以采取注浆、打设锚杆-索等支护技术改善破碎区和塑性区围岩的内聚力和内摩擦角,提高巷道围岩的整体承载能力,然后使用钢管混凝土支架对巷道表层进行支护,以协助或调动巷道围岩发挥更大的承载能力;矩形巷道的帮角位置处容易产生尖角应力区,可以使用开槽卸压的方式将高应力区向深部转移,削弱或消除尖角应力区,接着打设锚杆-索提高其承载能力,并在表层施加钢管混凝土支架,为巷道围岩提供足够的支护阻力。

总的来说,等强支护就是通过深层应力调控、浅层岩性改善、表层结构支护技术将不规则应力场调控至与地应力相匹配的支护后"等强"状态,根据地应力的分布特征均匀协调变形,使巷道围岩处于稳定状态。

1.2.4 深部煤矿巷道等强支护技术

1.2.4.1 三位一体等强支护技术体系

通过前述分析可知巷道开挖后会由于应力重分布打破原有的"等强"平衡状态,形成受地应力、岩性、构造三因素影响的不规则应力场。等强支护技术的核心是通过"深层应力调控、浅层岩性改善、表层结构支护"三位一体控制技术对不规则应力场进行调控,使得支护后的应力场恢复至与地应力轴比相匹配的"等强"状态(图 1-14)。下面将分别对深层应力调控、浅层岩性改善、表层结构支护技术的作用机理进行分析,深入阐释三位一体等强支护技术体系。

1.2.4.2 深层应力调控技术

深层应力调控技术的实质是通过卸压将巷道周边较为突出的高应力区域转移至深部,此处以开槽卸压为例进行分析。由文献[43]可知:开槽卸压之后,虽然卸压槽尖端处的峰值应力较原来的大,但整体高应力区转移到巷道深部(图 1-15),巷道浅部围岩整体处于低应力区域,较好地保护了巷道围岩。研究发现:开设卸压槽,会在卸压槽塑性区与原巷道围

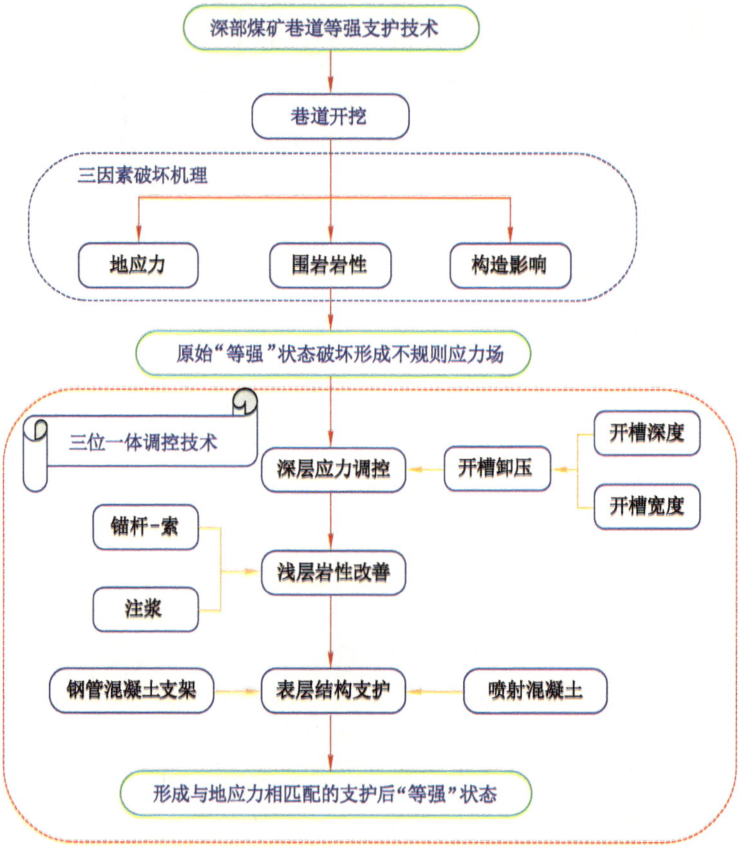

图 1-14　深部巷道等强支护技术实施流程示意图

岩塑性区之间出现一个弹性区，此弹性区可作为锚杆-索的着力点，保证支护效果。

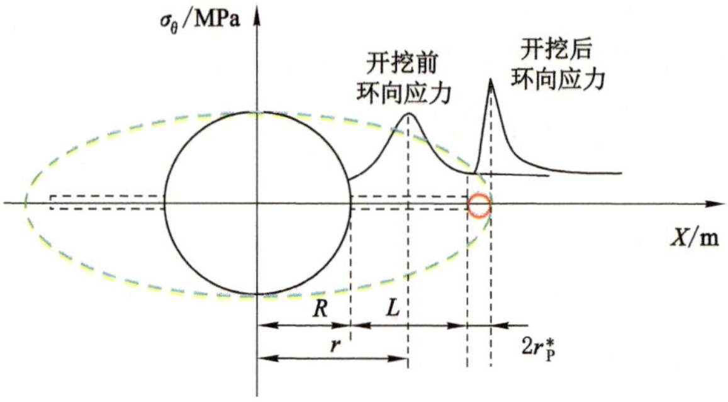

σ_θ—环向应力；R—巷道半径；r—围岩到巷道中心的距离；L—卸压槽长度；r_P^*—塑性区长度。

图 1-15　卸压槽开挖前后巷道环向应力变化

为了进一步分析卸压槽对巷道围岩的应力转移机理，运用数值模拟和理论分析研究了卸压槽宽度和高度对整体卸压效果的影响[43]。由图 1-16 可知：当卸压槽的深度和宽度增大时，卸压槽和巷道围岩之间的弹性区都在逐渐增加。不同的是，弹性区会随着卸压槽深度的增大而近似线性增加，且在卸压槽深度与巷道宽度相同时达到最大值。但是当卸压槽增加到一定宽度时，由开槽卸压所增加的弹性区不再扩大，这表明卸压槽尺寸对巷道围岩的整体卸压效果较为重要。

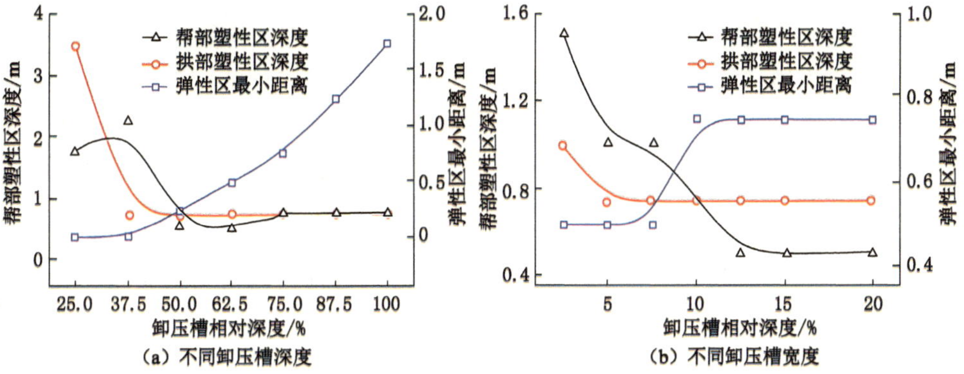

图 1-16 卸压槽尺寸变化与卸压效果关系曲线

1.2.4.3 浅层岩性改善技术

由于巷道开挖后浅部围岩会剧烈破坏，形成破碎区和塑性区，此时的巷道承载能力较低，处于较不稳定状态。为了提高巷道围岩的承载能力，打设锚杆（索）或进行注浆改善其内在属性。下面分别对采用锚杆-索和注浆对围岩性质的改善机理进行分析。

打设锚杆对巷道围岩力学性质的改善主要体现在以下几个方面。

(1) 提高巷道围岩内聚力

巷道围岩大多数为沉积岩，打设锚杆并施加预应力之后，会增大岩层之间以及节理面或层理面的压应力，且由于锚杆（索）自身具有一定的抗剪能力，能够约束巷道围岩的横向错动和剪切变形。假设锚杆的锚固剂与巷道围岩的力学性质相同，则可以得到打设锚杆-索之后巷道围岩的内聚力改变值 ΔC 的表达式：

$$\Delta C = C_1 - C = nS_m(C_m - C) + \sigma_m \tan\varphi \tag{1-4}$$

式中，C_1 为打设锚杆后巷道围岩的内聚力，MPa；C 为未打设锚杆时的围岩内聚力，MPa；n 为锚杆布置密度，根/m^2；C_m 为锚杆杆体的内聚力，MPa；σ_m 为锚杆施加给巷道围岩的压应力，MPa；S_m 为锚杆杆体的横截面面积，m^2；φ 为巷道围岩未使用锚杆支护时的内摩擦角，(°)。

由式(1-4)可知：使用高预应力锚杆并设置合理的锚杆支护密度，是提高巷道围岩内聚力的关键。

(2) 巷道围岩内摩擦角的改变

打设锚杆并施加预应力后，锚杆杆体周围将形成预应力场，多个锚杆的预应力场将会相互叠加，形成一个完整的压缩带，这将会影响巷道围岩的内摩擦角。现假设巷道围岩与锚杆处于相同应力状态下，则打设锚杆后的内摩擦角改变量为：

$$\Delta\varphi = \varphi_1 - \varphi = (\varphi_m - \varphi)nS_m \tag{1-5}$$

式中，φ_1 为打设锚杆后围岩的内摩擦角，(°)；φ_m 为锚杆杆体的内摩擦角，(°)。

一般来说，锚杆杆体的内摩擦角大于巷道围岩未支护时的内摩擦角，因此打设锚杆后巷道围岩的内摩擦角略微增大，但由于锚杆支护面积相比整个巷道围岩的较小，因此可以认为打设锚杆-索之后巷道围岩内摩擦角与未打设时的相同。

(3) 提高巷道围岩抗压强度

巷道开挖后由三向应力状态变为二向应力状态或单向应力状态，打设锚杆后可以为巷道围岩提供径向应力，使其恢复至三向应力受力状态，从而提高其整体抗压强度，根据莫尔-库仑准则可计算得到打设锚杆后的巷道围岩抗压强度增量 $\Delta\sigma$：

$$\Delta\sigma = 2nS_m(C_m - C)\frac{\cos\varphi}{1-\sin\varphi} + 2\sigma_m\tan\varphi \tag{1-6}$$

(4) 提高巷道围岩弹性模量

锚杆支护将整个巷道围岩锚固为一个受力整体，控制了巷道围岩的整体变形，则在巷道围岩边界条件不变的情况下可以认为巷道围岩整体的弹性模量得到了提高，则支护后的巷道围岩弹性模量可由下式近似得到：

$$E_a = \frac{E}{1-\lambda\mu} \tag{1-7}$$

$$\mu_s = \frac{\mu-\lambda}{1-\lambda\mu}$$

$$\lambda = \frac{(\mu E_s - \mu_s E)nS_m}{nS_m E_s + E}$$

式中，E_a、E、E_s 分别为打设锚杆时的围岩弹性模量后、未打设锚杆时的围岩弹性模量和所用锚杆的弹性模量，GPa；μ、μ、μ_s 分别为打设锚杆后、未打设锚杆时的围岩泊松比和所用锚杆的泊松比。

锚固长度加长、预紧力加大时锚杆可以将浅部破碎岩体整体悬吊在稳固岩层中。其对巷道围岩力学性质的作用机理和上述对锚杆的分析相似，在此不再进行单独分析。

打设锚杆(索)主要是将浅部破碎围岩连接为一个整体，防止其横向剪切错动，提高巷道围岩的整体承载能力。围岩注浆加固则是利用带压浆液对浅部巷道围岩的裂隙进行填充，使破碎岩体在浆液的黏结作用下固结为一个整体，从而使整体力学性能得到改善，其主要作用机理有以下两点：

一是改善围岩内部弱面力学性能。对破碎巷道围岩进行注浆后，围岩内部弱面力学性能均得到了不同程度的提高，从而阻止了弱面的相对错动，保证了巷道围岩的整体承载性能，如图 1-17 所示。使用纳米基水泥材料对破碎巷道围岩进行加固后，相比完整试件，其峰值恢复至试件没破坏之前的 48.2%(围压 2 MPa)、47.4%(围压 5 MPa)；弹性模量恢复至完整试件的 68.9%；内聚力和内摩擦角分别恢复至完整试件的 66.4%和 89.29%。

二是充填围岩裂隙，改善围岩赋存环境。巷道开挖后由于应力重分布会在浅部生成较多裂隙，降低了巷道围岩的整体承载性能。采取注浆措施后，浆液会渗透到浅部围岩裂隙中，从而对裂隙进行填充，使其重新固结成整体，形成承载结构，改善锚杆(索)的打设环境。除此之外，注浆还可以封堵围岩内部的渗水通道，降低围岩的渗透性，避免浸水降低围岩的强度。

1.2.4.4 表层结构支护技术

对于巷道围岩表层支护技术，前文已详细描述，此处只针对深部巷道中常用的钢管混凝土支架支护技术进行分析。由图 1-18[45] 可知：钢管混凝土所能提供的支护强度远大于钢管或混凝土单独作用时所能提供的支护强度，且在相同用钢量情况下，钢管混凝土所能提

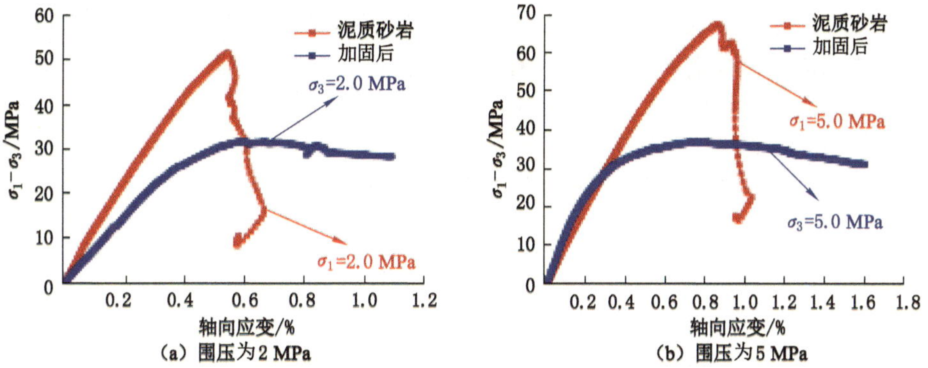

图 1-17 纳米基水泥材料在不同围压作用下加固围岩特性对比[44]

供的支护强度大约为U形钢的2.4倍。这是因为混凝土单独作用时其所受荷载为二向受力，较易发生纵向开裂而失去承载力，而将混凝土注入钢管后，钢管为其提供较大的环向约束力，使得混凝土处于三向受力状态，这将会增强其塑性与韧性，提高其抗压性能。除此之外，钢管内部混凝土的填充又为钢管提供了一定的支撑力，降低了钢管在受到外部荷载作用时屈服变形的可能性。

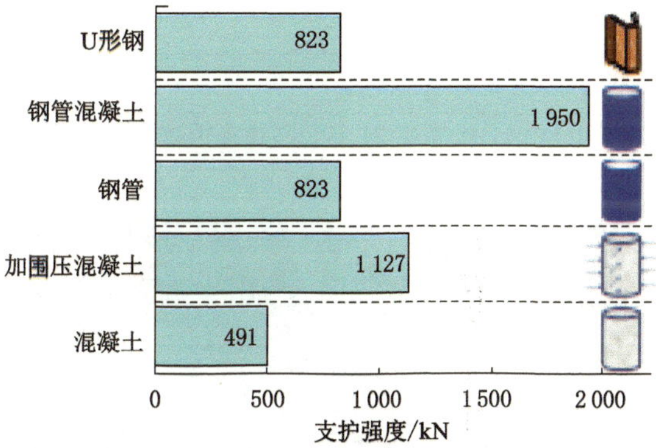

图 1-18 不同材料为巷道提供的支护强度

总的来说，钢管和混凝土有效结合后，钢管混凝土支架具有较高的支护阻力，且具体形状可以根据巷道断面灵活制作，然后使用套管进行环向连接，并用连接杆将支架进行轴向连接。

一般来说，在对永久性巷道进行支护时，要在巷道表层喷射混凝土，这样能够封闭围岩，减缓其变形速度。总的来说，喷射混凝土的支护机理如下：① 当混凝土与巷道围岩黏结固化为整体后，可为巷道围岩提供一定强度的径向支护力，使其恢复至三向应力状态，承载力得到提升；② 混凝土喷层会吸收巷道变形的一部分能量，但对巷道变形又有一定阻力，做到了既柔又抗；③ 混凝土浆液能够填平凹凸不平的巷道壁，将巷道表层不连续的岩块连接为一个整体，增强了表层岩体的整体承载力。此外，喷射混凝土可以封闭巷道围岩，防止水分和空气对巷道围岩的侵蚀。

深部巷道等强支护技术在我国多个矿区的巷道支护实践中得到了成功应用，如山西潞安王庄煤矿 91-105 风巷，断面为 5.5 m×3.6 m 的矩形，沿煤层底板掘进，采用锚杆-锚索-锚网-钢带协同连接使其整体受力变形，有效控制了巷道变形，取得了良好的支护效果。该巷道等强支护方案与实施效果详见图 1-19 和图 1-20。

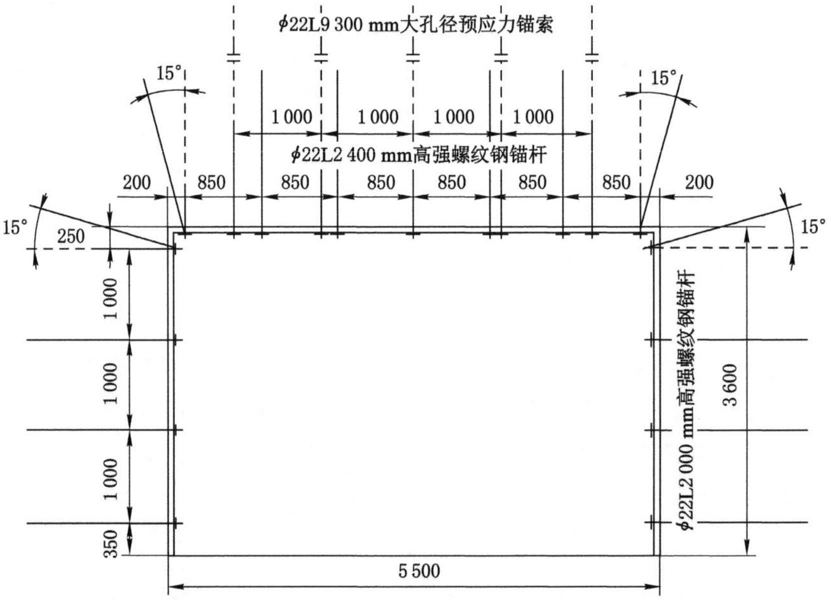

图 1-19　王庄煤矿 91-105 风巷支护方案示意图

图 1-20　91-105 风巷等强支护控制实施效果

又如晋能控股装备制造集团有限公司胡底煤矿 1101 大巷原支护形式为锚网喷，由于地处向斜轴线附近，且受到多个工作面的采动影响，因而巷道变形破坏严重，主要表现为两帮大范围鼓出，底板隆起量较大。经过等强支护设计后，确定最终支护方案为“钢管混凝土支架＋锚网索喷”，钢管混凝土支架型号为 ϕ194 mm×10 mm，内部充填 C30 混凝土，锚索直径为 17.8 mm，长度为 7 500 mm，然后使用 C20 混凝土进行喷浆，最终支护方案如图 1-21(a)所示，现场支护完成一年后，巷道内并未出现明显变形，整体支护效果良好[图 1-21(b)]，保证了巷道稳定与其他采区的正常开采。

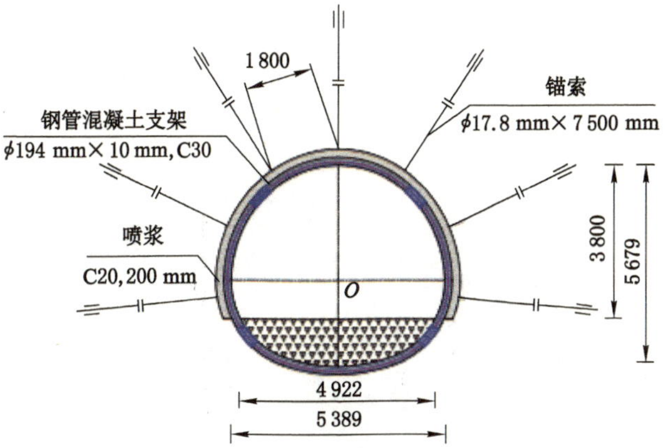

(a) 圆形巷道等强支护方案

(b) 圆形巷道等强支护控制实施效果

图 1-21 圆形巷道等强支护方案与实施效果

还有新元煤矿风井车场巷道，其是连接进风立井与辅运大巷的主要巷道，巷道顶底板均是遇水极易软化膨胀的黑色泥岩，现场调研发现顶板破碎、顶板下沉、两帮鼓出、底鼓严重，致使巷道宽度由设计之初的 5.4 m 收缩到 3.8 m，巷高由 5 m 左右收缩到约 3.7 m，严重影响车场的正常使用，即使在锚喷基础上配合使用 U 形钢拱支架，但是依然变形严重，29U 形棚棚腿、棚梁严重扭曲变形，顶帮下沉压住各种管路。此后，巷道虽然经历多次返修，但是重复性变形无法从根本上治理。基于此，在对新元煤矿风井车场巷道进行现场勘查、物理力学参数测试和数值模拟后，最终确定使用“钢管混凝土支架＋锚杆-索＋注浆＋喷浆”的等强支护控制方案，钢管混凝土支架型号为 ϕ194 mm×10 mm，安装完成后内部注入 C40 混凝土，套管参数为 ϕ223 mm×10 mm，连接杆参数为 ϕ76 mm×5 mm，锚杆型号为 ϕ20 mm×2 000 mm，锚索为 ϕ21.6 mm×8 200 mm，最终的支护方案如图 1-22 所示。

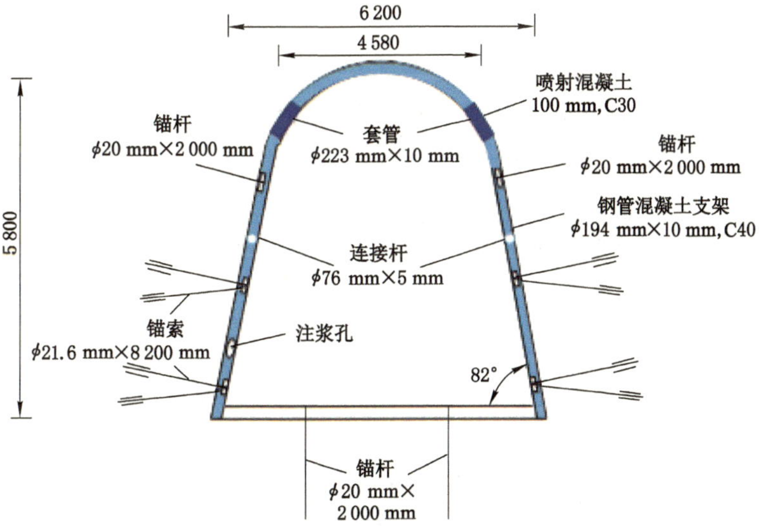

图 1-22 风井车场巷道等强支护方案

等强支护完成后，在现场设置了 2 个监测断面，观测支护后巷道的变形情况，监测结果和最终的控制效果如图 1-23 所示。结果表明：使用以钢管混凝土支架为核心的等强支护方案后，风井车场巷道没有再出现较大变形，成功保障了整个矿井的正常生产。

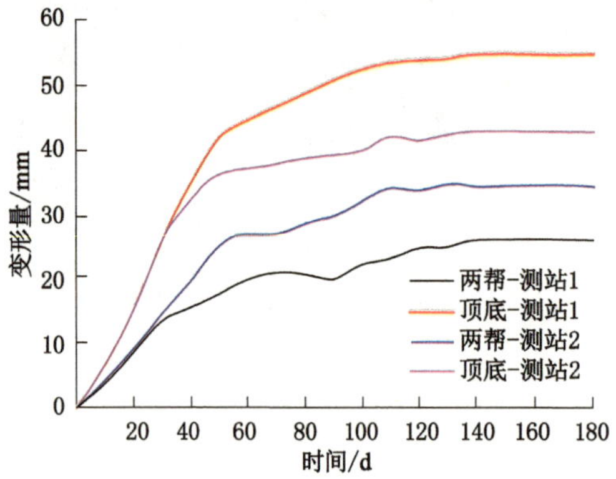

(a) 风井车场巷道变形量实测曲线

(b) 风井车场巷道等强支护实施效果图

图 1-23　风进车场巷道变形量实测曲线与等强支护实施效果图

综上所述，我国煤矿巷道支护条件随着埋深增加而愈加复杂，支护技术经历了被动-主动-强主动-强被动的演化过程。深部煤矿巷道等强支护力学理论及支护技术的实质为通过深层应力调控、浅层岩性改善、表层结构支护与巷道围岩形成一个整体支承圈，对巷道开挖后形成的非均匀、非对称的不规则应力场进行调控，使其恢复至与地应力相匹配的等应力轴比状态。具体支护措施：锚杆(索)提高巷道围岩的内聚力与内摩擦角，改善其力学承载性能；注浆充填裂隙空间，改善巷道围岩赋存环境；喷浆改善巷道围岩浅部应力状态，封闭围岩防止其触水软化；钢管混凝土支架为巷道围岩提供足够的支护阻力，进一步改善巷道围岩浅部的应力状态，防止其产生大变形。若出现“尖角”应力区，则可以使用卸压措施。

等强支护技术已初步在矩形、圆形和直墙半圆拱形等煤矿典型断面形状巷道中进行了应用，成功解决了所选深部动压巷道与深部软岩巷道“多次返修、多次失效”的大变形问题。这表明深部巷道等强支护力学理论及技术将来可能为深部巷道围岩控制提供一种有效的治理方式，经过更深层次的验证后可在同类地质条件下的矿区中推广应用。

1.3　深部巷道围岩稳定性控制问题技术路线

开采深度不断增加，地应力升高，使巷道所处地质环境愈发复杂，导致深部巷道围岩在物理力学性质上与浅部巷道围岩的不同，造成深部巷道围岩控制较浅部巷道围岩控制难度加大。由于地应力小，浅部岩体大多数处于弹性状态，而在深部，较高的地应力造成巷道开挖后围岩应力重分布后极易高出岩体的屈服极限，使围岩呈现塑性状态，出现大变形进而导致巷道失稳。据相关统计，每年我国新掘进矿井巷道长度可达 13 000 km，巷道开挖与维护的工程量巨大。由于受深部地应力环境、围岩体力学行为转变及工程条件的影响，超过 90％的深部巷道围岩会出现大变形、松动坍塌及支护失效等问题。我国煤矿灾害统计资料显示：顶板事故十分严重且主要以掘进工作面与巷道为主，据不完全统计，巷道顶板事故占煤矿总事故数量的50%～55%。因此要保证煤矿的安全生产，就必须要求巷道支护安全稳定可靠，防止巷道事故发生。

近年来，随着巷道支护技术与支护设备的迅速发展，以锚杆(索)为主的主动支护技术及以金属支架为主的被动支护技术迅猛发展，使得煤矿巷道支护效果得到明显改善，但是由于煤矿地质条件复杂多变，深部巷道支护理论的发展落后于支护技术，深部巷道支护控制效果仍然有待提高。因此对巷道支护理论与技术的探究一直都是岩层控制的重要内容。故而研究与发展深部巷道支护控制理论依然具有重要的实用价值和现实意义。基于此，深入研究巷道围岩受力及巷道支护问题，对于丰富煤矿巷道支护理论、岩层控制理论，促进巷道支护技术进一步发展，完善科学采矿及煤矿绿色开采理论都具有重要的理论与应用价值。

鉴于深部巷道稳定性维护问题的复杂性和重要性，为了保持深部巷道围岩的稳定，控制巷道围岩变形，消除巷道片帮、冒顶、冲击地压、底鼓等安全隐患，科技工作者在总结多年研究成果和工程实践经验的基础上形成了一套较为科学和完整的深部巷道支护与围岩稳定性控制技术方法和科学思路，并使其成为深部巷道支护实践的技术遵循。深部巷道围岩稳定性控制技术路线如图1-24所示。

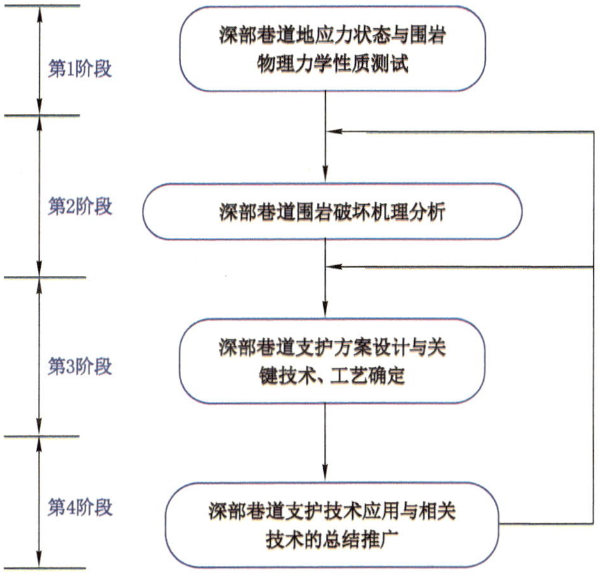

图1-24 深部巷道围岩稳定性控制技术路线

(1) 深部巷道所处地层物理力学性质及巷道应力状态测试

深部巷道是处于岩石地层中的巷道，其稳定性受到所处地层的地应力状态、地层岩性以及其他巷道硐室空间位置和施工与采动等因素的影响。因此，准确把握巷道所处的地层环境特点，巷道与其他巷道、硐室的空间关系，以及与所处位置地应力场的位置关系，是制定切实可行、符合实际的行之有效的巷道围岩控制技术措施的基础和关键。

深部巷道围岩稳定性控制第一个阶段的主要工作涉及两个方面：一是巷道相关调查，包括巷道围岩物理力学性质调查、围岩结构与水文地质调查、施工方法与支护方式调查、巷道变形监测资料调查等;二是巷道相关的测试工作,包括巷道围岩物理力学性质测试、地应力测试、围岩松动圈测试、巷道变形收敛量测和围岩结构探测等。两个方面具体的工作内容如图 1-25 所示。

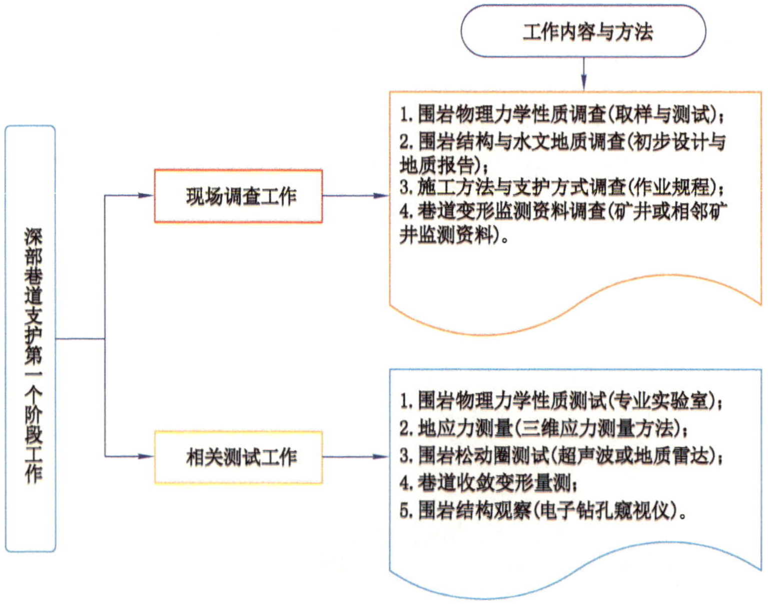

图 1-25　深部巷道围岩稳定性控制第一个阶段工作内容与方法

(2) 深部巷道围岩破坏机理分析

在充分把握目标巷道围岩物理力学性质、应力状态、工程环境、水文地质条件和地层结构等客观状态的基础上,对目标巷道围岩的破坏机理进行分析研究,探求巷道围岩变形破坏的深层次原因和主要因素,掌握巷道变形破坏的内在规律,是深部巷道支护第二个阶段工作的重要目标。

深部巷道围岩稳定性控制第二个阶段工作主要涉及巷道围岩破坏特征分析和深部巷道围岩应力分布规律分析两个方面。

深部巷道围岩破坏特征受到地质因素、地应力状态、巷道断面形状与大小、施工作业方式、与其他巷道硐室的位置关系以及邻近巷道施工或采动影响等多种因素的影响,分析巷道围岩的破坏特征,对于准确把握引起巷道变形破坏的主控因素、明确巷道破坏的机制并进一步分析巷道围岩的应力分布规律、确定合理支护形式和支护参数、保持巷道有效空间的长期稳定、提高巷道支护的效率等具有重要意义。

在明确深部巷道围岩破坏特征的基础上,根据巷道断面形式的不同,分析巷道围岩应力的分布规律,获得巷道围岩应力分布特征,揭示巷道围岩破坏的力学机制,为分析深部巷道围岩变形破坏提供理论依据。煤矿及其他地下工程常用的巷道断面形状有圆形、矩形、直墙拱形、梯形等。显然,不同断面形式的巷道,其围岩应力的分布规律是不同的,掌握典型巷道围岩应力分布规律,对于从理论上把握深部巷道围岩的破坏机理,指导深部巷道围岩控制实践,提高支护设计的科学性、有效性和及时性等十分重要。

深部巷道第二个阶段工作的主要内容和方法如图 1-26 所示。

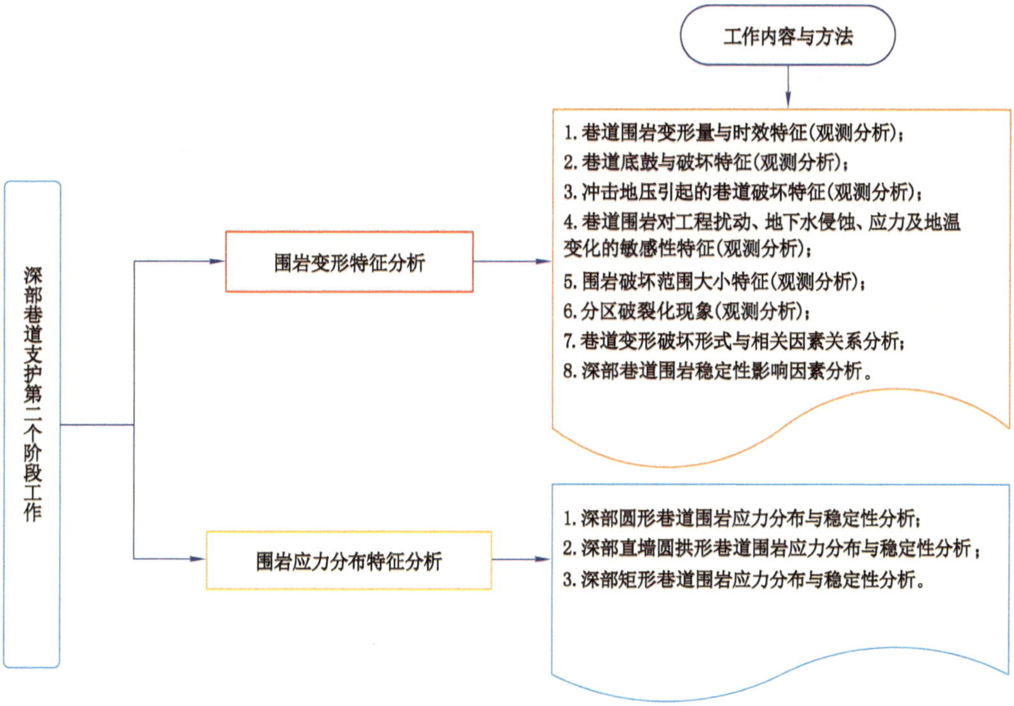

图 1-26 深部巷道围岩稳定性控制第二个阶段工作的主要内容与方法

(3) 深部巷道支护技术方案的确定

在分析深部巷道围岩破坏机理的基础上，通过工程类比、数值模拟以及模型试验的方法，制定深部巷道支护技术方案，包括支护形式、支护参数和支护时机等关键技术因素，是深部巷道支护第三个阶段工作的主要内容。

工程实践中，多采用工程类比、数值模拟与模型试验相结合的方法来确定深部巷道的支护形式和主要技术参数，而且由于深部巷道围岩稳定控制问题的复杂性，数值模拟方法已成为分析和判断巷道支护方案合理性、有效性最为有效的手段，并因其效率高、可靠性高而被广泛采用。目前用于分析深部巷道围岩稳定性的软件主要是 FLAC^{3D}，该软件是由美国 ITASCA 公司根据拉格朗日元法设计的专门用于岩土体三维模拟分析而开发的软件，可用于对边坡、基础、坝体、隧道、地下采场、硐室等进行应力分析，在国际岩土工程界非常流行。

该软件采用显式有限差分技术来解决岩土问题。在有限差分法中，基本方程组和边界条件(一般均为微分方程)近似地改用差分方程(代数方程)来表示，即由空间离散点处的场变量(应力、位移)的代数表达式代替。这些变量在单元内是非确定的，从而将求解微分方程的问题转换成求解代数方程的问题。

采用数值模拟软件分析确定深部巷道支护技术方案的关键是研究不同支护形式、支护参数以及依据第一阶段和第二阶段分析确定的关键因素条件下巷道围岩的变形规律，从中找出支护效果最佳的技术方案和关键技术参数，作为巷道围岩稳定性控制的实施方案的依据。

模型试验通常为数值模拟提供相关参数，并检验数值模拟结果的可靠性，二者通常相互结合，是深部巷道围岩稳定性控制问题研究过程中不可或缺的重要手段。

深部巷道支护第三个阶段工作的主要内容和方法如图 1-27 所示。

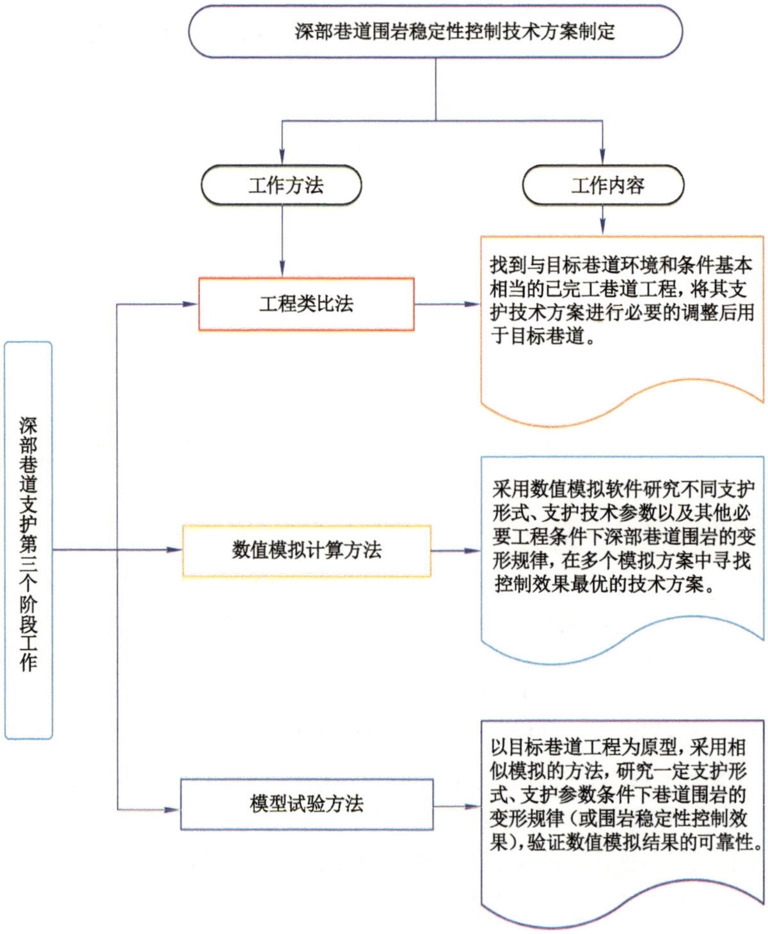

图 1-27　深部巷道围岩稳定性控制第三个阶段工作的主要内容和方法

（4）深部巷道支护技术方案实施与总结推广

在确定深部巷道围岩控制技术方案后，紧接着就是技术方案的具体实施。这个阶段最需要着重注意并强调以下几点：

① 要严格按照技术方案的要求购置支护材料，确保支护材料的参数满足设计要求。

② 要按照技术方案确定的支护形式、支护参数、支护时机和质量要求进行施工，确保支护工程的施工质量符合要求，这是确保获得预期支护效果的关键。

③ 在巷道的工程环境、围岩性质等发生了重大变化而与技术方案制定的条件迥异时，要及时调整技术方案，包括支护形式和技术参数、工艺等，以使其与变化了的工程条件相适应。当然这种调整通常需要进行必要的模拟计算。

④ 在技术方案实施后要加强监测，包括围岩应力、巷道位移、锚杆锚索的预紧力、锚固

力以及围岩离层等监测,以及时掌握支护结构的作用效果,在此基础上对确定的技术方案继续进行调整。也就是说,在实施技术方案过程中,监测工作要持续进行,同时技术方案的修改、完善也是持续进行的,这主要是由于巷道地层条件、应力状态等是持续变化的,所以与之相应的支护技术方案不能一成不变。

⑤ 在整个目标巷道工程完成后,需要从工程环境、地质条件、水文条件、地应力以及支护技术方案、关键技术、工艺技术要求、施工组织、技术方案实施效果和经济效益等方面对深部巷道围岩稳定性控制技术的应用实践进行全面总结,形成一套较为系统、完整的支护技术体系,为在类似工程中推广应用提供经验参考。

2 深部巷道围岩地应力状态与围岩物理力学性质研究

随着矿井开采水平的不断延深，深部巷道，尤其是煤巷的支护和使用维护变得越来越困难，并且出现了一系列新问题和新特点。深部开采一方面面临地层自重应力逐渐增大的客观情况，另一方面深部岩层的构造也比浅部的构造发育得多，其构造应力十分突出，致使巷道围岩压力大，巷道自稳时间缩短，在使用周期内翻修、维护的次数增加，支护成本增加，不仅影响矿井生产的正常进行，也增加煤炭的开采成本，更增加安全隐患，并严重影响企业经济效益的提高。

如何采取科学、有效的支护方法和技术参数，解决深部煤层巷道自稳能力差、自稳时间短、变形大、破坏严重的问题，同时减少巷道在服务期内的翻修次数，降低支护成本，提高巷道的使用效率，保证服务期间的巷道安全，已成为深部矿井提高生产安全效益、经济效益必须要解决的关键问题之一。而要解决这个问题，首要的重点工作就是要对目标巷道围岩物理力学性质以及应力状态进行系统研究，为矿井深部煤层巷道支护技术措施的制定提供可靠依据。

目前地下工程的设计和施工在很大程度上还处于“经验设计”和“经验施工”的阶段。其中一个主要原因是：作为地下工程设计、施工的基本条件——围岩分类还处于“经验分类”阶段。人们对巷道围岩的认识，也就是说，对与地下工程有直接关系的地质条件的认识还不充分，还不能客观揭示地质条件与地下工程之间本质的、内在的联系，因而也就不能客观预测或判断巷道围岩的稳定状态，进而直接影响巷道支护结构的设计，最终对工程的安全性和经济合理性造成影响。

近年来，不需要钻孔的地质雷达测试围岩松动圈作为非破损物探新技术，以其精度、效率和分辨率高，快速经济，灵活方便，剖面直观等优点，在土木工程领域得到越来越广泛的应用。采用地质雷达测试技术，在采用声波法测试困难的煤系地层巷道中成功取得了煤层、泥岩和砂岩组合围岩中松动圈分布的数据，为研究煤层巷道的稳定性提供了依据。

因此，在深部巷道围岩稳定性工作开始，开展相应的地质力学、围岩物理力学性质测试以及围岩松动圈测试，对深入研究巷道围岩稳定的控制技术和制定合理的支护方案具有重要意义。

2.1 巷道原岩地应力测量原理与现场测量

2.1.1 地应力及其测量方法简介

2.1.1.1 地应力的概念

地应力是存在于地壳中的未受工程扰动的天然应力，也称为岩体初始应力、绝对应力或原岩应力，广义上也指地球体内的应力。地应力包括由地热、重力、地球自转速度变化及其他因素产生的应力。地质力学认为，地壳内的应力活动是使地壳克服阻力、不断运动发展的原因；地壳各处发生的一切形变，如褶皱、断裂（如节理、断层）等，都是地应力作用的结果。

通常地壳内各点的应力状态不尽相同，并且应力随深度的增加而线性增大（地表以下）。由于所处的构造部位和地理位置不同，各处应力增大的幅度也不相同。地壳内各点的应力状态在空间内分布的总和称为地应力场。

地应力是采矿、水利水电、土木建筑、铁道、公路、军事和其他各种地下或露天岩土开挖工程变形和破坏的根本作用力，是确定工程岩土力学属性、进行围岩稳定性分析、实现岩土工程开挖设计和决策科学化的必要前提。地应力状态对地震预报，区域地壳稳定性评价，油田油井的稳定性、核废料的储存、岩爆、煤和瓦斯突出的研究以及地球动力学的研究等也具有重要意义。

就采矿工程而言，地应力是岩体的自重和地壳构造运动引起并残留至今的构造应力等因素导致岩体所具有的天然应力，可以认为地应力主要是由自重应力和构造应力叠加而成的，是引起巷道变形和破坏的根本作用力，影响工程安全与稳定，是进行工程结构设计和安全与稳定性分析的前提和基础。

因此，地应力的大小和方向是井巷断面形状优化、巷道方位选择和布置以及井巷支护方案和支护参数等设计的主要依据。

2.1.1.2 地应力测量方法简介

目前岩体应力测量方法有很多，根据国际岩石力学学会（ISRM）试验专业委员会于1987年通过的岩石应力测定的建议方法，国内外通常使用的测量方法有：① 应力恢复法；② 应力解除法（如空心包体应变法、孔壁应变法、孔底应变法等）；③ 水力压裂法（水压致裂法）；④ 钻孔崩落法；⑤ 定向岩芯非弹性应变恢复法；⑥ 凯塞尔效应测试法；等等。这些方法的理论基础是弹性力学。

（1）应力恢复法

当岩体应力解除后，通过施加压力，使其恢复到原来状态，以求得岩体应力解除时的应力值。其优点：测定岩体的应力大小时不需测定岩体的应力与应变关系。

（2）应力解除法

在拟测点附近的一个小岩石单元周围切割一个“槽子”，使得这一小部分岩体不再承受旁侧岩体传来的应力。由刻槽前装置好的仪器测出由于这种应力解除而引起的应变，并根据有关岩石已知的应力与应变关系换算出解除前岩体内的应力。

应力解除法因其精度高、测值稳定可靠等优点被广泛应用于岩土工程设计、矿产开采、地震研究等方面。根据测量方法不同，应力解除法又分为表面应力解除法、孔底应力解除法和孔壁应力解除法三种，根据测量元件不同又可细分为各种方法。

孔壁应力解除法，又称为钻孔套芯应力解除法，其基本原理是在钻孔中安装变形或应变测量元件，测量套芯应力解除前后钻孔半径变化值（径向位移），用该孔径变化值来确定岩体应力值。目前常用的变形测量元件有光弹性应变计、钢环式钻孔变形计、压磁式钻孔应力计和空心包体式单孔全应力计等。

（3）水压致裂法

水压致裂法是通过钻孔向地下某深度处的测点段压液，用高压将孔壁压裂，然后根据破坏压力、关闭压力和破裂面的方位，计算和确定岩体内各主应力的大小和方向的一种地应力测量方法。

水压致裂法能有效利用已有钻孔进行深部地应力测试，具有操作简便、无须知道岩体力学参数等优点，已被广泛应用于水电工程设计，铁路、公路的隧道选线，场地稳定性评价，核废料处理以及地学研究等领域。应用该测试方法可以得到垂直于钻孔平面的最大应力和最小应力的大小和方向。对于垂直钻孔，由不同深度的测试数据可得到最大和最小水平主应力随深度变化规律。对 3 个或 3 个以上的交汇钻孔进行测试，经过数据处理计算得到测点附近的三维应力状态。

(4) 钻孔崩落法

钻孔崩落法研究表明：钻孔崩落是由孔壁应力集中部位的局部破坏引起的，且崩落的长轴垂直于区内水平最大主应力方向，而崩落域侧向角(θ_b)和破坏应力比(σ_H/σ_h)则主要与岩石的性质和水平最小主应力有关。由此可以求出该区域水平最大主应力、最小主应力的方向和大小。

(5) 凯塞尔效应测量法

1950 年，德国学者 J. Kaiser 发现受单向拉伸力作用的金属材料，只有当应力达到并超过材料所受过的最大先期应力时才会开始有明显的声发射现象出现，这就是著名的凯塞尔效应。1963 年，Goodman 通过试验证实岩石也具有凯塞尔效应，从而为应用这项技术测定岩体应力奠定了基础。自 20 世纪 70 年代末期以来，日、美、中学者对这个问题开展了广泛的理论和试验研究，先后解决了凯塞尔效应方向独立性、三维地应力测量及试验过程中噪声的排除等问题，使凯塞尔效应在地应力测量领域基本具有实用性。

研究表明：岩石的声发射现象实际上来源于其内部显微缺陷的受力扩展，而岩石的每一次受力都会使其内部组织结构产生与荷载大小和方向相适应的显微破裂系统，再次加载时，如果荷载小于先期荷载，则先期形成的缺陷不会进一步破裂，因此也就几乎没有声发射出现，一旦荷载达到并超过先期荷载，已有的裂纹便进一步扩展，声发射随之开始持续出现，这就是凯塞尔效应的基本机理。

与其他的应力测量方法不同，凯塞尔效应测量结果所揭示的是岩体于新生代晚期，特别是第四系的更新统与全新统所遭受过的最大应力，而不是现存应力。如果在此期间岩体曾遭受过不同应力场的作用，则通过多期凯塞尔效应，还可以揭示岩体晚近期的受力历史及每一期主应力的方向及其最大值。由凯塞尔效应所揭示的最新应力场，在方向上必定与现存应力场一致，而在量值方面则可能出现大于或等于现存应力两种情况。导致出现后一种情况的主要原因可能是岩体的表生时效变形，也可能是活动构造应力的减弱。

由于凯塞尔效应测量法的关键是通过判别岩石的声发射信号来确定不同时期岩石的应力状态的，而地下水、地温等环境因素对岩石的声发射凯塞尔效应有较大影响，如何排除干扰，保证对声发射信号判别的准确程度，依然存在许多有待解决的技术问题。

近年来的地应力测量实践表明：上述诸多地应力测量方法中，空心包体应力解除法以其安装简便、快速且成功率高和高可靠性的特点而被广泛认同，尤其是随着计算机技术在地应力测量中的应用，使得该方法无论是测量工艺、应变计的设计制作，还是感测元件的安装、应力解除以及数据采集等，变得更加完善，并已形成科学的成套技术。

2.1.2 空心包体法地应力测量原理

2.1.2.1 基本原理

空心包体法属于地应力测量中的应力解除法，借助传感器（应变计）来测量、记录岩体中和应力有关的物理量，即应变变化，然后根据应变与地应力的关系来求解地应力，是一种间接测量地应力的方法。研究表明：地下某点的岩体处于三向压缩状态，如采用人为的方法解除其应力，必然发生弹性恢复（图 2-1），测定其恢复的应变，如式（2-1）所示，然后利用弹性力学公式，即可算出岩体初始应力。

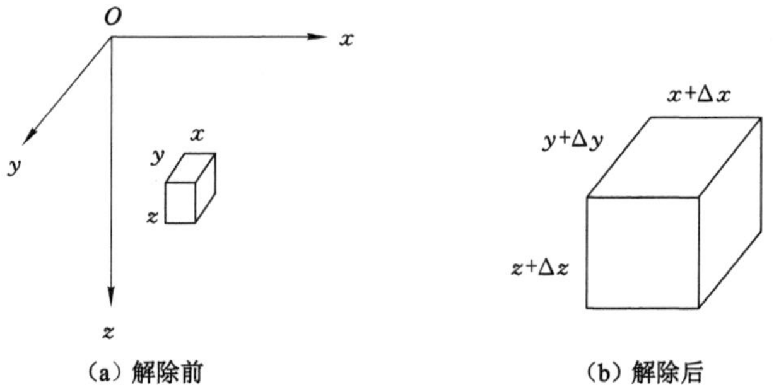

图 2-1　应力解除法原理

$$\begin{cases} \varepsilon_x = \dfrac{\Delta x}{x} \\ \varepsilon_y = \dfrac{\Delta y}{y} \\ \varepsilon_z = \dfrac{\Delta z}{z} \end{cases} \tag{2-1}$$

显然，空心包体法测量地应力不但要确定应变、应力之间的相互关系，而且需要确定岩石的物理力学性质。一般情况下，地应力的 6 个应力分量是非零的，处于相对静止的平衡状态，无法直接得知，因此，任何一种实测方法都需要通过扰动（通用的做法是打钻孔）来打破原有状态。在从一种平衡状态到新的平衡状态的过程中，通过对应力效应的间接测量来实现。因此，解除法可概括为：破坏联系，解除应力；弹性恢复，测出变形；根据变形，转求应力。

2.1.2.2 空心包体应变计

空心包体应力解除法测量中使用的应变计最早于 1975 年由澳大利亚联邦科学与工业研究院（CSIRO）的科研人员研制，简记为 CSIRO 型空心包体。我国最早的空心包体应变计于 1981 年由中国矿业学院制成，1984 年通过现场工业性试验，取名为 YH3B-3 型环氧树脂三轴应变计，后来又开发出分辨率更高的 YH3B-4 型三轴应变计，并先后在徐州矿务局旗山煤矿新水平开拓、盐城矿务局殷庄煤矿、微山湖下断层煤柱合理留设等研究项目中进行过现场实测。目前，以环氧树脂为基质的空心包体应变计已成为三维地应力测量实践中的核心测量器件。

空心包体应变计是通过在预制的空心环氧树脂外圆柱表面上粘贴 3 组应变花传感器（图 2-2），每个应变花由 3 个应变片组成，采用直角应变花形式，并在其外面模壳上浇注一层环氧树脂,形成应变片和导线均处于良好绝缘下的空心包体类应变测量元件。测试实践中常用的 YH3B-4 型空心包体应变计的性能参数详见表 2-1。

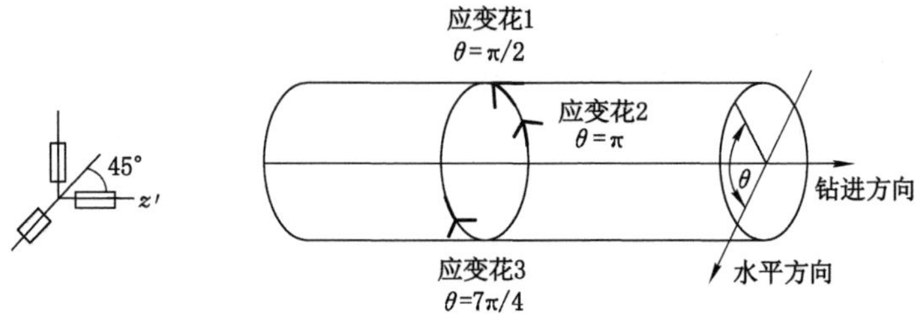

图 2-2　空心包体应变计布片方式

表 2-1　YH3B-4 型空心包体应变计的性能参数

项目		单位	参数值	备注
几何尺寸	内径	mm	30.5±0.1	
	应变片位置直接	mm	32.5±0.1	
	应变片位置外径	mm	34.5±0.1	
	有效长度	mm	>200	
	总长度	mm	415	
三组直角加 45°应变花夹角		(°)	120	
弹性模量		MPa	2 600～3 200	按温度取值
泊松比			0.4～0.42	按温度取值

采用以环氧树脂为基质的 YH3B-4 型三轴应变计进行地应力测量具有以下特点:

① 应变计对岩芯应变恢复的影响小,并可以大幅度放大孔壁应变,提高测量精度;

② 应变计属于预制品,在实验室环境中加工制作,应变片定位精度高;

③ 应变片位于应变计包体壁内,均由环氧树脂包体,防水、防潮;

④ 应变计包体整体与孔壁胶结,胶结面积大,有利于保证安装质量;

⑤ 安装十分简便、快速,且成功率和可靠性高。

正是由于上述特点,空心包体应变法成为目前应用最广泛的应力解除地应力测量方法,并成为国际岩石力学学会(ISRM)推荐的 5 种地应力测量方法之一。

2.1.2.3　应力解除的基本步骤

作为一种间接测量方法,套芯应力解除(即破坏联系,解除应力)是采用空心包体法进行地应力测量工作中的首要环节。钻孔应力解除就是将包含应变计的岩石通过取芯(套芯技术)从待测点周围岩体施加给它的应力场中隔离开来的方法,其基本步骤如下(图 2-3):

① 施工基础孔(俗称大孔):在井下测量硐室内,自岩面用钻机钻进应力解除孔,至不受除钻孔以外的其他工程影响的位置(靠近地应力待测点),钻头直径为 130 mm[图 2-3(a)]。

② 施工应变计安装孔:磨平大孔孔底后用直径为 36 mm 的小钻头再同心钻进,使其穿过地应力待测点[图 2-3(b)]。

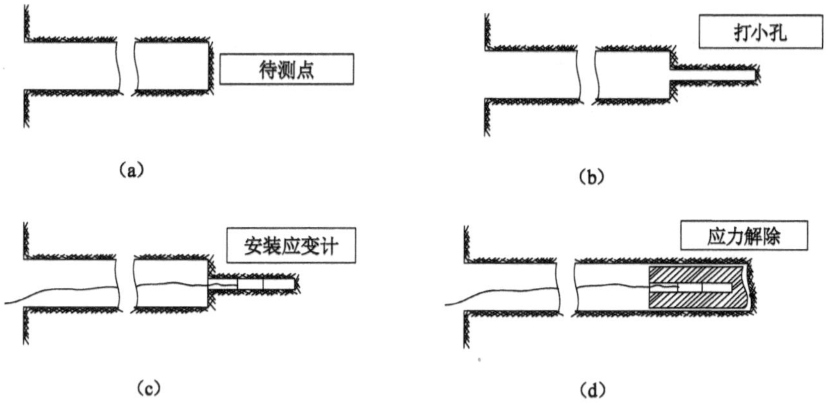

图 2-3 测点应力解除的基本过程

③ 安装空心包体应变计：在小测量孔内（地应力待测部位）安装环氧树脂三轴应变计［图 2-3(c)］。

④ 实施应力解除：经过 24 h，待环氧树脂完全固化后，用 ϕ130 mm 的取芯钻头对内含应变计的岩芯进行应力解除，解除过程中岩石恢复弹性变形引起的应变由应变计中不同方向的应变片通过数据采集器感测和记录。

⑤ 取出岩芯，在实验室内测试其弹性模量 E 和泊松比 μ。

在现有技术条件下，地应力测试岩体通常被视为理想弹性介质，原岩应力作用下岩芯发生弹性变形。在应力解除过程中，岩芯的变形恢复必然引起空心包体应变计产生变形，从而引发应变片产生相应的应变，在应力解除过程中感测并记录各应变值，作为三维地应力计算的基础数据。

2.1.2.4 地应力反算原理

以空心包体应变计观测到的应变或位移数据为基础，根据应力-应变关系以及岩石力学基本原理，可计算出地应力的 6 个分量或者 3 个主应力的大小和方向。

设测点钻孔处于无限介质体中，并受到无限远处三维应力场（原岩应力场 σ_x、σ_y、σ_z、τ_{xy}、τ_{yz}、τ_{zx}）的作用时（图 2-4），其孔边围岩的应力分布公式为：

$$\begin{cases}\sigma_r=\dfrac{\sigma_x+\sigma_y}{2}\left(1-\dfrac{a^2}{r^2}\right)+\dfrac{\sigma_x-\sigma_y}{2}\left(1-4\dfrac{a^2}{r^2}+3\dfrac{a^4}{r^4}\right)\cos(2\theta)+\tau_{xy}\left(1-4\dfrac{a^2}{r^2}+3\dfrac{a^4}{r^4}\right)\sin(2\theta)\\ \sigma_\theta=\dfrac{\sigma_x+\sigma_y}{2}\left(1+\dfrac{a^2}{r^2}\right)-\dfrac{\sigma_x-\sigma_y}{2}\left(1+3\dfrac{a^4}{r^4}\right)\cos(2\theta)-\tau_{xy}\left(1+3\dfrac{a^4}{r^4}\right)\sin(2\theta)\\ \sigma_z=-\mu\left[2(\sigma_x-\sigma_y)\dfrac{a^2}{r^2}\cos(2\theta)+4\tau_{xy}\dfrac{a^2}{r^2}\sin(2\theta)\right]+\sigma_z\\ \tau_{r\theta}=\dfrac{\sigma_x-\sigma_y}{2}\left(1+2\dfrac{a^2}{r^2}-3\dfrac{a^4}{r^4}\right)\sin(2\theta)+\tau_{xy}\left(1+2\dfrac{a^2}{r^2}-3\dfrac{a^4}{r^4}\right)\cos(2\theta)\\ \tau_{\theta z}=(-\tau_{zx}\sin\theta+\tau_{yz}\cos\theta)\left(1+\dfrac{a^2}{r^2}\right)\\ \tau_{rz}=(\tau_{zx}\cos\theta+\tau_{yz}\sin\theta)\left(1-\dfrac{a^2}{r^2}\right)\end{cases}\tag{2-2}$$

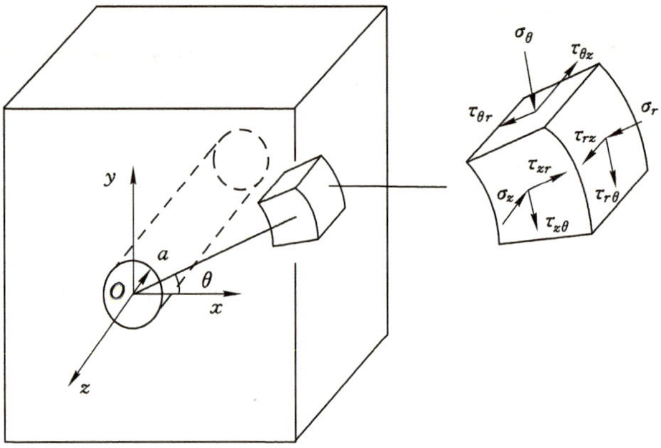

图 2-4　三维钻孔原岩体孔边应力分布状态图

式中，$\{\sigma_x,\sigma_y,\sigma_z,\tau_{xy},\tau_{yz},\tau_{zx}\}$为原岩应力分量，用直角坐标系 $Oxyz$ 表示(图 2-4)，而$\{\sigma_r,\sigma_\theta,\sigma'_z,\tau_{r\theta},\tau_{\theta z},\tau_{rz}\}$为孔边扰动区的应力分量，用柱坐标系表示，柱坐标系同直角坐标系的 z 轴一致，均沿钻孔轴线方向，柱坐标系 θ 角以沿 x 轴逆时针旋转为正。

当 $r=a$ 时，根据式(2-2)可求得孔壁上的应力：

$$\begin{cases}\sigma_r=\tau_{r\theta}=\tau_{rz}=0\\ \sigma_\theta=(\sigma_x+\sigma_y)-2(\sigma_x-\sigma_y)\cos(2\theta)-4\tau_{xy}\sin(2\theta)\\ \sigma_{z'}=-\mu[2(\sigma_x-\sigma_y)\cos(2\theta)+4\tau_{xy}\sin(2\theta)]+\sigma_z\\ \tau_{\theta z'}=2(-\tau_{zx}\sin\theta+\tau_{yz}\cos\theta)\end{cases}\tag{2-3}$$

可见，钻孔壁上各点处于二向应力状态，即平面应力状态，只有 σ_θ、σ'_z、$\tau_{\theta z}$ 3 个应力分量，因此，在孔壁上的 z-θ 坐标平面内布置应变花测量应变以求应力是可行的。当应变花按图示直角方式(图 2-5)直接粘贴在测试孔壁上时，应变片的受力状态如图 2-6 所示。所测应变量分别为 ε_θ、ε_z、$\varepsilon_{45°}$、$\varepsilon_{-45°}$，在 θ-z'坐标系中(图 2-7)有：

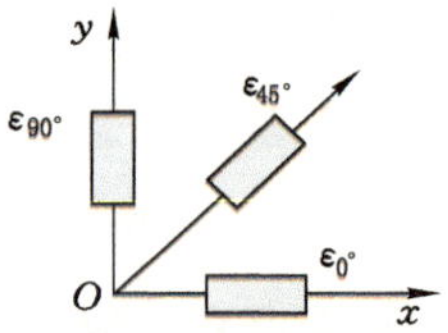

图 2-5　孔壁直角应变花

$$\begin{cases}\varepsilon_\theta=\varepsilon_0\\ \varepsilon_{z'}=\varepsilon_{90°}\\ \gamma_{\theta z'}=2\varepsilon_{45°}-(\varepsilon_0+\varepsilon_{90°})\end{cases}\tag{2-4}$$

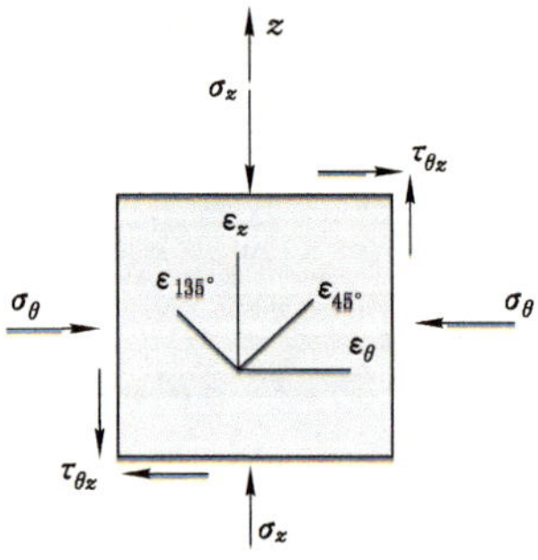

图 2-6　应变花的受力状态

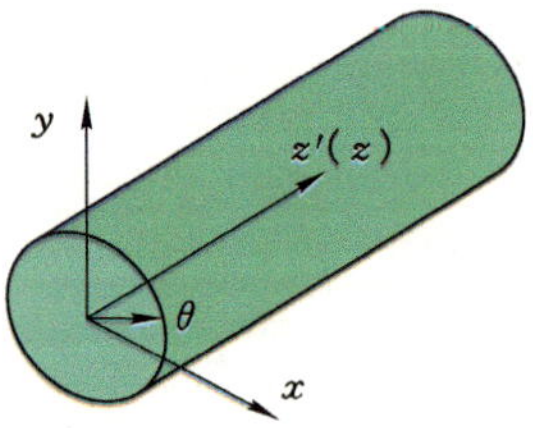

图 2-7　θ-z'坐标系

根据胡克定律，孔壁应力与孔壁应变的关系如下。

联立式(2-2)、式(2-3)、式(2-4)和式(2-5)，可得到原岩应力分量与孔壁应变的关系式：

$$\begin{cases}\varepsilon_\theta = \dfrac{\sigma_\theta}{E} - \mu\dfrac{\sigma_{z'}}{E} \\ \varepsilon_{z'} = \dfrac{\sigma_{z'}}{E} - \mu\dfrac{\sigma_\theta}{E} \\ \varepsilon_{45^\circ} = \dfrac{1+\mu}{E}\tau_{\theta z'} + \dfrac{1-\mu}{2E}(\sigma_\theta + \sigma_{z'})\end{cases} \tag{2-5}$$

$$\begin{cases}\varepsilon_\theta = \dfrac{1}{E}\left\{\sigma_x + \sigma_y + 2(1-\mu^2)[(\sigma_x - \sigma_y)\cos(2\theta) - 2\tau_{xy}\sin(2\theta)] - \mu\sigma_x\right\} \\ \varepsilon_z = \dfrac{1}{E}[\sigma_z - \mu(\sigma_x + \sigma_y)] \\ \gamma_{\theta z} = \dfrac{4}{E}(1+\mu)(\tau_{yz}\cos\theta - \tau_{zx}\sin\theta) \\ \varepsilon_{\pm 45^\circ} = \dfrac{1}{2}(\varepsilon_\theta + \varepsilon_z \pm \gamma_{\theta z})\end{cases} \tag{2-6}$$

地应力测试中常采用直角应变花，每组应变片包括 3 个方向的应变片，3 组应变花可得到 9 个方程，其中至少有 6 个独立方程，由此可获得测试区域地应力的解。

以上是孔壁应变法三维地应力测量时地应力的反算原理，空心包体法地应力测量原理与之类似，不同之处是应变片在应变计内，而不是直接粘贴在钻孔壁上，因此其应变测量与孔壁应变法必然不同。

根据 R. Worotnicki 与 G. walton 的研究，当采用空心包体法进行地应力测量时，可采用在孔壁应变法三维地应力测量反算公式(2-6)中添加修正系数的方法获得地应力的反算结果。F. Dncan 与 M. J. Pender 经过研究得到了空心包体法地应力测量中应变与原岩应力之间的关系，见式(2-7)。

$$\begin{cases}\varepsilon_\theta = \dfrac{1}{E}\left\{(\sigma_x + \sigma_y)k_1 + 2(1-\mu^2)[(\sigma_x - \sigma_y)\cos(2\theta) - 2\tau_{xy}\sin(2\theta)]k_2 - \mu\sigma_z k_4\right\} \\ \varepsilon_z = \dfrac{1}{E}[\sigma_z - \mu(\sigma_x + \sigma_y)] \\ \gamma_{\theta z} = \dfrac{4}{E}(1+\mu)(\tau_{yz}\cos\theta - \tau_{zx}\sin\theta)k_3 \\ \varepsilon_{\pm 45^\circ} = \dfrac{1}{2}(\varepsilon_\theta + \varepsilon_z \pm \gamma_{\theta z})\end{cases} \tag{2-7}$$

不难看出，式(2-7)和式(2-6)的区别仅在于多了 k_1、k_2、k_3、k_4 这 4 个系数(统称 k 系数)，这些系数是与空心包体应变计的几何特征、力学参数、岩体的力学参数以及钻孔大小等因数有关的参数。k 系数的计算公式如下：

$$k_1 = d_1(1-\mu_1\mu_2)\left(1 - 2\mu_1 + \frac{R_1^2}{\rho^2}\right) + \mu_1\mu_2 \tag{2-8}$$

$$k_2 = (1-\mu_1)d_2\rho^2 + d_3 + \mu_1\frac{d_4}{\rho^2} + \frac{d_5}{\rho^4} \tag{2-9}$$

$$k_3 = d_6\left(1 + \frac{R_1^2}{\rho^2}\right) \tag{2-10}$$

$$k_4=(\mu_2-\mu_1)d_1\left(1-2\mu_1+\frac{R_1^2}{\rho^2}\right)\mu_2+\frac{\mu_1}{\mu_2} \tag{2-11}$$

其中，

$$d_1=\frac{1}{1-2\mu_1+m^2+n(1-m^2)};d_2=\frac{12(1-n)m^2(1-m^2)}{R_2^2D};$$

$$d_3=\frac{1}{D}[m^4(4m^2-3)(1-n)+x_1+n];d_4=\frac{-4R_1^2}{D}[m^6(1-n)+x_1+n];$$

$$d_5=\frac{3R_1^2}{D}[m^4(1-n)+x_1+n];d_6=\frac{1}{1+m^2+n(1-m^2)};n=G_1/G_2;m=R_1/R_2;$$

$$D=(1+x_2n)[x_1+n+(1-n)(3m^2-6m^4+4m^6)]+(x_1-x_2n)m^2[(1-n)m^6+x_1+n];$$

$$x_1=3-4\mu_1;x_2=3-4\mu_2。$$

式中，R_1 为空心包体内半径；R_2 为安装小孔半径；G_1、G_2 分别为空心包体材料环氧树脂和岩石的剪切模量；μ_1、μ_2 分别为空心包体材料和岩石的泊松比；ρ 为电阻应变片在空心包体中的径向距离。

2.1.2.5 地应力的最小二乘解

设 YH3B-4 空心包体应变计共有 m 个应变片，测试过程中可取得 m 个应变，根据式(2-7)，对于任一个应变 ε_i，可得出如下方程：

$$a_{i1}\sigma_x+a_{i2}\sigma_y+a_{i3}\sigma_z+a_{i4}\tau_{xy}+a_{i5}\tau_{yz}+a_{i6}\tau_{zx}=\varepsilon_i \tag{2-12}$$

式中，$i=1\sim m$，m 为取得测值的总应变片数，具体测试中 $m=9$。

测试实践中常用的 YH3B-4 空心包体应变计有 3 组应变花共 9 个应变片，于是，由全部应变片可得到以下方程组(矩阵形式)：

$$\begin{bmatrix} a_{11} & a_{12} & \cdots & a_{16} \\ a_{21} & a_{22} & \cdots & a_{26} \\ \vdots & \vdots & & \vdots \\ a_{m1} & a_{m2} & \cdots & a_{m6} \end{bmatrix}\begin{Bmatrix} \sigma_x \\ \sigma_y \\ \sigma_z \\ \tau_{xy} \\ \tau_{yz} \\ \tau_{zx} \end{Bmatrix}=\begin{Bmatrix} \varepsilon_1 \\ \varepsilon_2 \\ \vdots \\ \varepsilon_m \end{Bmatrix} \tag{2-13}$$

简记为：

$$[\boldsymbol{A}]\{\boldsymbol{\sigma}\}=\{\boldsymbol{\varepsilon}\} \tag{2-14}$$

该方程组为矛盾方程组，无通常意义下的解，通常需寻求一组未知量 σ^*，使之满足：

$$Q=\delta_i^2=\min\left[\sum_{i=1}^{m}\left(\varepsilon_i-\sum_{j=1}^{6}a_{ij}\sigma_j\right)^2\right] \tag{2-15}$$

式中，$\sigma_j(j=1,\cdots,6)$为原岩应力的 6 个应力分量，即 σ_x、σ_y、σ_z、τ_{xy}、τ_{yz}、τ_{zx}，为取得使各方程均方差之和最小的一组未知量作为该方程组的解，这就是地应力的最小二乘解。

对于方程组(2-14)，可通过 MATLAB 软件中的多元一次方程组求解函数，很容易求得该解。

以上是空心包体法地应力测量与计算的基本原理。

2.1.3 大地坐标系下的地应力大小和方向

2.1.3.1 三维地应力的坐标转换

由于以测试钻孔轴向为 Z 轴的直角坐标系通常不可能正好与大地坐标系一致，为了将测得的地应力数据用于巷道稳定性分析、支护设计研究等工作，需要把所测得的某一地点的地应力分量转换为大地坐标系下的地应力分量，并确定其方向。

设地下某一点的地应力分量为$\{\sigma_x、\sigma_y、\sigma_z、\tau_{xy}、\tau_{yz}、\tau_{zx}\}$，记为$(P)_{XYZ}$，其主应力大小为$P_1、P_2、P_3$，与大地坐标系$OXYZ$的关系用9个方向余弦值或9个夹角值可以完全确定，但是在地应力实测中，钻孔与岩层一般总会呈某一角度(仰角或俯角)，与大地坐标系呈一定的方位角，如图2-8所示。其中$OXYZ$为大地坐标系，X、Z轴分别沿正西、正北方向，Y轴为竖直方向；而$oxyz$为以测试钻孔向内为z轴的局部坐标系，x轴保持水平方向；$OX'Y'Z'$为地应力计算过程中的过渡坐标系，用于将局部坐标系下的地应力转换为大地坐标系下的地应力。

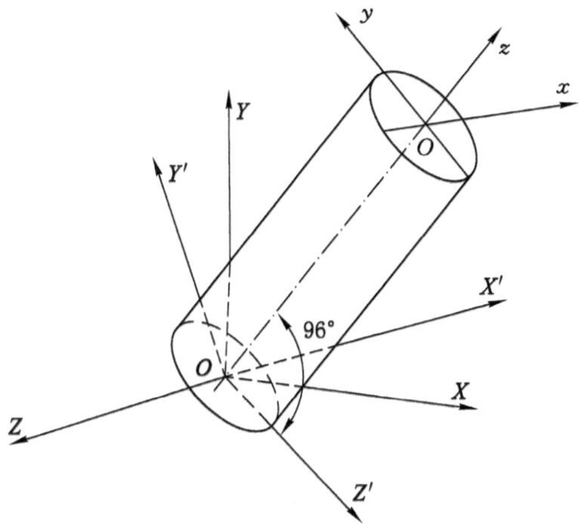

图2-8 钻孔倾向与方位角示意图

在局部坐标系$oxyz$下的地应力值为实测值，记为：

$$(P)_{xyz}=(P_x,P_y,P_z,P_{xy},P_{yz},P_{zx}) \tag{2-16}$$

式中，$P_x \sim P_{zx}$表示测点处地应力的6个分量，其中由一个字母作为下标的应力分量为正应力，由两个字母作为下标的应力分量表示剪应力分量。

由此可以看出：只要能够从钻孔应力解除过程中实测得到$(P)_{xyz}$的全部分量，然后通过两次坐标转换，就可以在大地坐标系下求测点处地应力$(P)_{XYZ}$，并由此得到主应力的大小和方向。

为此，设立了一个过渡坐标系$OX'Y'Z'$来完成地应力的转换工作。地应力的坐标转换过程分为两步：首先是$oxyz$坐标系中ox轴不动，oy、oz轴绕ox轴旋转α角，得到过渡坐标系$OX'Y'Z'$；然后将过渡坐标系的OY'轴保持不动，将OX'、OZ'轴绕OY'轴旋转β角，即得到大地坐标系。其具体转换公式如下。

将$(P)_{xyz}$转换为过渡坐标系下的地应力$(\boldsymbol{P})_{X'Y'Z'}$。其坐标旋转角为钻孔倾角$\alpha$。由$oxyz$坐标系向$OX'Y'Z'$转换关系为：

$$(\boldsymbol{P})_{X'Y'Z'}=(\boldsymbol{T}_\alpha)(\boldsymbol{P})'_{xyz} \tag{2-17}$$

式中，$(\boldsymbol{P})'_{xyz}$为$(\boldsymbol{P})_{xyz}$的转置矩阵，$(\boldsymbol{P})'_{xyz}=(P'_x,P'_y,P'_z,P'_{xy},P'_{zx},P'_{yz})$。

$(\boldsymbol{T}_\alpha)$为6×6应力转换矩阵，其分量由$OX'Y'Z'$坐标系关于$oxyz$坐标系旋转α角的各

方向余弦值构成，其值详见表 2-2。

表 2-2　$OX'Y'Z'$坐标系关于 $oxyz$ 坐标系旋转 α 角的各方向余弦值

	x	y	z
X'	1	0	0
Y'	0	$\cos\alpha$	$\sin\alpha$
Z'	0	$-\sin\alpha$	$\cos\alpha$

采用类似做法，再将 $OX'Y'Z'$ 过渡坐标系下的地应力分量旋转一个钻孔方位角 β，可得到大地坐标系 $OXYZ$ 下的地应力为：

$$(P)_{XYZ} = (\boldsymbol{T}_\beta)(P)_{X''Y''Z''} \tag{2-18}$$

式中，$(\boldsymbol{T}_\beta)$为 6×6 阶应力转换矩阵，其分量由 $OX'Y'Z'$ 坐标系关于 $OXYZ$ 坐标系旋转 β 角的各个方向余弦值组成，其值详见表 2-3。

表 2-3　$OX'Y'Z'$坐标系关于 $OXYZ$ 坐标系旋转 β 角的各方向余弦值

	X'	Y'	Z'
X	$\cos\beta$	0	$\sin\beta$
Y	0	1	0
Z	$-\sin\beta$	0	$\cos\beta$

以上所述由钻孔地应力测量结果向大地坐标系下的地应力分量的转换过程，即由 $(P)_{xyz}\rightarrow(P)_{X'Y'Z'}\rightarrow(P)_{XYZ}$ 的过程。

2.1.3.2　主应力的大小和方向

得知大地坐标系下的地应力分量$\{\sigma_x、\sigma_y、\sigma_z、\tau_{xy}、\tau_{yz}、\tau_{zx}\}$的值之后，可运用弹性力学理论求出主应力 σ_1、σ_2、σ_3 及其方向余弦 l、m_1、n_1。

由弹性力学可知：

$$\sigma^3 - I_1\sigma^2 + I_2\sigma - I_3 = 0 \tag{2-19}$$

式中，第一应力不变量：

$$I_1 = \sigma_x + \sigma_y + \sigma_z \tag{2-20}$$

第二应力不变量：

$$I_2 = \begin{vmatrix} \sigma_x & \tau_{xy} \\ \tau_{yx} & \sigma_y \end{vmatrix} + \begin{vmatrix} \sigma_y & \tau_{yz} \\ \tau_{zy} & \sigma_z \end{vmatrix} + \begin{vmatrix} \sigma_z & \tau_{zx} \\ \tau_{xz} & \sigma_x \end{vmatrix} \tag{2-21}$$

第三应力不变量：

$$I_3 = \begin{vmatrix} \sigma_x & \tau_{xy} & \tau_{xz} \\ \tau_{yx} & \sigma_y & \tau_{yz} \\ \tau_{zx} & \tau_{zy} & \sigma_z \end{vmatrix} \tag{2-22}$$

解式(2-19)得到 σ 的 3 个实根，依大小序次排列，即得到 3 个主应力 σ_1、σ_2、σ_3 的值。将 3 个主应力分别代入式(2-23)中的任意两式：

$$\begin{cases}(\sigma_x-\sigma)l+\tau_{xy}m_1+\tau_{xz}n_1=0\\\tau_{yx}l+(\sigma_y-\sigma)m_1+\tau_{yz}n_1=0\\\tau_{zx}l+\tau_{zy}m_1+(\sigma_z+\sigma)n_1=0\end{cases}\tag{2-23}$$

并由

$$l^2+m_1^2+n_1^2=0\tag{2-24}$$

即可求出 3 个主应力各自对应的方向余弦 l、m_1、n_1 的值。

3 个主应力的大小以及方向余弦在评价巷道所处的地应力环境、确定巷道的布置、支护方案设计、开采顺序确定等生产、设计问题的处理上具有重要的应用价值。

2.1.4 原岩应力现场测量实例

2.1.4.1 测量矿井概况

三维地应力实际测量地点为中国平煤神马控股集团有限公司天安公司十一矿丁戊己三组煤指定区域采区巷道内。该矿位于平顶山煤田的西南缘，属于剥蚀残余丘陵地貌，井田北部为二叠系石千峰砂岩组成的丘陵山体，山体呈北西—南东向展布，山脊标高为＋227.3～＋320.4 m。井田南缘为家武系灰岩组成呈北西—南东向展布的剥蚀残丘和垄岗，井田地势大致为北高南低。

矿井共分为两个水平，一水平标高为－180 m，煤炭基本已采完，只剩下个别残采工作面。二水平为－593 m，目前新副井已落底，并在－593 m 形成运输提升系统。二水平采用上下山开采，上山为－450～－593 m 区段，下山为－593～－1 000 m 区段；己组、丁组煤－593 m 以上基本已采完，只剩下山部分。测量时十一矿－450 m 水平以上只剩 1 个采区，正在生产的采区为－450～－593 m 水平的丁二采区和己二采区，正在准备的采区为戊二采区。丁二采区和己二采区各布置 1 个综采工作面。丁、戊组煤采用联合布置，己组煤单独布置。

(1) 矿井地质构造

平顶山矿区最突出的地质特征为断块隆起，四周凹陷。区内主体构造为一宽缓的复式向斜，轴向 N50°W，NW 向倾伏，向斜两翼倾角为 5°～15°，由轴部向两翼由浅至深倾角逐渐减小。次一级褶皱有位于李口向斜以南的郝堂向斜、诸葛庙背斜、牛庄向斜和郭庄背斜；位于向斜轴以北的白石沟背斜、灵武向斜和襄郏背斜。次级褶皱明显的特征是向斜宽缓，背斜窄陡。

平十一矿井田位于李口集向斜西南翼的西端。井田内含煤地层总的构造形态为一单斜构造，走向北西 50°，倾向北东。煤层倾角沿倾向变化比较大，浅部为急倾斜煤层(50°～70°)，中深部变缓(20°～40°)，深部更缓(5°～17°)。矿井除边界断层凤凰岭逆断层外，井田内落差大于 20 m 的断层还有张庄逆断层、艾山逆断层、边庄逆断层和岳庄逆断层。

在井田浅部煤层倾角较大，甚至呈现直立和倒转。在井田中深部和深部，由于受石桥营紧密褶皱带的挤压影响程度逐渐降低，煤层倾角逐渐变小。本井田构造复杂程度属中等偏复杂构造。

(2) 煤层

井田内主要可采煤层为丁 5-6、戊 9-10 和己 16-173，局部可采煤层有丙 3、丁 5、戊 8、己 15

和庚 20 等 5 层，可采煤层总厚 18.61 m，可采含煤系数为 2.32%。主要可采煤层丁 5-6、戊 9-10 和己 16-17 3 层煤总厚度平均值为 12.32 m。

己 16-17 煤层：该煤层位于山西组下部，下距 L9 灰岩顶界 12 m。煤层厚度为 0.27～20.54 m，平均值为 6.42 m。煤层属于厚煤层，结构较简单，为稳定～较稳定煤层。煤层直接顶板以砂质泥岩、泥岩为主，底板以泥岩、砂质泥岩为主。该煤层为井田主采煤层。

戊 9-10 煤层：该煤层位于石盒子组的三煤段上部，上距戊 8 煤层 6 m，下距砂锅窑砂岩 91 m。煤层厚度为 0.51～5.6 m，平均值为 2.36 m，煤层属于中厚煤层，结构较简单，为较稳定煤层。煤层直接顶板以砂质泥岩、泥岩为主，底板以泥岩为主，局部为砂质泥岩，为主采煤层。

丁 5-6 煤层：位于下石盒子组四煤段中部，上距五、四煤段分界砂岩 38 m，下距戊 9-10 煤层 95 m。煤层厚度为 0.13～10.05 m，平均值为 2.76 m，该煤层属于中厚煤层及薄煤层，结构较复杂，为较稳定煤层。煤层直接顶板、底板均以泥岩为主，全区大部分可采。

2.1.4.2　地应力现场测试的准备工作

(1) 地应力测试系统

本次地应力测试采用空心包体应力解除法，测试系统主要由环氧树脂 YH3B-4 型三轴空心包体应变计以及与之配套的应变数据采集系统——DataTaker 组成(图 2-9)。其中 YH3B-4 型三轴空心包体应变计的主要技术特征见表 2-1。DataTaker 是由澳大利亚生产的地应力测试专用野外便携式计算机，其软件包括应变数据采集和后期处理两个部分。

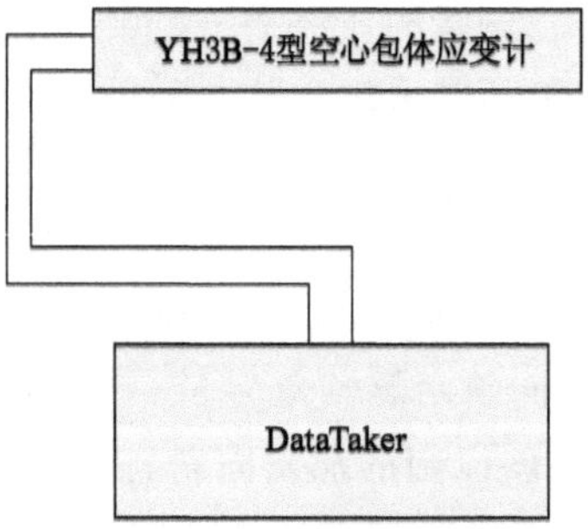

图 2-9　地应力测试系统构成

空心包体应变计是现场测试前在中国矿业大学深部岩土力学与地下工程国家重点实验室中制备而成的。应变计的制备，采用了专用模具，同时依照严格的步骤和要求在严格的温度环境中浇注制备，并经严格检验，最终确定感测灵敏度高、感测性能稳定的应变计投入现场测试。

(2) 地应力测试专用工具

由地应力测试与计算的基本原理可知：地应力测试过程中对钻孔的施工精度和应变计的安装质量有相当高的要求，因此需要采用专门的施工工具。在采用空心包体应力解除法测量地应力的过程中，除采用普通钻机进行基础测量孔施工外，还需要进行应变计安装孔的施工，并应达到以下要求：

① 基础孔孔底必须磨平，严格控制钻孔孔径大小。基础孔孔径为 130 mm。

② 应变计安装孔(俗称小孔)必须与基础孔严格同轴线,孔径为 36 mm,要求成形规整。

根据以往的施工经验发现:由于地应力测试要求基础孔的深度较大,施工过程中容易出现钻杆摆动幅度大,从而造成基础孔成形质量差、孔径超标等问题,增加了基础孔施工难度。为了改变这个状况,经过分析,确定采用加长基础孔施工用套芯管的方法来解决这个问题。套芯管实际上是一个外径为 130 mm 的空心钻头,加长套芯管后,可增强钻头的导向和防止跑偏的作用,从而限制了钻杆的摆动幅度,同时也可以减少停钻取芯的次数,有利于提高基础孔(大孔)的施工质量。

在保证基础孔(大孔)施工质量的前提下,安装孔的施工精度才容易得到满足。显然,由于应变计安装孔是在大孔的基础上同心钻进得到的,因此,需采用专门的钻头施工安装孔。本次应变安装孔施工采用的钻头形式如图 2-10 所示。

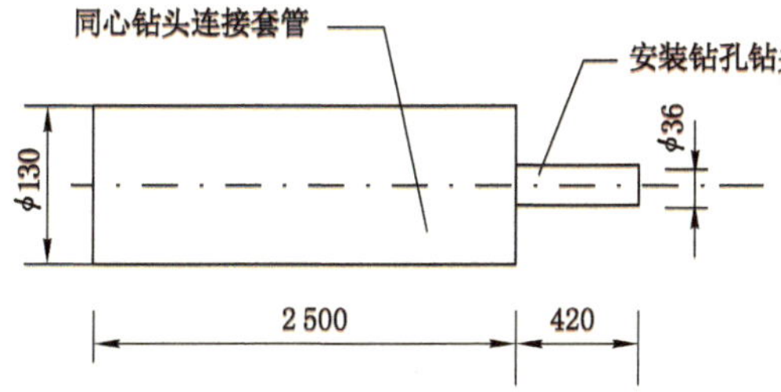

图 2-10 应变计安装孔施工专用钻头

由图 2-10 可知:安装孔施工专用钻头由 ϕ36 mm 安装孔钻头和 ϕ130 mm 钻头连接套管构成,小钻头长 420 mm,连接套管长 2 500 mm。取这么长的连接套管的目的是确保安装钻孔与基础孔同心钻进,从而使安装孔的施工质量满足测试要求。

现场施工实践表明:大直径长连接套管安装孔施工专用钻头达到了预期的目标和效果。

(3) 测站选择

十一矿丁、戊、己 3 组煤采区指定区域三维地应力测量是为采区巷道支护设计和稳定性维护服务的,原则上应该对任一试验采区都要布置多个地应力测站,实施多点三维地应力测量,以便对采区地应力场的分布特点进行充分的分析和研究。然而,由于地应力测量是一项投入多、工程量大、过程复杂的工作,并且由于现场大部分采区巷道都出现了断面变形较大、有效断面较小,无法满足测量施工要求,同时考虑测量施工不能影响现场正常生产的要求,通过讨论,最终确定在丁 6# 煤二水平胶带下山、戊 9-10-16140 机巷以及己 16-17-22181 机巷各设一个地应力测站。

根据本次三维地应力测试的目的,并考虑地应力测试自身的技术要求,结合丁、戊、己三组煤指定巷道所在采区的地质构造特点,本次地应力测试测站的选择主要遵循以下几项原则:

① 测站应尽量布置在完整或尽量完整的岩体内,要远离断层,避开断层破碎带、断裂发育带等大的地质构造,以保证测站位置地应力状态具有一定的代表性。

② 测站应远离或尽量远离较大开挖体,如大的采空区或大硐室等。

③ 测站应避开巷道和采场的弯、拐、叉、顶部等应力集中区,保证地应力免受工程应力

集中的影响，即处于原岩应力状态未受工程扰动的地区。

④ 为了研究地应力状态随深度变化的规律，测点应尽量布置在多个水平上。

⑤ 应选择断面大小合适、水电供应方便的巷道作为测点，以便于测站基础孔和应变计安装孔的施工。另外，巷道位置的选择不应影响其他工作的正常进行。

基于上述原则，测量人员先后多次下井进行实际考察，并在充分研究采区地质资料、开拓系统平面布置图的基础上，经过与矿方充分讨论，最终在上述三条巷道中各确定了一个地应力测站，测站平面位置如图 2-11 至图 2-13 所示。

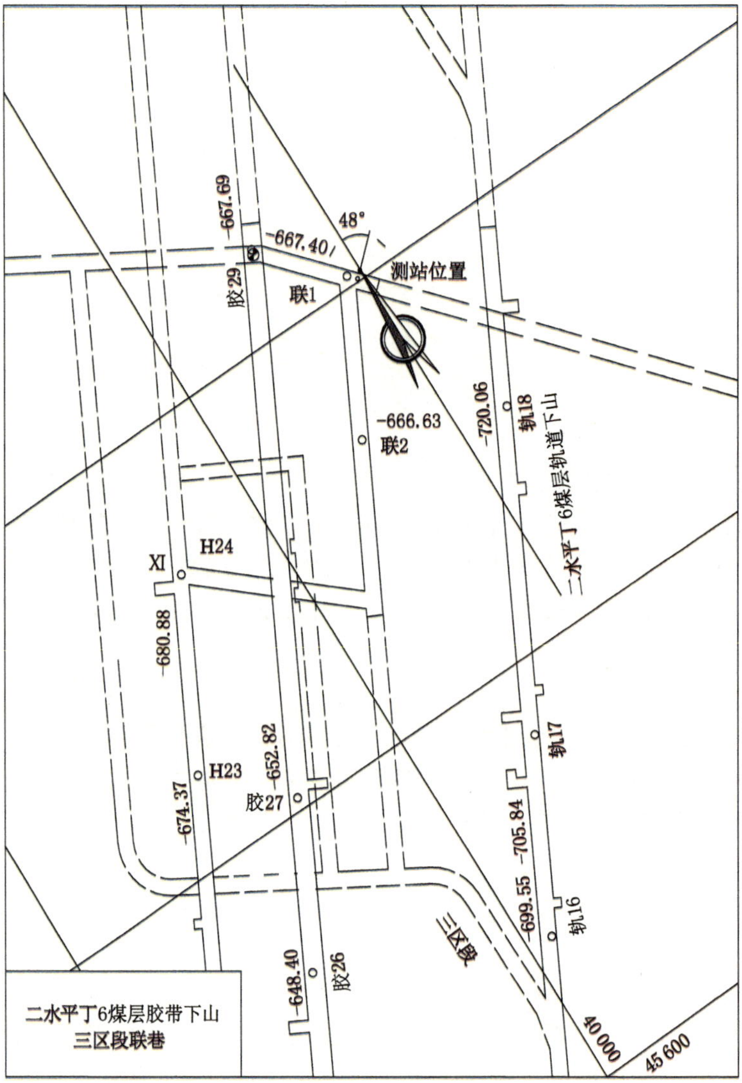

图 2-11　丁 6 煤层二水平胶带下山地应力测站位置图

(4) 测量硐室准备

在测站位置确定后，为了便于进行地应力测量钻孔的施工，需要事先在所选测站位置处施工一个能够容纳施工钻机及测量观测仪器，便于测量人员进行相关操作的小断面硐

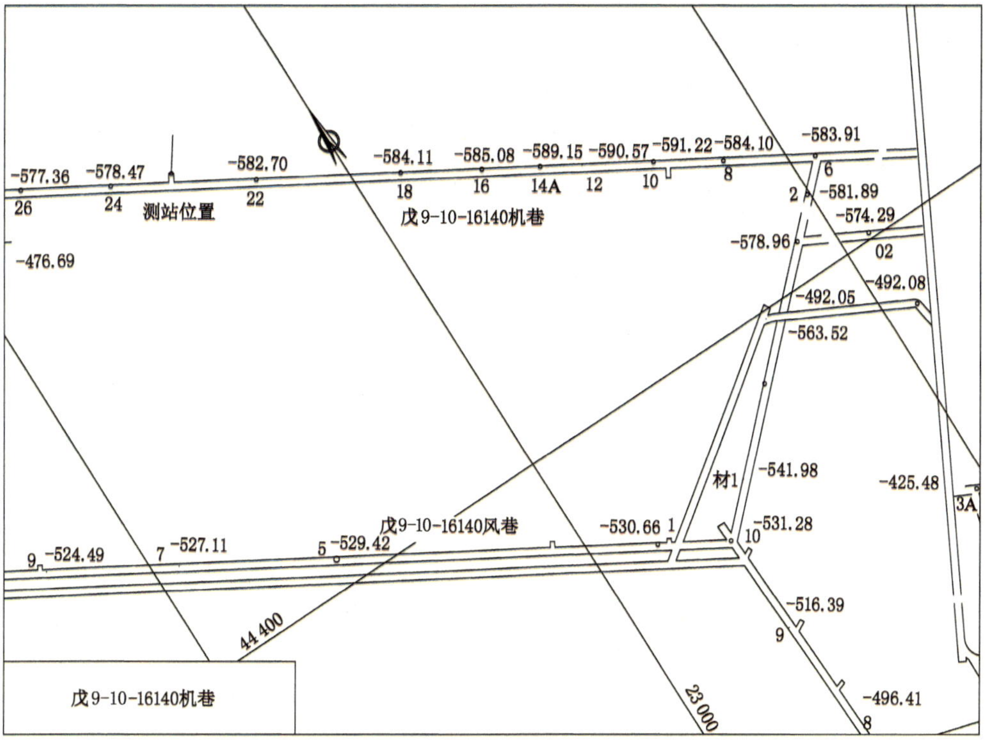

图 2-12　戊组煤 9-10-16140 机巷地应力测站位置图

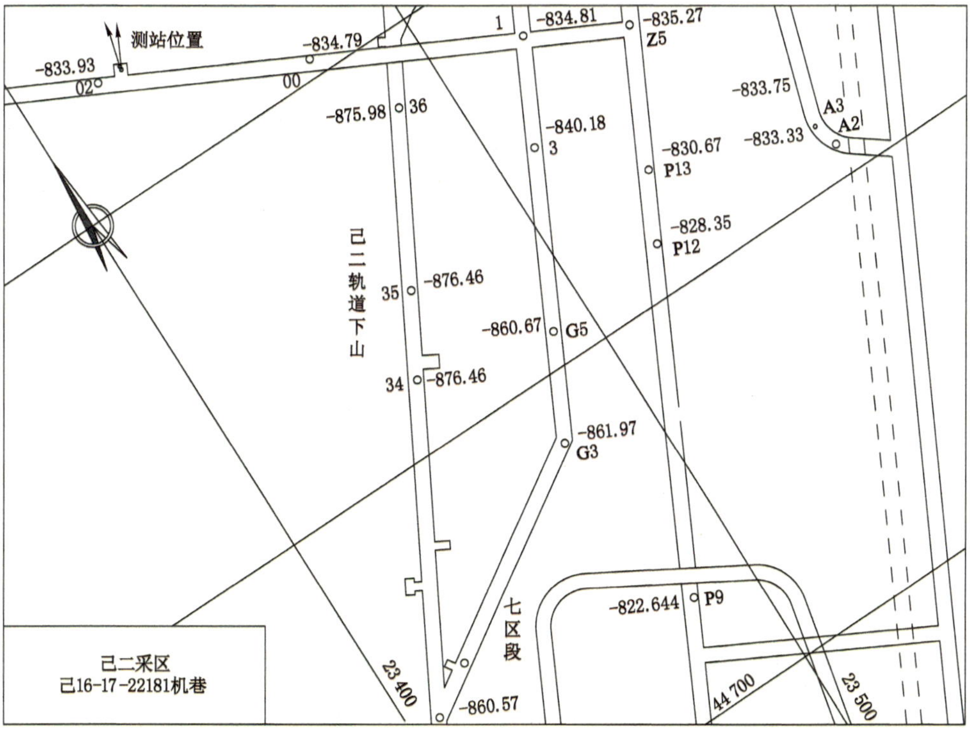

图 2-13　己组煤 16-17-22181 机巷地应力测站位置图

室，即测量硐室。

根据 3 个测站所处巷道的情况，除了丁组煤二水平胶带下山的测站处无需另外施工观测硐室外，其他两条巷道的测站处均需预先施工观测操作硐室。需要说明的是，操作硐室的施工应尽可能采用机械方法进行，如必须采取爆破方法，则应在设计爆破参数时必须严格控制装药量(一次起爆药量)，以确保测点围岩遭受的破坏范围尽可能小。

2.1.4.3 原岩应力实测

本项目地应力测试工作主要分为三个阶段进行：

第一阶段：自 2008 年 10 月初至 2008 年 11 月底，主要进行地应力测量方案的设计，测量仪器、应变计的检修与制备，现场测站的选定，测量硐室的施工准备等前期技术准备和原材料、器具的准备。

第二阶段：2008 年 12 月初至 2009 年 1 月底，为地应力的现场测量阶段，本阶段历时近 2 个月，完成了规定的丁、戊、己 3 组煤指定区域采区巷道原岩应力的现场测试工作。

第三阶段：2009 年 2 月至 2009 年 6 月中旬，为测量数据的处理及相关岩石力学性质的室内试验，这个部分工作在中国矿业大学深部岩土力学与地下工程国家重点实验室内进行，在测量数据的分析、处理以及相关岩石力学性质的实验室实验工作的基础上，运用相关专用软件，进行了丁、戊、己 3 组煤采区指定区域原岩应力的计算与相关分析工作。

其中地应力的现场测量工作均按上述基本步骤进行，应力解除的深度为 400～500 mm，一般情况下历时 1～2 h 即可完成，数据采集时间间隔设定为 10 s。

(1) 丁 6 煤层二水平胶带下山地应力测量

丁 6 煤层二水平原岩应力测试工作于 2008 年 12 月 23 日开钻施工开始，至 2008 年 12 月 28 日应力解除测量成功，现场测量历时 6 个工作日。丁组煤地应力测点布置在丁 6 煤层二水平胶带下山与回风下山联巷内巷道右帮(由巷道掘进迎头向外看)上，具体位置详见图 2-14。

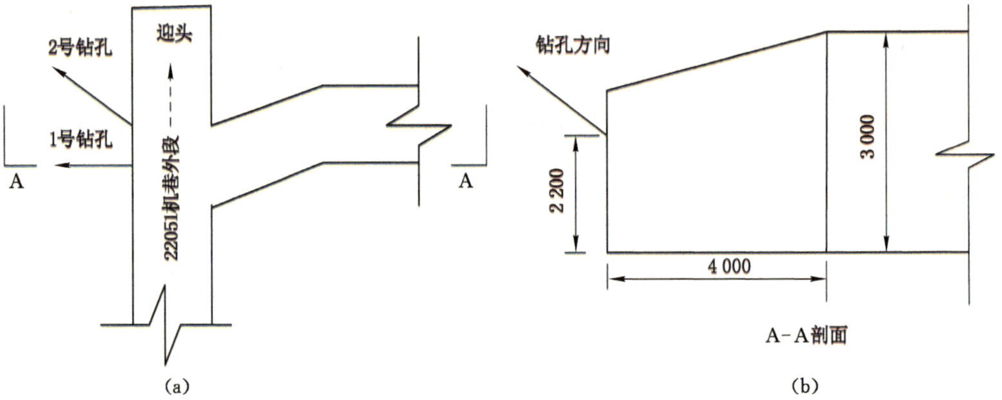

图 2-14 丁 6 煤层二水平胶带下山地应力测点平面图

该处揭露丁 6 煤层顶板岩性以粉砂质泥岩为主，岩层裂隙发育，取芯率不高，岩石质量指数 QRD 不超过 50%。该测站地应力测量钻孔(2 号孔)的主要技术参数见表 2-4。

表 2-4 丁 6 煤层二水平胶带下山地应力测站及钻孔技术参数

x 轴坐标/m	y 轴坐标/m	z 轴坐标/m	孔径/mm	孔深/m	倾角 α/(°)	方位角 β/(°)	绝对深度/m
5 802.066	4 053.715	−667.900	130	6.5	+8	48	792

在该测站基础孔施工过程中，先后施工了 1# 、2# 两个钻孔。当 1# 孔钻进到 5.0m 深度时，发现钻孔套管所取岩芯破碎，继续钻进，情况仍无改善，即钻孔无法达到稳定、致密岩层，不能满足地应力测量要求，遂放弃 1# 孔的钻进。然后移动钻机，改变钻进角度，施工 2# 基础钻孔，在基础孔钻进到 6.5 m 深度处时，布置测点，获得成功。测量钻孔施工过程及应力解除岩芯现场如图 2-15 和图 2-16 所示。

图 2-15 地应力测量钻孔施工

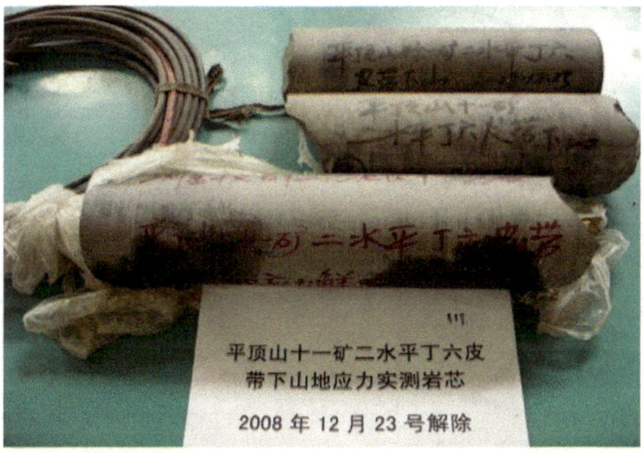

图 2-16 丁 6 煤层测站应力解除岩芯实物

需要说明的是，根据测站的布置原则，应使测站处于稳定、完整的岩层中，所以基础孔的深度应当越深越好，但是基础孔深度过大会给空心应变计的安装带来困难，因此，测量层位选择时需根据钻孔岩芯的产状来进行判断，确定合适的终孔深度(时机)。根据岩石力学理论，巷道围岩的应力扰动区半径仅为巷(硐)半径的 3～5 倍，该区域之外基本属于原岩应力区，因此，基础孔的深度只要达到这个深度即可满足要求。据此，2# 钻孔深度为 6.5 m，已达巷道半径的 3.2 倍，且钻孔岩芯完整，故决定终止基础孔钻进，改换专用钻头，施工应变计安装孔(小孔),并安装应变计。

应力解除过程曲线:由应力解除过程得到的原始应变测试数据可以绘制出应变-解除距离关系曲线(ε-d 关系曲线)。丁 6 煤层二水平胶带下山地应力实测曲线如图 2-17 所示。

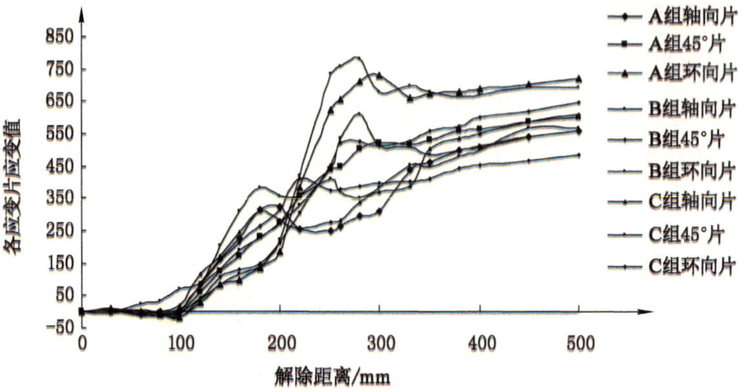

图 2-17 丁 6 煤层胶带下山原岩应力解除过程实测曲线

实测曲线反映了套芯钻进过程中 YH3B-4 型传感器中 9 个不同方向的应变片随解除距离的增大其应变的变化情况,是本次测量计算地应力的根本依据。

同时,实测曲线也反映了测量施工过程与实测效果的情况。

岩石力学性质试验:为了反算测站区域的原岩应力,需要知道测站所处地层岩石的力学性能参数,为此,将基础孔施工取得的岩芯带回中国矿业大学深部岩土力学与地下工程国家重点实验室进行加工,并进行了丁组煤层顶板岩石单轴抗压试验,丁组煤测站处岩石的全应力-应变关系曲线如图 2-18 所示。

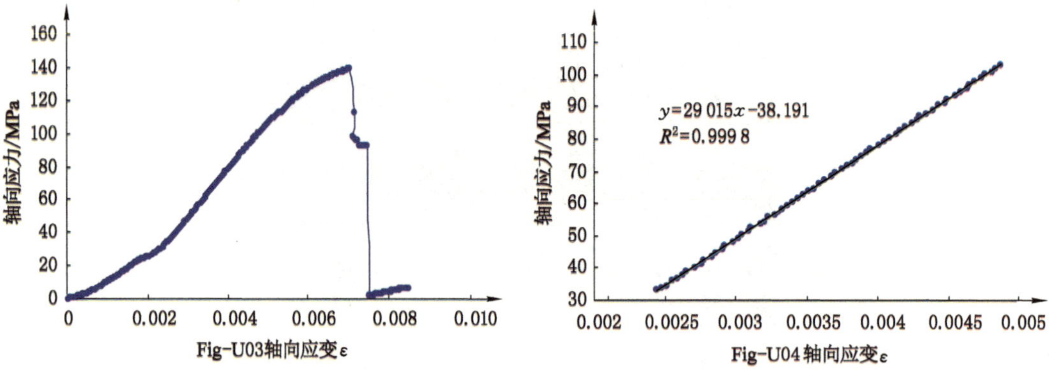

图 2-18 丁 6 煤层二水平顶板岩石单轴全应力-应变关系曲线

根据图 2-18 可求得地应力计算所需的岩石弹性常数、泊松比等计算参数。根据实测资料、测点岩石力学性质参数及钻孔的几何参数等,按照前文所述地应力反算原理,采用专用计算软件,分析计算出测点区域的地应力分量及主应力大小和方向,所得测试区域原岩地应力实测结果详见表 2-5。

表 2-5 大地坐标系下丁 6 煤层二水平胶带下山测站区域原岩应力状态

测点编号	测点位置	距地表深度/m	主应力大小/MPa	主应力与坐标轴方向夹角/(°)		
				东西方向	竖直方向	南北方向
1	丁 6 煤层二水平胶带下山	792.9	$P_1=16.14$,	39.93	79.07	52.18
			$P_2=7.97$,	59.16	66.8	139.72
			$P_3=7.29$	67.28	154.07	101.83

原岩应力的应力分量表示：由于测得的地应力为一空间向量，为了便于工程分析应用，需将其转换为大地坐标系下的应力分量。采用应力分量表示时，测点的原岩应力状态见表 2-6。

表 2-6 丁 6 煤层二水平胶带下山测站区域原岩应力的分量表示结果 单位：MPa

$\sigma_x=12.673$	$\tau_{xy}=1.422\ 9$	$\tau_{xz}=3.897\ 7$
$\tau_{yx}=1.422\ 9$	$\sigma_y=7.713\ 4$	$\tau_{yz}=0.825\ 79$
$\tau_{zx}=3.897\ 7$	$\tau_{zy}=0.825\ 79$	$\sigma_z=11.011$

其中，σ_x、σ_y、σ_z 分别为沿东西方向、竖直方向和南北方向的正应力分量，其余为剪应力分量。

主应力的大小和方向：大地坐标系中，丁 6 煤层二水平胶带下山测站区域原岩应力的主应力大小(单位：MPa)如式(2-25)所示。

$$\begin{Bmatrix}\sigma_1\\ \sigma_2\\ \sigma_3\end{Bmatrix}=\begin{Bmatrix}P_1\\ P_2\\ P_3\end{Bmatrix}=\begin{bmatrix}16.14\\ 7.97\\ 7.29\end{bmatrix} \tag{2-25}$$

在大地坐标系 $OXYZ$ 中，取东为 X 轴正方向，北为 Z 轴正方向，则 3 个主应力与大地坐标轴的方向关系见表 2-7。

表 2-7 丁 6 煤层二水平胶带下山测站区域原岩应力的主应力方向

主应力	X(东西方向)	Y(竖直方向)	Z(南北方向)
σ_1	39.93°	79.07°	52.18°
σ_2	59.16°	66.8°	139.72°
σ_3	67.28°	154.07°	101.83°

主应力的空间矢量关系：根据表 2-7 得到 3 个主应力 σ_1、σ_2、σ_3 在空间中的矢量关系如图 2-19 所示。

原岩应力与测站所在位置巷道的关系：为了便于分析巷道所处原岩应力状态，以便为巷道支护与使用维护提供指导，特将平行巷道轴线和垂直巷道轴线的两个水平应力分量在测站处标注出来，如图 2-20 所示。

根据测站原岩应力测量结果，分析图 2-20 所示邻近测站不同方位巷道的应力状态可知：二水平丁 6 煤层下山三区段联络巷和附近巷道除了受到地应力的作用外，还受到沿巷道

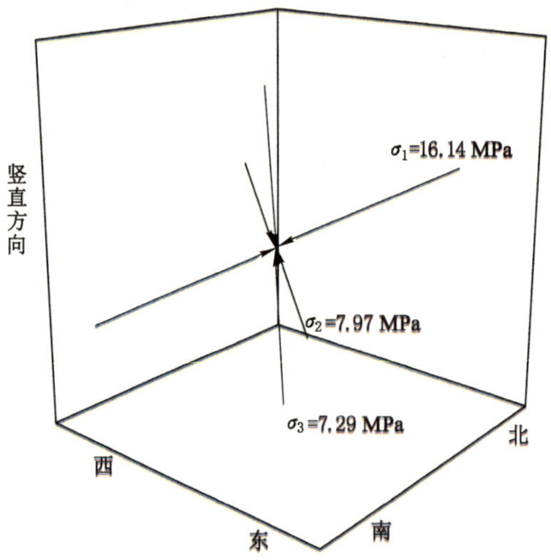

图 2-19　丁 6 煤层原岩主应力空间矢量图

轴线方向的切向应力和垂直巷道轴线方向的水平挤压地应力的作用。以该测站测得的原岩应力为基础，求得测站邻近区域不同方位巷道的原岩应力状态。

以北偏东 28°方位布置的各条巷道所处的地应力状态（单位：MPa）为：

$$\mathbf{A}_1=\begin{bmatrix}15.538 & 1.644 & 1.491\\ 1.644 & 7.731 & 0.061\\ 1.491 & 0.061 & 8.146\end{bmatrix} \tag{2-26}$$

以北偏西 60°方位布置的巷道所处的地应力状态（单位：MPa）为：

$$\mathbf{A}_2=\begin{bmatrix}8.051 & -3.705\times10^{-3} & -1.229\\ -3.705\times10^{-3} & 7.713 & 1.645\\ -1.229 & 1.645 & 15.633\end{bmatrix} \tag{2-27}$$

以北偏西 42°方位布置的巷道所处的地应力状态（单位：MPa）为：

$$\mathbf{A}_3=\begin{bmatrix}8.053 & 0.505 & 1.234\\ 0.505 & 7.713 & 1.566\\ 1.234 & 1.566 & 15.631\end{bmatrix} \tag{2-28}$$

式(2-26)至式(2-28)中，应力分量 a_{11} 为与相应巷道垂直的水平分量，a_{22} 为竖直方向应力分量，a_{33} 为与巷道轴线平行的应力分量，其中水平应力的分布如图 2-20 所示。

(2) 戊 9-10-16140 机巷地应力测量

戊 9-10-16140 机巷地应力测量于 2009 年 1 月 8 日开钻，至 2009 年 1 月 11 日应力解除测量成功，历时 4 个工作日，完成了该测站地应力的现场测量工作。

测站钻孔技术参数：戊组煤层地应力测点布置如图 2-21 所示，该测站布置在戊 9-10-16140 机巷内，为了获得理想的测量结果，施工了专用地应力测量硐室。

该测站基础钻孔直接揭露戊 9-10 煤层顶板，岩性以粉砂质泥岩为主，岩层裂隙发育，取芯率不高，岩石质量指数 QRD 不超过 50%。该测站地应力测量钻孔的主要技术参数见表 2-8。

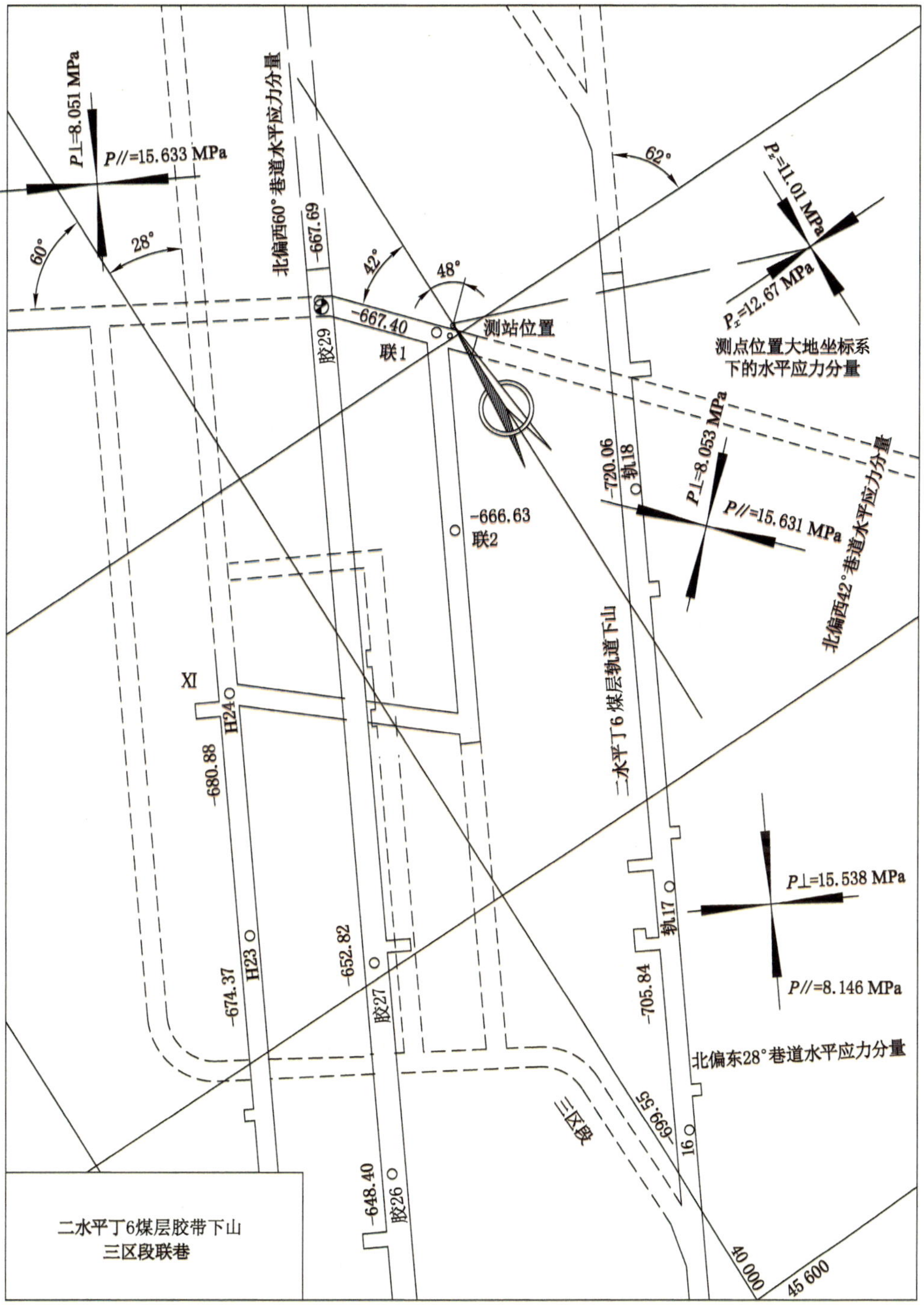

图 2-20　丁 6 煤层原岩水平应力与测站处巷道的方位关系

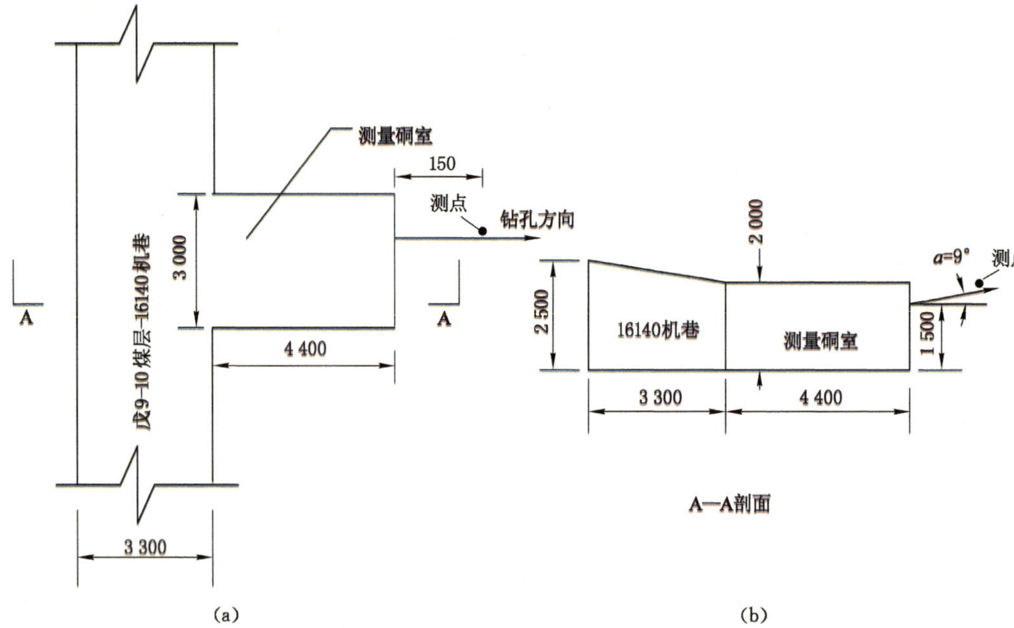

图 2-21　戊 9-10-16140 机巷地应力测点平面布置图

表 2-8　戊 9-10-16140 机巷地应力测站及钻孔技术参数

x 轴坐标/m	y 轴坐标/m	z 轴坐标/m	孔径/mm	孔深/m	倾角 α/(°)	方位角 β/(°)	绝对深度/m
4 631.682	2 920.344	−580.835	130	5.3	+9	35	705

与丁煤所在测站的地应力测试不同，在该巷道区段地应力测量过程中只钻进了 1 个基础孔，在基础孔钻进至孔深 5.3 m 时，已进入较完整围岩，随即停止基础孔钻进，安装测量传感器，一次测量获得成功。钻孔揭露的顶板岩石裂隙发育、破碎软弱，因此取芯率不高，其岩石质量指数 QRD 不超过 50%。

由图 2-21 可知：地应力测量硐室深入 16140 机巷右帮 4.4 m，然后在硐室迎头距顶板 1.5 m 处施工地应力测试基础孔，孔深 5.3 m，此时，综合考虑测量硐室以及基础孔，显然基础孔的深度已为该巷道半径的 6 倍多，不仅如此，且钻孔岩芯较为完整，符合终孔条件。于是改换专用钻头施工空心包体应变计安装孔，安装空心包体应变计。

戊组煤 16140 机巷地应力测试基础孔钻进施工过程与取芯实物如图 2-22 和图 2-23 所示。

应力解除过程曲线：戊 9-10-16140 机巷地应力实测曲线如图 2-24 所示。

实测曲线反映了套芯钻进过程中 YH3B-4 型传感器中 9 个不同方向的应变片随解除距离的应变变化情况，是本次测量计算地应力的依据。同时，实测曲线反映了测量施工过程与实测效果。

岩石力学性质试验：采取与丁组煤相同的测站处岩石力学性质测试方法，得到戊 9-10 煤层顶板岩石单轴应力-应变关系曲线，如图 2-25 所示。

图 2-22 戊组煤地应力实测现场

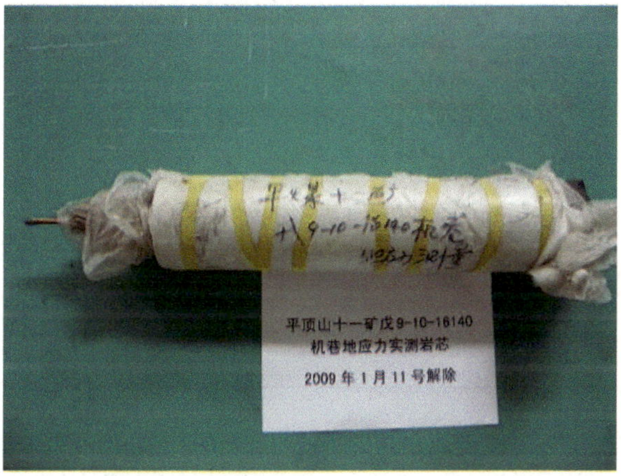

图 2-23 戊组煤地应力解除岩芯实物

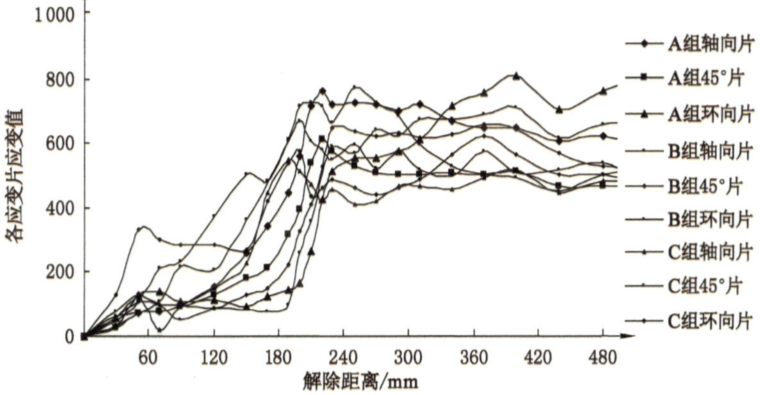

图 2-24 戊 9-10-16140 机巷原岩应力解除过程实测曲线

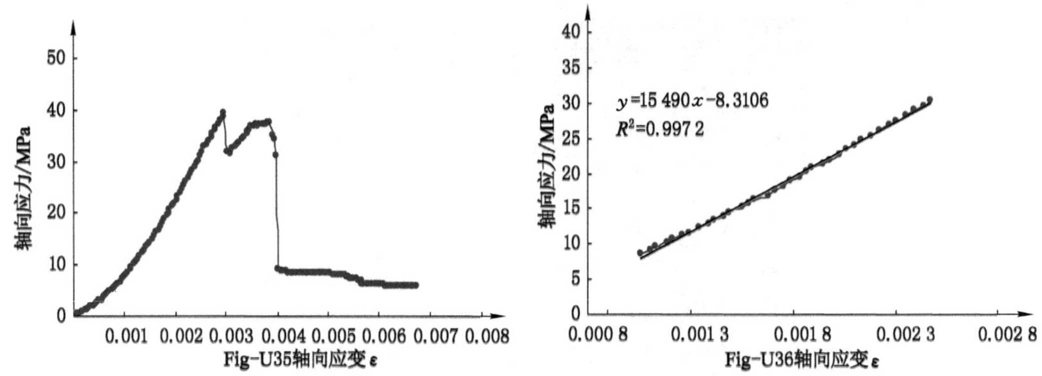

图 2-25　戊 9-10-16141 机巷顶板岩石单轴应力-应变关系曲线

地应力实测数据处理结果：根据实测资料、测点岩石力学性质参数及钻孔的几何参数等，分析计算出测点戊组煤 16141 机巷所在区域地应力分量及主应力大小和方向，得到该区域原岩地应力实测结果，详见表 2-9。

表 2-9　大地坐标系下戊 9-10-16141 机巷测站区域原岩应力状态

测点编号	测点位置	距地表深度/m	主应力/MPa	主应力与坐标轴方向夹角/(°)		
				东西方向	竖直方向	南北方向
2	戊 9-10-16140 机巷	705	$P_1=14.96$，	59.51	82.62	31.56
			$P_2=7.73$，	33.27	80.45	121.53
			$P_3=6.72$	77.96	167.89	88.67

原岩应力的应力分量表示：当采用应力分量表示时，测点的原岩应力状态见表 2-10。

表 2-10　戊 9-10-16141 机巷测站区域原岩应力分量表示结果　　单位：MPa

$\sigma_x=9.546\ 4$	$\tau_{xy}=0.675\ 88$	$\tau_{xz}=3.123\ 9$
$\tau_{yx}=0.675\ 88$	$\sigma_y=6.888\ 3$	$\tau_{yz}=0.814\ 55$
$\tau_{zx}=3.123\ 9$	$\tau_{zy}=0.814\ 55$	$\sigma_z=12.980$

其中，σ_x、σ_y、σ_z 分别为沿东西方向、竖直方向和南北方向的正应力分量，其余为剪应力分量。

主应力的大小和方向：大地坐标系下，戊 9-10-16141 机巷测站区域原岩应力的主应力(单位：MPa)如式(2-29)所示。

$$\begin{Bmatrix}\sigma_1\\\sigma_2\\\sigma_3\end{Bmatrix}=\begin{Bmatrix}P_1\\P_2\\P_3\end{Bmatrix}=\begin{bmatrix}14.96\\7.73\\6.72\end{bmatrix}\tag{2-29}$$

在大地坐标系 $OXYZ$ 中，取正东方向为 X 轴正方向，正北方向为 Z 轴正方向，则 3 个主应力与大地坐标系的方向关系见表 2-11。

表 2-11 戊 9-10-16141 机巷测站区域原岩应力的主应力方向

主应力	X(东西方向)	Y(竖直方向)	Z(南北方向)
σ_1	59.51°	82.62°	31.56°
σ_2	33.27°	80.45°	121.53°
σ_3	77.96°	167.89°	88.67°

主应力的空间矢量关系：根据表 2-11，得到 3 个主应力 σ_1、σ_2、σ_3 在空间中的矢量关系如图 2-26 所示。

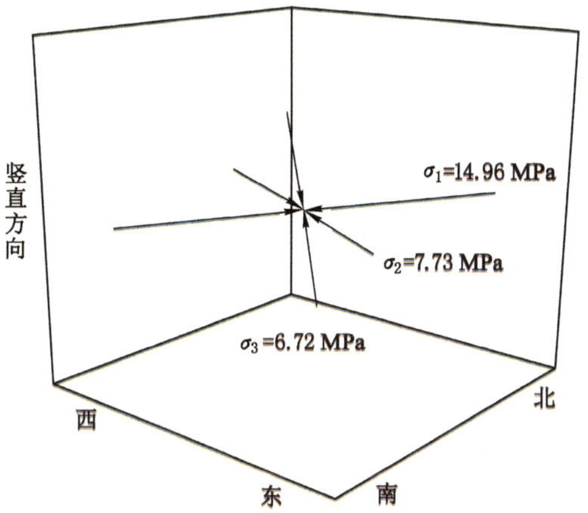

图 2-26 戊煤 16141 机巷测站区域原岩主应力空间矢量图

原岩应力与测站所在位置巷道的关系：为了便于分析巷道所处原岩应力状态，为巷道支护与使用维护提供指导，特将两个沿坐标轴方向的水平应力分量在测站处标注出来，如图 2-27 所示。

分析图 2-27 可知：除了 16140 风巷距测点所在巷道 16140 机巷较近以外，测点东部几条南北方向巷道均距测点较远，根据以往的经验，在测点邻近区域无较大构造的情况下，认为与之平行的 16140 风巷也处于与机巷相同的地应力状态。以所测得的原岩应力为依据，求得按北偏西 59.19°范围布置的 16140 机巷、风巷所处的原岩应力状态(单位：MPa)为：

$$\boldsymbol{A}=\begin{bmatrix} 9.363 & -0.359 & -3.016 \\ -0.359 & 6.888 & 0.996 \\ -3.016 & 0.996 & 13.163 \end{bmatrix} \tag{2-30}$$

式中各应力分量的意义同前。其中垂直和平行巷道(16140 机巷)轴线的两个水平应力分量的分布状态如图 2-27 所示。

(3) 己组煤 16-17-22181 机巷地应力测量

己组煤 16-17-22181 机巷地应力测量工作于 2008 年 12 月 4 日正式开始，至 2008 年 12 月 10 日应力解除测量成功，现场测试历时 7 个工作日。

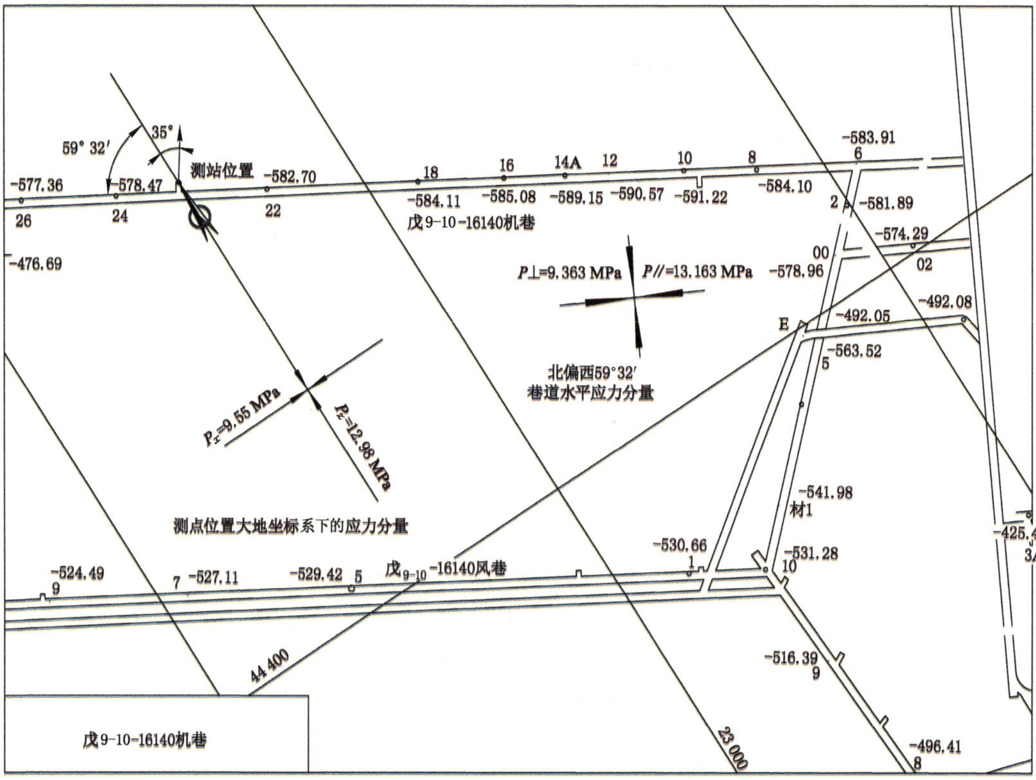

图 2-27 戊煤原岩水平应力与测站处巷道的方位关系

测站钻孔技术参数：根据测站的选取原则，己组煤 16-17-22181 机巷地应力测站选择 02 号控制点东侧 5 m 处(图 2-13)，为了使测量工作不影响巷道内的正常生产，并使钻进较浅的基础孔即可到达未受掘进等工作影响的原岩区域，于是在该处巷道右帮施工一断面宽×高＝3 300 mm×3 400 mm 的测量硐室，硐深 3. 0 m，最深处净高 2. 1 m。己组煤 22181 机巷原岩应力的观测点布置在该硐室内(图 2-28)。该测站地应力测量钻孔的主要技术参数见表 2-12。

表 2-12 己组煤 16-17-22181 机巷地应力测站及钻孔技术参数

x 轴坐标/m	y 轴坐标/m	z 轴坐标/m	孔径/mm	孔深/m	倾角 α/(°)	方位角 β/(°)	绝对深度/m
4 831. 386	3 428. 922	－835. 462	130	5. 5	＋6	15	960

钻孔揭露己组煤 16-17 煤层顶板岩性为粉砂岩，测量段岩层节理裂隙较发育，但局部岩层完整，确保了测试结果的精确可靠。测点附近煤层及岩石地层综合柱状图详见图 2-29。

本次地应力测试基础孔及应变计安装孔施工均采用中煤科工集团西安研究院有限公司生产的 MK-3 型全液压钻机，先采用 ϕ130 mm 金刚石钻头取芯钻进，形成 ϕ130 的基础测量孔。在钻进到要求的测量深度处，形成符合要求的基础孔后再同心钻进 ϕ36 mm 的测量

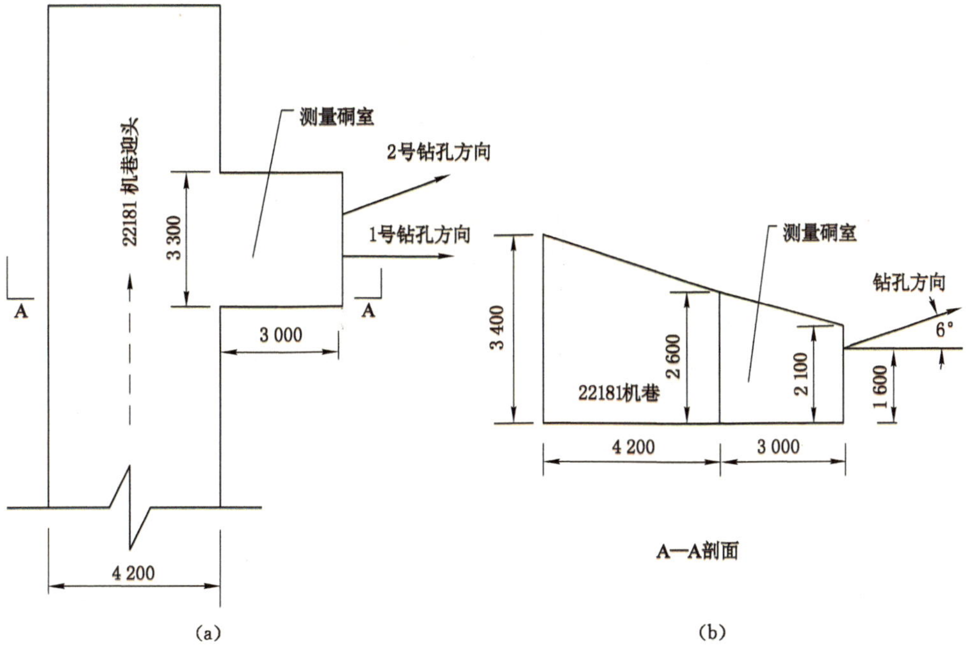

图 2-28　己组煤 16-17-22181 机巷地应力测站布置图

地层年代		层厚/m	岩层柱状（1:200）	岩石名称	岩状描述
系	组	最小值~最大值 平均值			
二叠系	上石盒子组	5.0		泥岩、砂质泥岩	深灰色或灰白色，含植化
		0.64~2.1 1.7		丁5煤	黑色团块状
		0~1.0			深灰色或灰白色
		0.85~2.6 1.9		丁6煤	黑色沫状
		10.0		泥岩、砂质泥岩	深灰色或灰白色

图 2-29　己组煤地应力测站附近煤岩综合地质柱状图

孔，然后安装测量传感器。经 24 h 固化后进行应力解除测试。

己组煤 16-17-22181 机巷原岩应力测试过程中共钻进了 2 个测量钻孔，先在测量硐室迎头上方施工 1# 孔，其目的是揭露测量前方的岩性情况，在此基础上移动钻机施工 2# 孔，其钻进按表 2-12 所列技术参数进行，孔深至 5.5 m 时停止基础孔钻进，改换小孔（应变计安装孔)施工专用钻头,进行同心钻进,达到要求深度后退出钻具,安装应变计,进行原岩应力解除测量。

基础孔钻进过程中揭露 16-17 煤层顶板岩性由粉砂岩逐渐变为细砂岩、泥质粉砂岩,裂隙较发育,岩石破碎,取芯率不高,岩石质量指数 QRD[(10 cm 以上岩芯累计长度/钻孔长度)×100%]不超过 50%。测点取芯情况如图 2-30 所示。

图 2-30　己组煤 16-17-22181 机巷地应力测试岩芯实物

由图 2-29 和图 2-30 中所显示的地应力测试岩芯实物可知:己组煤 16-17-22181 机巷地应力测站的钻孔深度已达稳定、完整岩层,测站布置和终孔深度符合地应力测试要求。

应力解除过程曲线:现场实测过程采用澳大利亚生产的便携式电阻应变仪 DataTaker 进行应力解除过程的数据记录。图 2-31 为己组煤 16-17-22181 机巷地应力解除过程实测曲线。

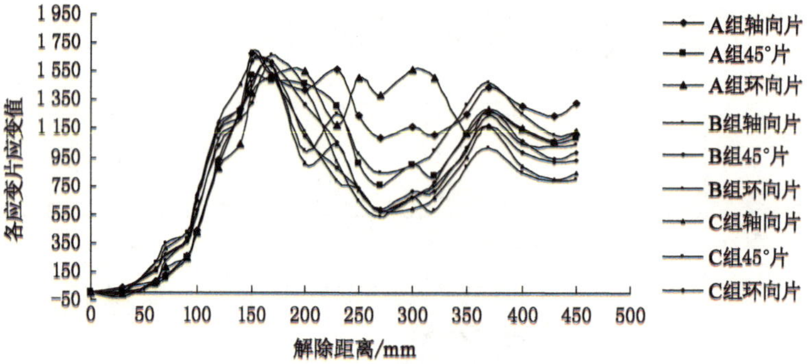

图 2-31　己组煤 16-17-22181 机巷原岩应力解除过程实测曲线

岩石力学性质试验:岩石的弹性常数是地应力计算所必需的岩石特征参数,包括岩石的抗压强度、弹性模量、泊松比。利用基础孔钻进取出的岩芯,将靠近测量段前后的岩芯在实验室内加工成标准试件,通过单轴压缩试验确定测量段岩石的弹性模量、泊松比和单轴抗压强度。所有岩石试件的加工制作以及单轴试验在中国矿业大学深部岩土力学与地下工程国家重点实验室内进行,单轴试验采用美国研制的 MTS815.02 型电液伺服试验机。

己组煤 16-17-22181 机巷地应力测站处顶板砂岩单轴应力-应变关系曲线如图 2-32 所示。

由图 2-32 可得到地应力计算所需的该测站所处地层岩石的弹性常数、泊松比等岩性

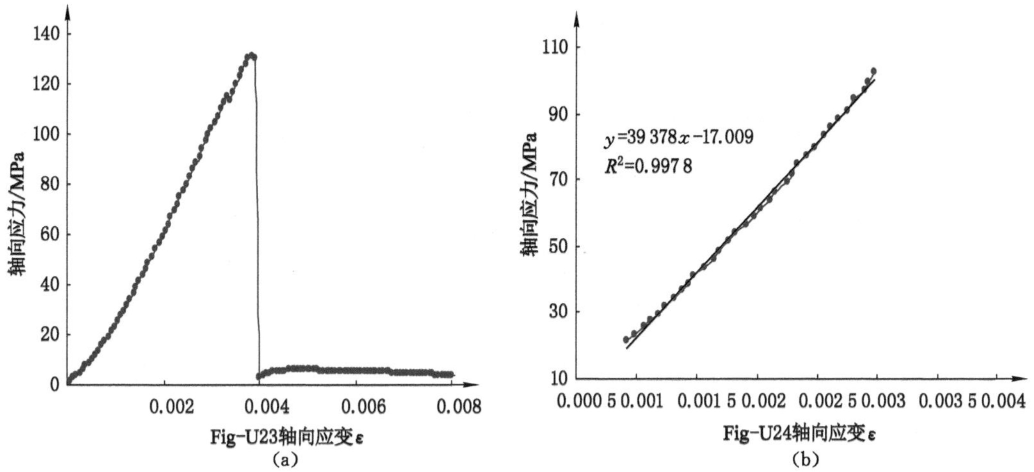

图 2-32　己组煤层顶板砂岩单轴应力-应变关系曲线

参数。

地应力实测数据处理结果：根据钻孔应力解除实测资料、测点岩石力学性质参数及钻孔的几何参数等，通过专用软件处理，最后得到己组煤 16-17-22181 机巷测站区域地应力分量及主应力的大小和方向，该区域原岩地应力实测结果详见表 2-13。

表 2-13　大地坐标系下己组煤 16-17-22181 机巷测站区域原岩应力状态

测点编号	测点位置	距地表距离/m	主应力/MPa	主应力与坐标轴方向夹角/(°)		
				东西方向	竖直方向	南北方向
3	己组煤 16-17-22181 机巷	960	$P_1=24.51$，	75.75	77.97	18.82
			$P_2=11.54$，	14.32	94.45	103.58
			$P_3=10.92$	88.60	12.85	102.77

采用应力分量表示时，测点的原岩应力状态见表 2-14。

表 2-14　己组煤 16-17-22181 机巷测站区域原岩应力分量　　单位：MPa

$\sigma_x=12.324$	$\tau_{xy}=0.650\ 62$	$\tau_{xz}=3.025\ 0$
$\tau_{yx}=0.650\ 62$	$\sigma_y=11.517$	$\tau_{yz}=2.691\ 4$
$\tau_{zx}=3.025\ 0$	$\tau_{zy}=2.691\ 4$	$\sigma_z=23.130$

其中，σ_x、σ_y、σ_z 分别为沿东西方向、竖直方向和南北方向的正应力分量，其余为剪应力分量。

主应力的大小和方向：大地坐标系下，己组煤 16-17-22181 机巷测站区域原岩应力的主应力(单位：MPa)如式(2-31)所示。

$$\begin{Bmatrix}\sigma_1\\ \sigma_2\\ \sigma_3\end{Bmatrix}=\begin{Bmatrix}P_1\\ P_2\\ P_3\end{Bmatrix}=\begin{bmatrix}24.51\\ 11.54\\ 10.92\end{bmatrix} \tag{2-31}$$

在大地坐标系 $OXYZ$ 中，取正东方向为 X 轴正方向，正北方向为 Z 轴正方向，则 3 个主应力与大地坐标轴的方向关系见表 2-15。

表 2-15　己组煤 16-17-22181 机巷测站区域原岩应力的主应力方向

主应力	X(东西方向)	Y(竖直方向)	Z(南北方向)
σ_1	75.75°	77.97°	18.82°
σ_2	14.32°	94.45°	103.58°
σ_3	88.6°	12.85°	102.77°

主应力的空间矢量关系：由表 2-15 得到 3 个主应力 σ_1、σ_2、σ_3 在空间中的矢量关系，如图 2-33 所示。

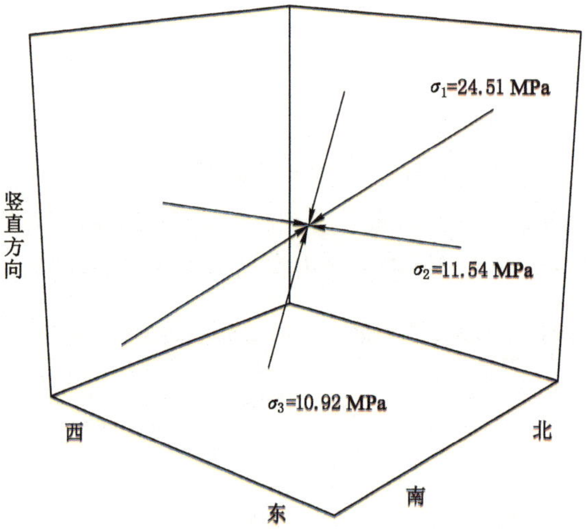

图 2-33　己组煤 22181 机巷测站区域原岩主应力空间矢量图

原岩应力与测站所在位置巷道的关系：为了便于分析巷道所处原岩应力状态，为巷道支护与使用维护提供指导，特将两个水平方向的主应力在测站处标注出来，如图 2-34 所示。

分析图 2-34 可知：在该测站区域内的各条巷道，除了受到竖直方向地应力的作用外，还受到沿巷道轴线方向的切向应力和垂直巷道轴线方向的水平挤压地应力的作用。也就是说，在没有大的地质构造的情况下，测站区域内巷道处于与测站所在位置巷道同样的地应力状态。因此，以该测站测得的原岩应力为基础，求得测站邻近区域各巷道的应力状态(平行于巷道轴线和垂直于巷道轴线方向的应力分量)。

以北偏东 27°方位布置的各条巷道所处的地应力状态(单位：MPa)为：

$$\mathbf{A}_1=\begin{bmatrix}16.998 & 1.802 & 6.149\\ 1.802 & 11.517 & 2.103\\ 6.149 & 2.103 & 18.456\end{bmatrix} \tag{2-32}$$

以北偏西 63°方位布置的巷道所处的地应力状态(单位：MPa)为：

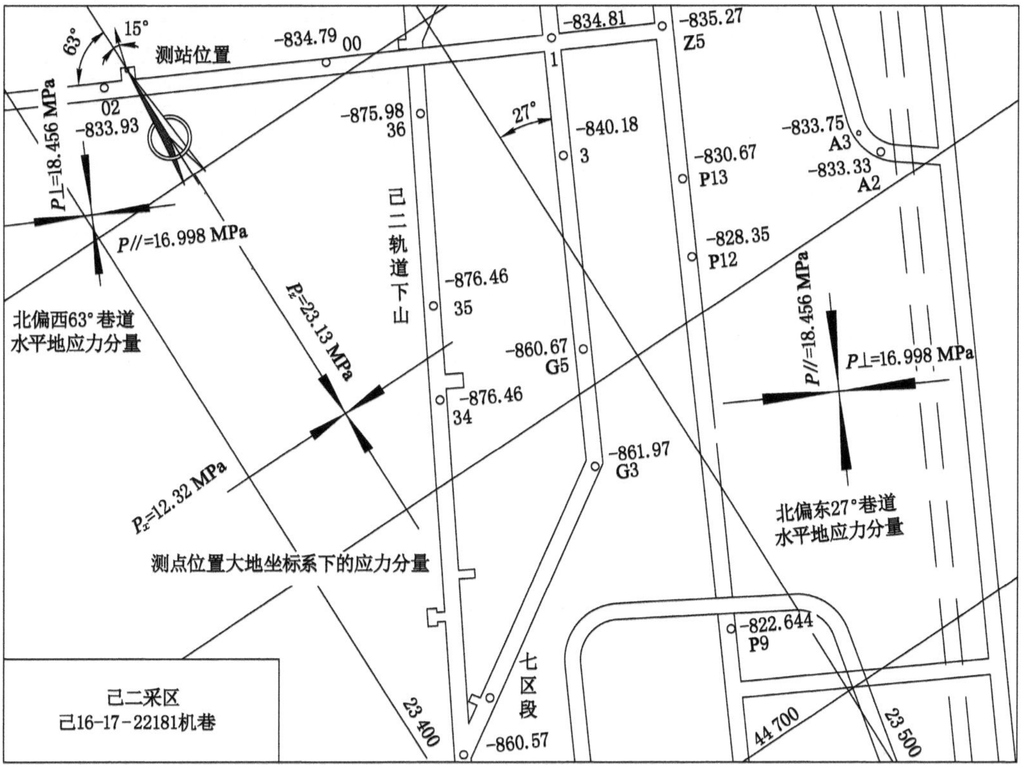

图 2-34 己组煤原岩水平应力与测站处巷道的方位关系

$$
\mathbf{A}_2=\begin{bmatrix} 18.456 & -2.103 & -6.149 \\ -2.103 & 11.517 & 1.802 \\ -6.149 & 1.802 & 16.998 \end{bmatrix} \tag{2-33}
$$

式中各个应力分量的意义同前。

(4) 原岩应力实测结果分析

为了便于分析，将丁、戊、己 3 组煤采区指定区域 3 个测站原岩应力测量结果汇总，详见表 2-16。采用分量形式表示时，各测站所在区域原岩应力的测量结果汇总见表 2-17。

表 2-16 丁、戊、己 3 组煤 3 个测站地应力实测结果

测点编号	测点位置	距地表距离/m	主应力大小/MPa	主应力方向与大地坐标轴夹角		
				东西方向	竖直方向	南北方向
1	丁 6 煤层二水平胶带下山	792	P_1=16.14,	39.93°	79.07°	52.18°
			P_2=7.97,	59.16°	66.8°	139.72°
			P_3=7.29	67.28°	154.07°	101.83°
2	戊 9-10-16140 机巷	705	P_1=14.96,	59.51°	82.62°	31.56°
			P_2=7.73,	33.27°	80.45°	121.53°
			P_3=6.72	77.96°	167.89°	88.67°

表 2-16(续)

测点编号	测点位置	距地表距离/m	主应力大小/MPa	主应力方向与大地坐标轴夹角		
				东西方向	竖直方向	南北方向
3	己 16-17-22181 机巷	960	$P_1=24.51$,	75.75°	77.97°	18.82°
			$P_2=11.54$,	14.32°	94.45°	103.58°
			$P_3=10.92$	88.60°	12.85°	102.77°

注：表中大地坐标系 X、Z 轴分别沿正东方向、正北方向，Y 轴沿竖直方向。

表 2-17　丁戊己三组煤各测站地应力实测结果分量

测站位置	距地表距离/m	原岩应力分量/MPa
丁 6 煤层二水平胶带下山	792	$\sigma_x=12.673$，$\tau_{xy}=1.422\,9$，$\tau_{xz}=3.897\,7$； $\tau_{yx}=1.422\,9$，$\sigma_y=7.713\,4$，$\tau_{yz}=0.825\,79$； $\tau_{zx}=3.897\,7$，$\tau_{zy}=0.825\,79$，$\sigma_z=11.011$
戊 9-10-16140 机巷	705	$\sigma_x=9.546\,4$，$\tau_{xy}=0.675\,88$，$\tau_{xz}=3.123\,9$； $\tau_{yx}=0.675\,88$，$\sigma_y=6.888\,3$，$\tau_{yz}=0.814\,55$； $\tau_{zx}=3.123\,9$，$\tau_{zy}=0.814\,55$，$\sigma_z=12.98$
己 16-17-22181 机巷	960	$\sigma_x=12.324$，$\tau_{xy}=0.650\,62$，$\tau_{xz}=3.025\,0$； $\tau_{yx}=0.650\,62$，$\sigma_y=11.517$，$\tau_{yz}=2.691\,4$； $\tau_{zx}=3.025\,0$，$\tau_{zy}=2.691\,4$，$\sigma_z=23.130$

注：表中 σ_x、σ_y、σ_z 分别为大地坐标系下沿东西方向、竖直方向和南北方向的正应力分量，其余为剪应力分量。+为压应力，-为拉应力。

现有地质资料揭示(图 2-35)：平顶山矿区突出的地质特征为区内断块隆起，四周凹陷，区内主体构造为一宽缓复式向斜(李口向斜)，轴向 N50°W，NW 向倾伏，向斜两翼倾角为 5°～15°，由轴部向两翼由浅至深倾角逐渐减小。十一矿位于平顶山煤田西部，处于李口向斜西南翼，整体为走向 NW～SE、倾向 NE 的单斜构造。煤层倾角沿倾向变化比较大，浅部为急倾斜煤层(50°～70°)，浅部地层陡，局部倒转；中深部变缓(20°～40°)，深部更缓，倾角一般为 5°～12°。井田内褶皱与大中型断裂构造均较简单，而生产中揭露的小断层情况反映井田内小断层很发育。

由图 2-35 可以看出：本次地应力测量中 3 个测站所在岩石(煤)层绝对深度在 705～960 m 之间，在这个地层深度范围内的煤层倾角为小于 8°的缓倾斜煤层，同时根据测量过程中对测站附近区域的地质调查，未见大的断层、褶皱以及其他特殊构造，因此，在下面分析过程中不考虑局部断层等对地应力的影响。

分析表 2-16 和表 2-17 可知测量区域定应力具有以下特征：

① 地应力随底层深度变化的特征：随深度增加，3 个主应力均逐步增大，其中最大主应力从 14.96 MPa(戊 9-10-16140 机巷，距地表绝对深度为 705 m)增大到 24.51 MPa(己 16-17-22181 机巷，距地表绝对深度为 960 m)；最小主应力由 705 m 时的 6.72 MPa 增大到

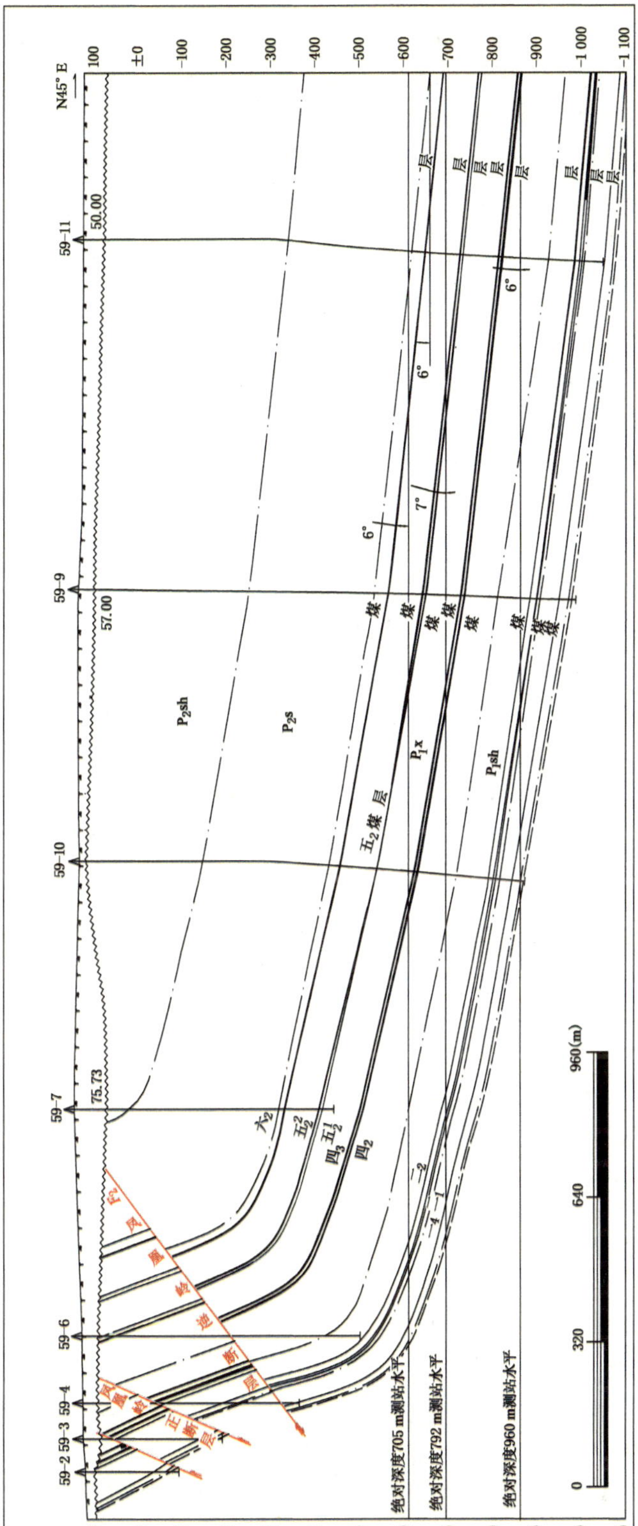

图2-35 丁、戊、己三组煤采区指定区域原岩应力测站布置水平与地质剖面图

960 m时的10.92 MPa。

② 最大主应力的方向特征：各测站最大主应力方向呈近水平方向分布。

二水平丁6胶带下山测站最大主应力 $\sigma_1=16.14$ MPa，与竖直方向夹角为79.07°（即与 X 轴、Z 轴构成的平面成10.93°夹角），其沿东西方向的水平应力分量为12.67 MPa。

戊9-10-16140机巷测站最大主应力 $\sigma_1=14.96$ MPa，与竖直方向夹角为82.62°（即与 X 轴、Z 轴构成的平面成7.38°夹角），其沿南北方向的水平应力分量为12.98 MPa。

己16-17-22181机巷测站最大主应力 $\sigma_1=24.51$ MPa，与竖直方向夹角为77.97°（即与 X 轴、Z 轴构成的平面成12.03°夹角），其沿南北方向的水平应力分量为23.13 MPa。

③ 3个测站的测量结果均为水平主应力大于竖直应力，说明测量矿区受断块隆起的地质特征影响较大，测量区域地应力分布呈水平应力场特征，这与资料揭示的地质特征也是吻合的。

④ 水平应力分量的方向特征：分析表2-17可知：

丁6煤层二水平胶带下山，较大水平应力分量 $P_x=12.67$ MPa，沿东西方向分布，沿南北方向分布的水平应力分量 $P_z=11.01$ MPa，二者相差不大，均为压应力，对巷道产生的剪切应力较小。

戊9-10-16140机巷，较大水平应力分量 $P_z=12.98$ MPa，沿南北方向分布，较小水平应力分量 $P_x=9.55$ MPa，沿东西方向分布，均为压应力。

己16-17-22181机巷，较大水平应力分量 $P_z=23.13$ MPa，沿南北方向分布，东西方向水平应力 $P_x=12.32$ MPa，同为压应力，二者相差较大，因此对巷道产生的剪切应力也增大，在该区域巷道维护过程中需考虑它对巷道稳定性的影响。

⑤ 大地坐标系下两个水平应力分量之间的关系及其随深度的变化特征。

由表2-17得到沿大地坐标轴方向分布的两个水平应力分量之间的关系，详见表2-18。

表2-18 较大水平应力分量、较小水平应力分量之间的关系

测站	深度/m	较大水平应力 σ_{max}/MPa	较小水平应力 σ_{min}/MPa	$\sigma_{min}/\sigma_{max}$	$\sigma_{max}-\sigma_{min}$
戊16141	705	12.98(南北)	9.54(东西)	0.735	3.44
丁6	792	12.67(东西)	11.01(南北)	0.868	1.66
己22181	960	23.13(南北)	12.32(东西)	0.533	10.81

分析表2-18可知：较大水平应力分量与较小水平应力分量的比值 $\sigma_{min}/\sigma_{max}=0.533\sim0.868$，且较大水平应力主要呈南北方向分布，说明矿区地层南北方向的压应力大于东西方向的压应力。如果巷道长轴方向与南北方向一致，则比巷道长轴与东西方向一致布置的效果好，即有利于巷道的稳定。

⑥ 较大水平应力、较小水平应力随深度的变化特征。由表2-18通过线性回归得到较大水平应力、较小水平应力随深度的变化规律如下：

$$\sigma_{max}=-18.822+0.0428H \tag{2-34}$$

$$\sigma_{min}=2.3711+0.0105H \tag{2-35}$$

式中，H 为地层深度。

显然，较大水平应力、较小水平应力随深度线性增大。

⑦ 竖直应力随深度的变化特征。

由表 2-17 得到竖直应力与深度之间的关系，见表 2-19。

表 2-19　竖直应力与深度的关系

测站	深度/m	竖直主应力 σ_y/MPa
戊 16141	705	6.888 3
丁 6	792	7.713 4
己 22181	960	11.517

对表 2-19 中的数据进行线性回归，得到竖直应力与深度之间的关系式为：

$$\sigma_y = -6.656\ 3 + 0.018\ 8H \tag{2-36}$$

显然，竖直应力随深度线性增大。

⑧ 水平应力分量与竖直应力分量之间的关系。

根据表 2-17 得到较大水平应力与竖直应力之间的关系，见表 2-20。

表 2-20　较大水平应力与竖直应力之间的关系

测站	深度/m	较大水平主应力 σ_{max}/MPa	竖直应力 σ_y/MPa	侧压力系数 $\lambda(\lambda=\sigma_{max}/\sigma_y)$
戊 16141	705	12.98(南北)	6.888 3	1.886
丁 6	792	12.67(东西)	7.713 4	1.643
己 22181	960	23.13(南北)	11.517	2.008

由表 2-20 可知：该矿地应力测站所在区域原岩侧压力系数均大于 1.6，再次反映了该矿区以水平应力为主的地应力分布特征。

⑨ 测站区域巷道所处地应力分布特征。

根据各测站地应力的测量结果以及测站邻近区域主要巷道与大地坐标正北方向的方位关系，通过应力转换即可求得巷道所处区域原岩应力的分布状态。各巷道所处区域大地坐标系下的水平应力计算结果详见表 2-21。

表 2-21　测站区域不同方位巷道应力分布状态计算结果

测站名称	巷道名称	应力分量/MPa			备注
		//巷道轴线应力	⊥巷道轴线应力	竖直应力	
丁 6	北偏东 28°	8.146	15.538	7.731	$\sigma_\perp > \sigma_\parallel$
	北偏西 60°	15.633	8.051	7.713	$\sigma_\perp < \sigma_\parallel$
	北偏西 42°	15.631	8.053	7.713	$\sigma_\perp < \sigma_\parallel$
戊煤	北偏西 59.19°	13.163	9.363	6.888	$\sigma_\perp < \sigma_\parallel$
己煤	北偏东 27°	18.456	16.998	11.517	$\sigma_\perp < \sigma_\parallel$
	北偏西 63°	16.998	18.456	11.517	$\sigma_\perp > \sigma_\parallel$

分析表 2-21 可知：

① 对邻近丁 6 测站的以北偏西 60°和北偏西 42°方向布置的巷道，其所处区域水平应力具有 $\sigma_{\perp}<\sigma_{/\!/}$ 的分布特征，所以这些巷道的布置比较理想。而以北偏东 28°方向布置的巷道，由于所处水平地应力具有 $\sigma_{\perp}>\sigma_{/\!/}$ 的特征，且其垂直巷道轴线的水平应力分量(15.538 MPa)远大于上面两类巷道所处应力环境中的垂直巷道轴线的水平应力分量(8.051 MPa)，所以该巷道所处的应力环境较差，尤其是巷道的两帮容易变形破坏。

② 邻近戊煤测站的巷道为按北偏西 59.19°方向布置的巷道，其所处水平地应力具有 $\sigma_{\perp}<\sigma_{/\!/}$ 的分布特征，因而该巷道处于较理想的应力环境中，但因为竖直巷道轴线的水平应力分量较大(9.363 MPa)，会给巷道维护带来一定困难。

③ 邻近己煤测站的以北偏东 27°方向布置的巷道，处于 $\sigma_{\perp}<\sigma_{/\!/}$ 的水平应力状态下，较理想，但是竖直地应力较高(11.517 MPa)，且垂直巷道的水平应力分量也高达 16.998 MPa，所以巷道两帮、顶板均易变形、破坏，尤其是在巷道围岩比较破碎、有断层或遇有节理发育地段时，情况更严重。

而以北偏西 63°方向布置的巷道，其所处水平地应力环境具有 $\sigma_{\perp}>\sigma_{/\!/}$ 的特征，且竖直应力高达 11.517 MPa，显然这些巷道所处的地应力环境更差，给巷道的支护和使用维护都将带来很大的困难。

以上分析表明：在丁、戊、己这 3 个测站区域巷道中，邻近己组煤测点的巷道所处的地应力环境最差，邻近丁组煤测站以北偏东 28°方向布置的巷道以及戊煤以北偏西 59.19°方向布置的巷道，其所处地应力环境较差，而丁组煤测站区域按北偏西 60°和北偏西 42°方向布置的巷道所处地应力环境相对较好。

2.2 巷道围岩物理力学性质测试与评价

在把握目标巷道所在区域原岩应力状态及其特征的基础上，了解和把握测站所在区域巷道围岩物理力学性质，既是原岩应力测量工作的需要，也是制定深部煤层开采顺序、编制巷道支护方案等工作的需要，而且只有将地应力测量、岩石物理力学性质测试分析以及工程地质环境调查结合起来，才能对深部采区的工程环境做出科学、准确的分析和判断，从而为矿井生产、巷道维护以及相关方案的制订提供可靠依据。

为此，在完成丁、戊、己 3 组煤指定采区巷道原岩应力的现场测量工作之后，自 2009 年 2 月 13 日到 2009 年 6 月中旬，在中国矿业大学深部岩土力学与地下工程国家重点实验室以及中国矿业大学分析测试中心分别进行了由各测站基础孔施工所钻取岩芯所制备岩样的力学性质和物理性质测试，并根据测试结果进行了测量区域巷道围岩物理力学性质评价。

根据深部巷道支护工作的需要，测站所处位置岩石的物理力学性质测试的主要内容包括：

① 岩石物理性质测试：主要岩层的矿物含量 X 射线衍射相对定量分析、崩解(湿化)及软化系数等的测定。

② 岩石力学性质试验：主要岩层的单轴抗压强度、单轴抗拉强度、抗剪强度、弹性模量和泊松比等的测定。

鉴于本试验中涉及的试验依据和标准、仪器设备以及岩石试样采集和制备要求等。

2.2.1 岩石力学性质测定

丁、戊、己 3 个测站附近岩石的力学参数测试结果详见表 2-22。

表 2-22 丁、戊、己 3 个测站附近岩石力学参数测试结果汇总

岩层编号	岩石名称	取样深度 /m	平均抗压强度 /MPa	平均抗拉强度 /MPa	平均抗剪强度 /MPa	平均弹性模量 /GPa	平均泊松比
丁 6	细砂岩	792	92.17			24.76	0.11
	泥质粉砂岩		74.60			28.57	0.11
戊 9-10	泥质粉砂岩	705	30.35			13.14	0.13
	粉砂质泥岩		26.77	2.17	18.98	11.33	0.10
	泥岩			1.51	8.35	2.622	
己16-17	泥质粉砂岩	960	23.54			13.41	0.24
	细砂岩		139.13	7.07	31.23	40.39	0.12
	泥质粉砂岩		49.14			17.81	0.12
	粉砂质泥岩		18.64	5.66	18.96	14.59	0.12

由于本次 3 个地应力测站的基础孔均布置在相应采区巷道顶板岩层内，因此，钻孔岩石的力学性质也基本代表相应巷道顶板的岩石力学性质。分析表 2-22 的数据可以看出：

(1) 在所测试的丁、戊、己 3 组煤巷道顶板中，戊煤巷道顶板的强度相对较低，弹性模量较小，属于较松软不稳定顶板。

(2) 丁组煤巷道直接顶围岩单轴抗压强度相对较高，属于较为稳定顶板。

(3) 己组煤围岩条件介于戊组煤与丁组煤之间，属于一般条件围岩。

2.2.2 岩石物理性质测定

在本次室内试验中，重点对采自测站附近以及测站基础孔施工过程中的岩石样本的崩解性能、矿物质相对含量以及 RQD 指标等物理性能参数进行了测定，具体结果分述如下：

(1) 岩石的崩解性能试验：崩解性能反映了岩石泡水后因内部结构破坏而崩解的性能。岩石的耐崩解性越强，说明岩石抵抗风化以及遇水崩解的能力越强，从而说明岩石具有较强的保持自身强度的能力。

岩石崩解性能的测试方法：将自然状态下的岩芯切磨平整后放入水中，观察其变化情况。表 2-23 为岩石崩解性能试验的具体结果。

表 2-23　岩石崩解性能试验结果

岩石名称	岩石编号	岩石尺寸/mm	岩样处理方式	崩解过程描述
粉砂质泥岩	己 16-17	50(长)×50(宽)×50(高)	自然状态下浸水	水浊，30 min 内明显裂隙，沿层理明显裂隙，2 h 大裂，3 h 水清，24 h 全部崩开，稍施力散落
	戊 9-10	50(长)×50(宽)×40.8(高)	自然状态下浸水	水浊，5～6 min 内明显裂隙，角崩掉，3 h 大裂，3 h 水清，8 h 部分崩开散落，稍施力碎化，无法整块取出

试验结果表明：两测站顶板砂质泥岩均为亲水性泥岩，岩石胶结性差，遇水产生损伤，岩石中节理、裂隙由于水的浸入产生崩解、软化甚至泥化，使岩石的承载能力明显减弱。同时，由表 2-23 可以看出戊 9-10 粉砂质泥岩的耐崩解能力明显低于己 16-17 粉砂质泥岩的耐崩解能力。

(2) 岩石的软化性能测试：岩石浸水饱和后强度降低的性质称为软化性，软化系数 K_R 为岩石试件的饱和抗压强度 σ_{cw} 与干抗压强度 σ_c 的比值，即

$$K_R = \frac{\sigma_{cw}}{\sigma_c} \tag{2-37}$$

研究表明：岩石中含有较多的亲水性和可溶性矿物，大开空隙较多，岩石的软化性较强，软化系数较小。根据相关规范的规定，当软化系数 $K_R>0.75$ 时，说明岩石的软化性弱，工程地质性质较好；当 $K_R<0.75$ 时，说明岩石软化性较强，工程地质性质较差。丁、戊、己 3 个测站区域岩石的软化性能试验结果见表 2-24。

表 2-24　丁、戊、己 3 个测站区域岩石的软化性能试验结果

钻孔编号	岩石名称	取样深度/m	软化系数	备注
丁 6	细砂岩	792	0.61	岩石软化性较强，工程地质性质较差
	粉砂岩		0.70	岩石软化性较强，工程地质性质较差
戊 9-10	砂质泥岩	705	0.98	岩石的软化性弱，工程地质性质较好
己 16-17	细砂岩	960	0.67	岩石软化性较强，工程地质性质较差
	砂质泥岩		0.77	岩石的软化性弱，工程地质性质较好

分析表 2-24 可知：

戊 9-10 测站的砂质泥岩和己 16-17 测站的砂质泥岩的抗软化能力强，即其软化性弱，工程地质性质较好，而丁 6 测站的细砂岩、粉砂岩以及己 16-17 煤层细砂岩的抗软化能力相对较弱，即软化性强，工程地质性质较弱。对丁 6、己 16-17 煤层顶板岩石应做好防水、防风化工作，以保持其强度不受自然水以及空气中水分的影响。

(3) 岩石矿物组分的 X 射线衍射试验：为了确定各测站顶板岩石中主要矿物质组分含量，特委托中国矿业大学分析测试中心对巷道顶板岩样进行了 X 射线衍射矿物成分定性定量分析。分析试验采用日本理学 X 射线衍射系统 D/MAX-ⅢB 型仪器，按照《转靶多晶体 X 射线衍射方法通则》(JY/T 009—1996)以及《沉积岩中黏土矿物和常见非黏土矿物 X 射线衍射分析方法》(SY/T 5163—2018)进行。岩石矿物组分测试分析结果详见表 2-25。

表 2-25 测站顶板岩石矿物成分 X 射线衍射测试结果

岩石层位	岩石名称	主要黏土矿物成分	组分含量/%
丁 6 顶板	砂质泥岩	绿泥石	3
		高岭石	71
		伊利石	5
		蒙皂石	3
		伊蒙混层	18
	细砂岩	绿泥石	2
		高岭石	15
		伊利石	46
		蒙皂石	3
		伊蒙混层	34
己 16-17-22181 顶板	砂质泥岩	绿泥石	4
		高岭石	69
		伊利石	11
		蒙皂石	2
		伊蒙混层	14
戊 9-19-16140 顶板	砂质泥岩	绿泥石	2
		高岭石	73
		伊利石	8
		蒙皂石	2
		伊蒙混层	15

分析表 2-25 可知：

① 丁、戊、己 3 层煤采样巷道顶板岩样中高岭石的含量基本相等，均在 70%左右。

② 丁、戊、己 3 层煤采样巷道顶板中伊蒙混层的含量均在 15%左右。

③ 丁、戊、己 3 层煤采用巷道顶板中绿泥石、伊利石和蒙皂石的含量相对高岭石、伊蒙混层的含量来讲均较少。

由于高岭石、伊利石和蒙皂石这些矿物质均具有遇水膨胀的性质，因此加强对矿井水的管理，尤其是巷道开掘初期，就应采取措施，对巷道围岩进行封闭，防止空气中的水分使岩石风化、膨胀，使巷道岩石远离自然涌水、空气以及风流中水分的侵扰，对于保证巷道围岩的强度和稳定性具有重要意义。

(4) 测站岩石的 RQD 指标测定：RQD 是根据钻探时的岩芯完好程度来判断岩体的质量，对岩体进行分类的。

$$\mathrm{RQD}=\frac{\sum l_i}{L}\times 100\% \tag{2-38}$$

式中 l_i——所取岩芯中坚固完整的长度≥10 cm 的岩芯段长度。

L——钻进岩芯的总长度,m。

工程实践表明:RQD 已被认为是衡量岩石质量的一个比较可靠的和比较精确的指标,根据 RQD 值的大小,岩石被分为五级(表 2-26)。

表 2-26 按 RQD 大小的岩石工程分级

RQD	0～25%	25%～50%	50%～75%	75%～90%	90%～100%
等级	Ⅴ	Ⅳ	Ⅲ	Ⅱ	Ⅰ
分类	很差	差	较好	良好	很好

为了探查测站区域巷道围岩的质量等级,在岩石钻孔取芯过程中进行了围岩 RQD 指标测定,钻孔直径为 68 mm,钻孔深度为 14.2～16.5 m 不等。各测站围岩 RQD 指标测定结果见表 2-27。

表 2-27 测站区域巷道围岩 RQD 指标测定结果

岩层位置	岩性	钻孔深度/m	取芯长度/m	RQD	岩石等级
二水平丁 6 顶板	细砂岩、砂质泥岩、粉砂质泥岩	14.2	5.8	40.8%	Ⅳ
己 16-17-22181 机巷顶板	细砂岩、砂质泥岩、粉砂质泥岩	14.8	6.9	46.6%	Ⅳ
戊 9-10-16140 机巷顶板	砂质泥岩、泥质粉砂岩、泥岩	16.5	7.7	46.7%	Ⅳ

由表 2-26 和表 2-27 可知:测站所在 3 条巷道顶板围岩均属于Ⅳ级,即劣等岩石,说明巷道顶板岩石比较破碎,完整性较差。

2.2.3 岩石物理力学性质评价

通过上述岩石物理力学性质的测试研究,对丁、戊、己 3 组煤地应力测站所在巷道顶板岩石做出如下评价:

(1) 丁、戊、己 3 组煤地应力测站所在巷道围岩属于Ⅳ级岩石,顶板松散、破碎。

(2) 顶板围岩中高岭石、伊蒙混层的相对含量较高,具有遇水膨胀的特点。

(3) 戊 9-10 测站的砂质泥岩和己 16-17 测站的砂质泥岩的抗软化能力强,即其软化性弱,工程地质性质较好,而丁 6 测站的细砂岩、粉砂岩以及己 16-17 细砂岩的抗软化能力相对较差,即其软化性强,工程地质性质较差。

(4) 己 16-17-22181 机巷以及戊 9-10-16141 机巷顶板粉砂质泥岩层均具有遇水崩解现象,其中,戊 9-10 煤层粉砂质泥岩的耐崩解能力明显低于己 16-17 粉砂质泥岩的耐崩解能力。

2.2.4 测站所在区域巷道地应力环境评价

通过进一步的分析研究，我们认为地应力测站所在区域巷道所处的应力环境具有如下特点：

(1) 各测站原岩测压系数均大于 1.6，表现出地应力以水平应力为主、竖直应力为次的应力分布特征。

(2) 3 个主应力均具有随深度逐渐增大的变化特征。

(3) 3 个测站的较大水平应力、较小水平应力均为压应力，而且地层南北方向的压应力大于东西方向的压应力，即较大水平应力呈南北方向分布。

(4) 3 个测站所在区域巷道中，邻近已煤测点巷道所处的地应力环境最差，邻近丁组煤测站以北偏东 28°方向布置的巷道以及戊组煤以北偏西 59.19°方向布置的巷道的地应力环境较差，而丁组煤测站区域以北偏西 60°和北偏西 42°方向布置的巷道所处的地应力环境相对较好。

(5) 各测站所在区域巷道所处的原岩应力场是相对稳定的非稳定场。

在实施地应力测量过程中，所选的 3 个测站均处于远离采动影响、远离构造带的位置处，在未来采动影响或者其他地质活动到来之前，所测得的地应力场处于相对稳定状态，然而随着矿井开采活动的进行，采空区顶板的下沉、巷道掘进的延伸、地下水位的下降等，都会打破地应力场原有的相对稳定的状态，使其随着各种地质活动、井下生产活动的进行而转化为非稳定的地应力场。

2.2.5 测站区域巷道地质力学环境评价

根据对测站所在区域巷道岩石物理力学性质的试验研究及其所处地应力环境的分析和评价，认为十一矿丁、戊、己 3 组煤地应力测站所在区域巷道所处地质力学环境具有以下特点：

(1) 巷道顶板岩石等级为差。

(2) 顶板岩石具有遇水膨胀、崩解甚至泥化的特点。除了戊 9-10 和己 16-17 的砂质泥岩具有较强的抗软化能力外，参与软化试验的其他岩层的抗软化能力都比较差。

(3) 所有巷道均处于以南北方向水平应力为主的应力场中，尤其是己组煤测站区域的巷道所处的地应力场，不但水平应力大，而且竖直应力也比较大。

总之，顶板岩石破碎、遇水及风化作用后岩石强度会显著降低、环境地应力水平较高，是测站所在区域巷道的基本地质力学环境，也是这些巷道稳定性维护所必须面临和需要解决的问题。

2.3 巷道围岩松动圈的工程意义与测量

2.3.1 围岩松动圈测试方法与测试原理

由于松动圈的大小反映了围岩的稳定程度和支护的困难程度，因此测试围岩松动圈具有非常重要的意义。近年来，不需要钻孔的地质雷达测试作为非破损物探新技术，以其精度、效率和分辨率高、快速经济、灵活方便、剖面直观等优点，在土木工程领域得到越来越广泛的应用。

地质雷达法测试的优点是不需钻孔，精度、效率和分辨率高，灵活方便，剖面直观，测试快速，现场即可得到裂缝位置图，得到松动圈范围。地质雷达是一种主动的电磁探测系统，由计算机、控制面板、发射电路、发射天线、接收电路和接收天线组成，如图 2-36 所示。十一矿巷道围岩松动圈采用目前国际先进的瑞典产 RAMAC 地质雷达进行测试。

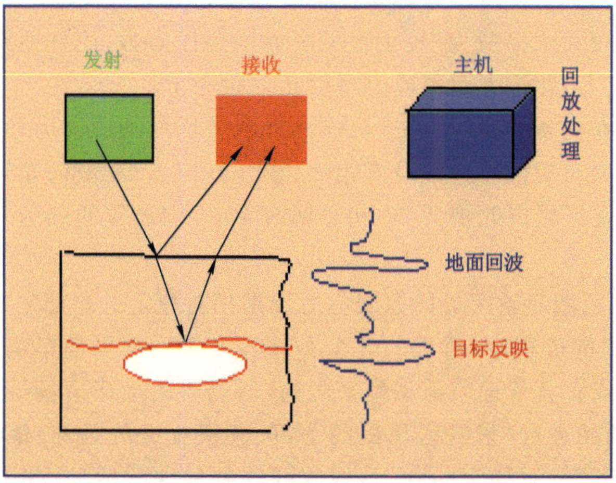

图 2-36　地质雷达系统的组成与工作流程图

由于巷道围岩松动圈的大小与很多因素有关，为了对各煤层巷道围岩破坏情况有较全面的了解，分别在丁、戊、己煤层选定具有一定区域代表性的巷道作为松动圈测试点。根据平煤十一矿井下巷道现状及支护需要，确定对丁 5-6-22121 工作面风巷、戊 9-10-16140 回采工作面机巷、己 16-17-22181 工作面风巷 3 条煤巷进行围岩松动圈测试。在探测过程中，为了能够探测巷道内每个断面测区不同位置的松动圈厚度，在每个巷道断面两帮及顶板围绕巷道周边约间隔 0.4 m 选择一个探测点，来探测巷道围岩松动圈厚度，测点布置如图 2-37 所示。

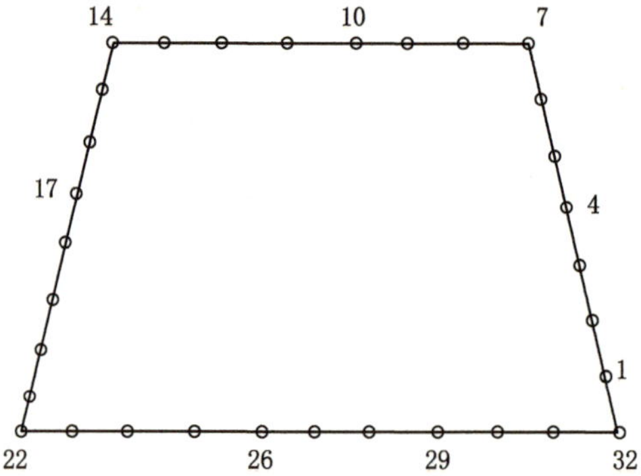

图 2-37　松动圈测试断面布置图

测试时雷达探头沿着断面轮廓(测试顺序是右帮→拱顶→下帮→底板,出巷道方向,图 2-37)或轴向线等距离移动,得到沿每条放射测线的雷达图像,如图 2-38 所示。图中显示出裂缝的反射界面,横坐标为断面周边线,纵坐标为周边往围岩内部的深度线。将横坐标上每条测线松动圈的深度或外边界点绘制在对应的断面图上,再把这些点连接起来,即可得到松动圈的外边界线,如图 2-39 所示。

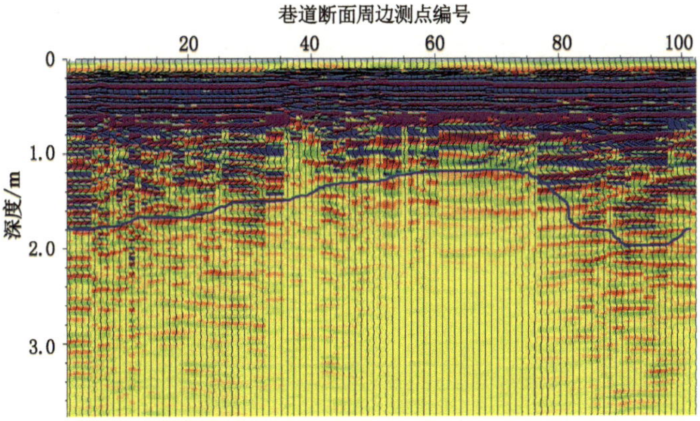

图 2-38 典型巷道 1# 测试断面的雷达探测图像

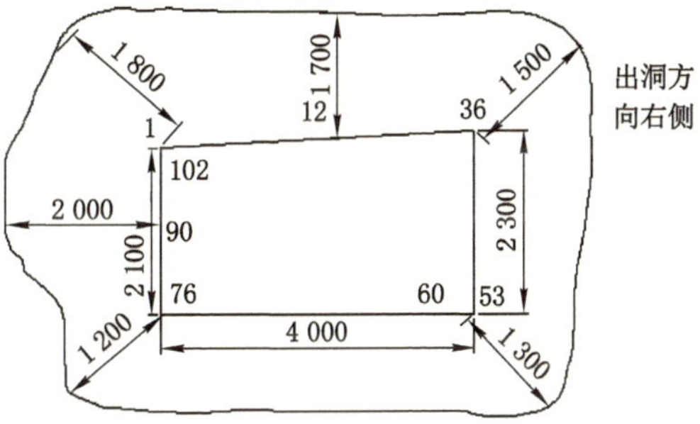

图 2-39 典型巷道 1# 测试断面解释剖面图

地质雷达测试围岩松动圈的原理是:围岩松动圈以围岩破坏产生宏观裂隙形成的物性界面为主要特征。由于该范围内岩体呈破裂松弛状,所以在地质雷达沿巷道断面周边扫描过程中,从地质雷达发出的电磁波在围岩裂隙中的波形呈杂乱无章状态,无明显同相轴;当电磁波经过松动圈与非破坏区交界面(松动圈界面)时,必然发生较强的反射,从而可以根据反射波图像特征来确定围岩松动圈破坏范围。

根据现场实测记录,将各测试断面数据对应的空间位置投影在巷道断面图上,即可确定巷道围岩松动破坏的范围,如图 2-39 所示。

2.3.2 典型深部巷道围岩松动圈地质雷达测试

(1) 丁 5-6-22121 工作面风巷

丁 5-6-22121 工作面风巷测试成果见表 2-28,该断面地质雷达测试解释剖面如图 2-40 所示。

表 2-28　丁 5-6-22121 工作面风巷松动圈测试成果

序号	施工日期	围岩松动范围/m				备注
		上帮	右帮	顶板	底板	
1	2008 年 10 月 24 日	1.5	2.0	1.7	1.3	2008 年 11 月 13 日测试
2	2008 年 11 月 8 日	1.38	1.98	1.92	1.18	
3	2008 年 10 月 18 日	2.1	2.5	1.6	1.4	
4	2008 年 10 月 10 日	1.63	2.1	1.7	1.1	

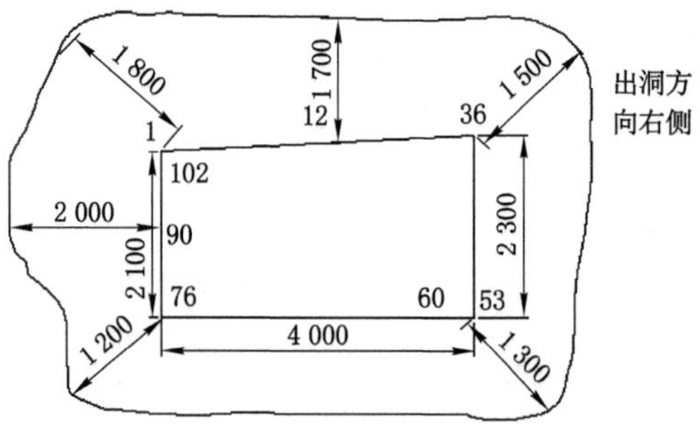

图 2-40　丁 5-6-22121 工作面风巷 1# 测试断面地质雷达测试结果解释剖面图

由雷达解释剖面图 2-41 可知：本巷道围岩松动以下帮为最大，达 2.5 m；顶板最大松动范围约为 1.92 m；底板围岩松动范围为 1.1～1.4 m。

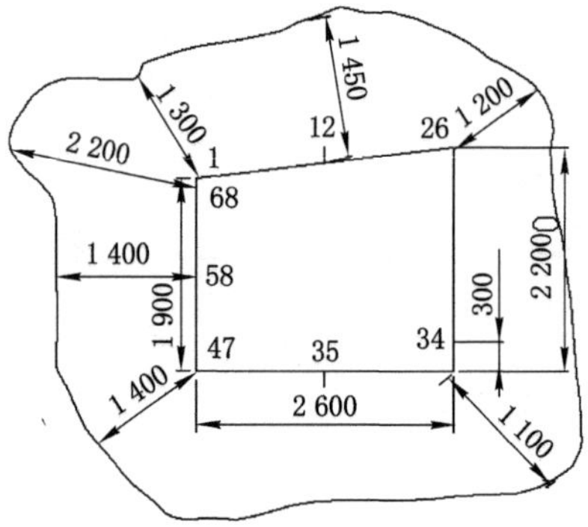

图 2-41　戊 9-10-16140 回采工作面机巷 5# 测试断面的雷达解释剖面图

从施工日期来看，新近开凿断面围岩松动范围相对较小，随着时间推移围岩松动范围逐渐增大。

(2) 戊 9-10-16140 回采工作面机巷

戊 9-10-16140 回采工作面机巷松动圈地质雷达测试成果见表 2-29，地质雷达测试结果解释剖面图如图 2-41 所示。由雷达解释剖面图可知：本巷道两帮和顶板的围岩松动范围均较大，各断面或以两帮，或以顶板松动范围为最大，而底板则相对较完整。

表 2-29　戊 9-10-16140 回采工作面机巷围岩松动圈测试成果表

序号	施工日期	围岩松动范围/m				备注
		下帮	上帮	顶板	底板	
5	2008 年 10 月 8 日	1.2	2.2	1.45	1.1	2008 年 11 月 13 日测试
6	2008 年 8 月 17 日	1.25	2.0	1.2	1.0	
7	2008 年 8 月 1 日	2.42	2.2	2.3	1.3	
8	2008 年 7 月 25 日	2.2	1.68	2.0	1.18	
9	2008 年 3 月 25 日	2.0	2.0	1.8	1.0	

(3) 己 16-17-22181 工作面风巷

己 16-17-22181 工作面风巷松动圈测试结果详见表 2-30，地质雷达测试结果解释剖面图如图 2-42 和图 2-43 所示，其中图 2-43 为下帮 1.2 m 高度处的纵测线。由雷达解释剖面图可知，本巷道以两帮破坏最为显著，顶板次之，底板则相对较完整。

表 2-30　己 16-17-22181 工作面风巷围岩松动圈测试成果表

序号	施工日期	围岩松动范围/m				备注
		下帮	上帮	顶板	底板	
10	11 月 8 日	1.0	0.98	0.95	0.95	2008 年 11 月 13 日测试
11	10 月 30 日	1.4	2.2	1.6	1.0	
13	10 月 8 日	1.6	2.4	2.2		
14	8 月 21 日	2.0	1.82	1.68	1.2	

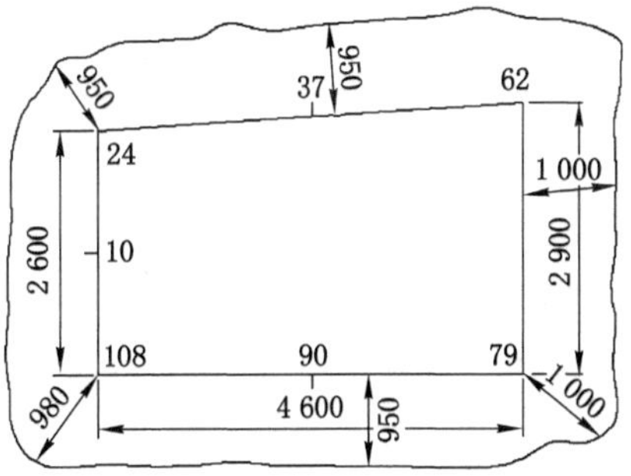

图 2-42　己 16-17-22181 工作面风巷 10# 测试断面的雷达解释剖面图
（底板为煤，两帮为煤，顶板完整，沙质泥岩，掘后 5 天，11 月 10 日）

分析表 2-30 可知：从施工日期来看，新近开凿的 10# 测试断面围岩松动范围约为 1.0 m，远小于前期开凿的各测试断面；从破坏情况来看，初始阶段各部位破坏范围相近，随着时间推移，各部位的破坏范围出现显著分化，底板破坏范围增长缓慢，而两帮和顶板破坏范围增长迅速。

纵测线测试结果表明下帮局部（9 号点后 4～6 m）围岩松动圈达 2.4 m，具体原因需结合现场实际情况进行分析。

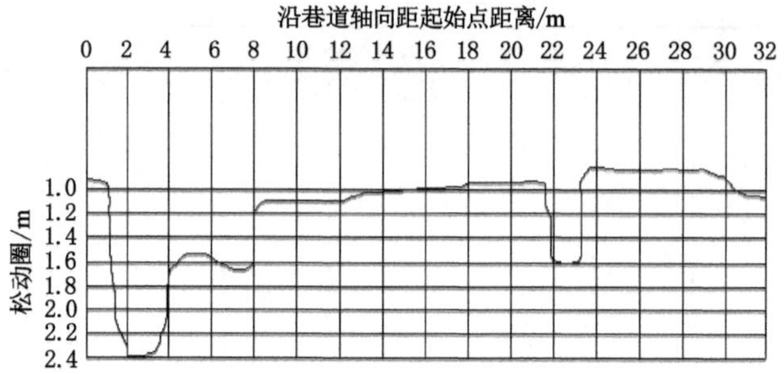

图 2-43　己 16-17-22181 工作面风巷 12# 下帮纵测线的雷达解释剖面图
（测线自内向外 10 月 5 日左右施工完毕。高帮一侧自 9 号点后 2 m 到 9 号点后 32 m，测量该段巷道距底板 1.0 m 高处煤帮的松动范围）

2.3.3　围岩松动圈测试结论

经过巷道围岩松动圈实测数据分析可得到如下结论：

（1）丁 5-6-22121 工作面风巷围岩松动以两帮为最大，达到 2.5 m；顶板最大松动范围约为 1.92 m；底板围岩松动范围为 1.1～1.4 m。其整体破坏规律为下帮最大，顶板和右帮次之，底板破坏范围相对较小。

（2）戊 9-10-16140 回采工作面机巷两帮和顶板的围岩松动范围均较大，底板则相对较完整。该巷道在围岩松动范围之外，顶板及两帮连续岩体也存在一定裂隙，表明其岩体性质已经出现改变，但目前尚未连续，建议密切关注其后期变化情况。

（3）己 16-17-22181 工作面风巷以两帮破坏最为显著，顶板次之，底板则相对较完整。从施工日期来看，新近开凿的 10# 测试断面围岩松动范围约 1.0 m，远小于前期开凿的各测试断面；从破坏情况来看，初始阶段各部位破坏范围相近，随着时间推移，各部位的破坏范围出现显著分化，底板破坏范围增长缓慢，而两帮和顶板破坏范围增长迅速。

（4）为了使巷道支护相对安全、经济、可靠，在支护设计时按最大松动圈考虑。

3 断层割裂区巷道围岩稳定性控制技术

随着矿井开采深度的不断增加，不可避免碰到结构复杂的岩体。在漫长的地质演化历程中，深部地层受到了地震、风化剥蚀等地质作用，形成了以断层、褶皱、节理、裂隙等为主的结构面，使得深部巷道、硐室围岩稳定性控制变得更加困难。在深部巷道的掘进与支护实践中，巷道被单个或多个断层割裂是常有的现象。断层与巷道以各种角度斜交，或者垂直切割，从而极大削弱了断层所在区域巷道围岩的整体性和稳定性，增大了所在区域巷道支护的难度。因此，有效解决断层割裂区深部巷道的围岩的稳定性控制问题，已经成为深部巷道支护工作的一个非常重要的方面。

3.1 断层割裂区巷道破坏特征分析

以朝川二井为例，其主采煤层戊组煤的多条巷道严重失修，包括戊四平台车场，失修长度为 90 m；戊四轨道下山下段，失修长度为 426 m；戊四胶带下山 010 机巷口以下至机尾段，失修长度为 131 m；西大巷戊四车场至三部胶带头段，失修长度为 30 m；西大巷二部胶带巷，失修长度为 431 m，西大巷一部胶带巷，失修长度为 420 m；这六处需要返修的巷道的总长度为1 528 m。与此同时，戊 8-14070 采面风巷也需要返修。正在进行开拓准备的戊 8-14160 采面风巷、机巷由于沿煤层布置，煤质软弱，而且巷道需要穿过大小不等的断层，造成巷道支护非常困难。

造成该矿巷道严重失修的最主要原因是矿井所在区域的地质构造。研究表明：朝川矿区突出的地质特征为断块隆起，四周凹陷，区内主体构造为一宽缓复式向斜，即以李口集向斜和灵武山向斜为主，其间为尖山背斜的一系列北西方向的褶皱。李口集向斜为东南端收敛、西北端呈扇形展开的宽缓褶曲，向北西方向倾伏。区内断层主要为一组平行褶曲轴向的正断层及逆断层。如七里店断层、白石沟逆断层、任店断层、锅底山正断层和九里山断层。以其中的戊四轨道下山为例，如图 3-1 所示，戊四轨道下山被多个断层分割，其中较大断层有 F1 和 F2(图 3-1)。F1 为正断层，产状为 26°∠47°，平均落差为 5 m，F2 为逆断层，产状为∠60°，落差为 3～5 m，两个断层的间距为 70 m。此外，区域内有多个小断层，巷道受断层影响大。

现场调研发现：由于巷段岩体强度有高有低，巷道要穿越砂岩、泥岩或煤线等地层，且受到邻近两条上山、下山的掘巷影响，所以正常巷道的支护参数无法适应该巷段围岩大变形。戊四轨道下山的主要破坏形式是大巷出现严重的顶板下沉和底鼓。巷道局部地段顶板已开裂剥落，并逐步发展为沿巷道走向的连续破坏；底鼓突出，尤其是帮底角处已严重内移，影响大巷成型。而且，巷道变形和底鼓并未停止。该巷道失修长度达 426 m，影响整个采区生产的正常进行。断层割裂区巷道破坏呈现如下特征：

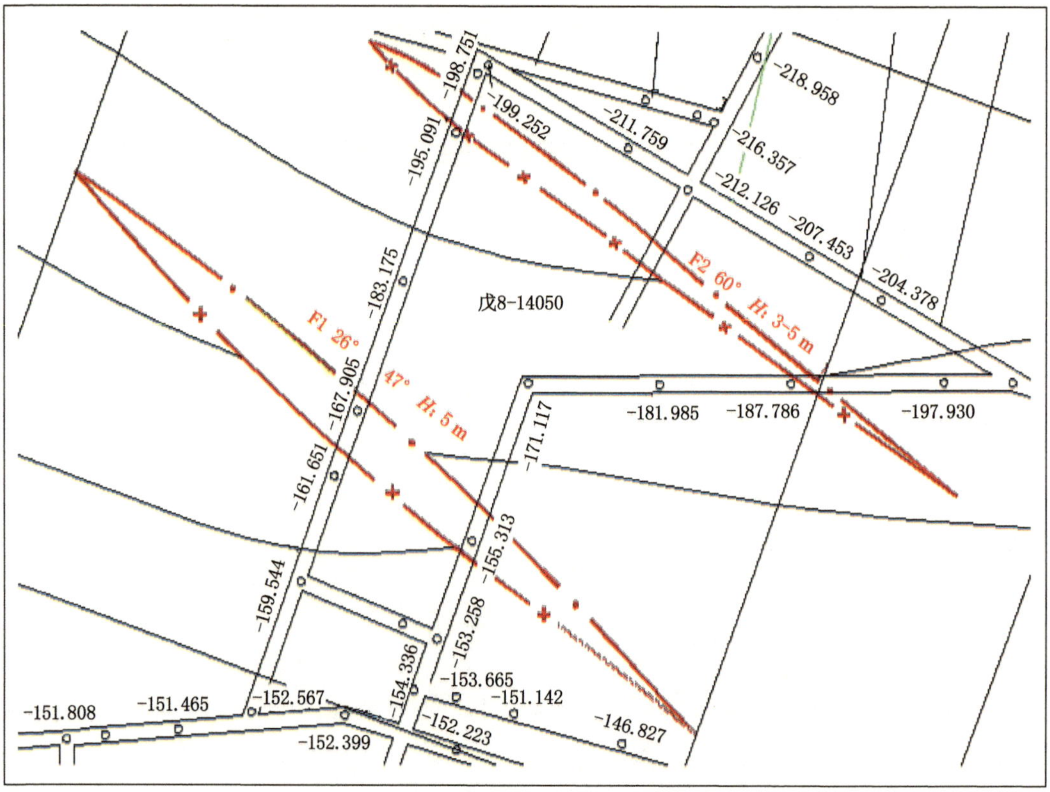

图 3-1　戊四轨道下山平面与断层关系示意图

① 巷道变形破坏较为严重，所揭露的主要巷道岩体性脆，易风化。

巷道围岩中顶、帮、底各个岩层的强度都较低，为软弱岩层结构；巷道沿煤层布置，直接顶和直接底均为厚层泥岩，基本底为软煤层，从而决定了巷道围岩变形剧烈。

② 在巷道的肩顶处喷层很快出现开裂剥落，并逐步发展为沿巷道走向的连续破坏。

断层等软弱结构面的存在破坏了岩石的连续性，在工程力学参数上，它们的差异导致岩体的力学性质产生显著的弱化和各向异性；在荷载作用下，断层处出现应力集中现象，变形发生在这些软弱结构面处，断层对岩体的强度起控制作用，这也映证了在断层影响带处变形最为剧烈。

③ 局部锚杆与岩体出现整体不均衡位移，巷道出现严重收敛变形，喷层与锚杆尾部垫板脱离（喷层外突，锚杆垫板内陷）。

戊四轨道下山原支护主要采用锚网喷支护，锚杆为 ϕ20 mm×2 000 mm 高强锚杆，锚固体承载厚度较小，无法控制围岩深部的碎胀变形和扩容变形，更不能抵抗邻近巷道开挖扰动所引起的围岩大变形。尤其是锚杆安装初期没有施加足够的预紧力，致使锚杆难以发挥主动支护的效用，不能有效控制巷道围岩的初期变形，这是巷道较快变形、破坏的主要原因之一。另外，有相当长的巷道采用的还是料石砌碹支护形式，已无法满足这种埋深、地应力和围岩条件下巷道稳定的需要。

④ 在断层附近，顶板下沉、底鼓极为突出，通常超过 500 mm，最大达到 800 mm 以上。

戊四轨道下山在巷道帮顶支护不力的情况下，上覆岩层垂直压力和巷道两侧的水平应力都将传递汇聚至顶底板及巷道两帮，而在戊四轨道下山整个断面中，底板未做任何处理，处于敞开不支护状态，特别是遇水崩解或膨胀的黏土岩和泥质岩层，从而造成帮顶变形及底鼓变形严重。

3.2 断层割裂区巷道围岩稳定性与支护结构关系研究

为了确保支护的有效性，需要对断层割裂区巷道围岩稳定性与支护结构、支护方式等的关系进行系统研究。目前在深部岩土工程稳定性控制方面采用的数值模拟理论主要是有限差分理论[46]，所采用的数值模拟软件为FLAC3D[47]，该软件系统是由美国ITASCA公司开发的有限差分数值计算程序，是当前重要的岩土力学数值计算方法之一。它可以用来模拟三维岩土体及其他材料的力学特性，特别是材料达到屈服极限后的塑性流动。FLAC3D可以解算岩土材料的高度非线性、孔隙介质的固-流耦合、热力耦合以及动力学行为等。程序还可以模拟断层、节理和摩擦边界的滑动、张开和闭合行为；模拟支护结构与围岩之间的相互关系等。因此，FLAC3D广泛应用于边坡支护设计、稳定性评价、地下洞室、隧道工程、矿山工程、拱坝稳定性等领域。

3.2.1 模型的建立

(1) 基本假设

戊四轨道下山所处实际环境复杂，在保证数值计算不影响计算结果的情况下，忽略了一些相对次要因素，对计算模型进行适当简化。

① 巷道埋深为450 m，可将地下应力场看作均匀荷载。

② 由于巷道纵向比较长、横向断面尺寸比较小的地下结构物，可以作为平面应变问题处理。

③ 将巷道围岩看作各向同性的连续均匀介质。

④ 略去变形速度、温度等因素对应力和应变的影响。

(2) 模型的建立

科学合理的数学和力学模型是保证数值分析结果准确性的前提和基础。本书数值模拟模型的建立遵循以下原则：

① 影响巷道围岩稳定性的因素有较多，在建立数值模型时要抓住主要矛盾，对各个因素进行合理抽象和简化。

② 设计的模型尽量与实际工程地质相符合。

③ 受计算机内存的限制，在模拟开挖活动时考虑周围一定范围内的岩体，且不影响对模拟结果的分析。

为准确模拟复杂地质条件下软岩和断层对巷道围岩稳定性的影响，本书采用莫尔-库仑模型破坏准则建立本构模型，用来模拟分析岩石的应力和位移变化特征。为了保证准确观测巷道围岩的变化，同时考虑计算机的运算速度，将模型尺寸设定在能观测到巷道开挖之后围岩应力、位移的变化规律的范围(上下取断面净高3倍，左右取断面净跨的6倍)，模型尺寸为长×宽×高＝116 m×34 m×26 m，共生成40 810个网格单元和44 954个节点，数值计算模型网格划分示意图如图 3-2 所示。

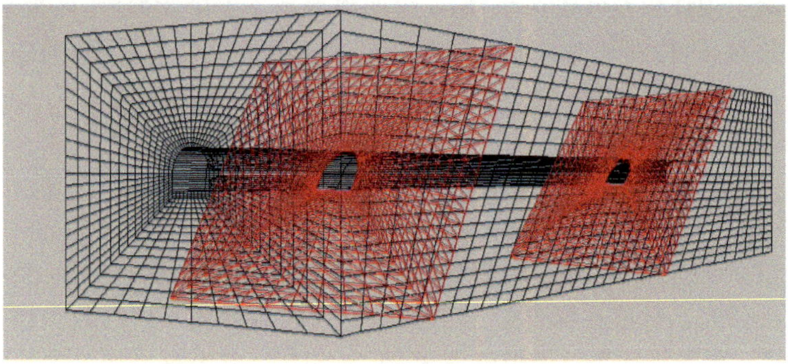

图 3-2 模型网格划分示意图

(3) 边界条件

数值分析模型的边界条件包括位移边界条件、速度边界条件和应力边界条件。模拟过程主要考虑数值计算模型的应力边界条件和位移边界条件。位移边界可确定为:前后左右的边界条件为水平方向位移约束,竖直方向自由,即只允许面上节点沿竖直方向移动;下边界的边界条件为三方向全约束,边界节点竖直方向和水平方向固定;上边界的应力边界施加法向均布荷载,如图 3-3 所示。按照现场实测,取荷载为 10.925 MPa。

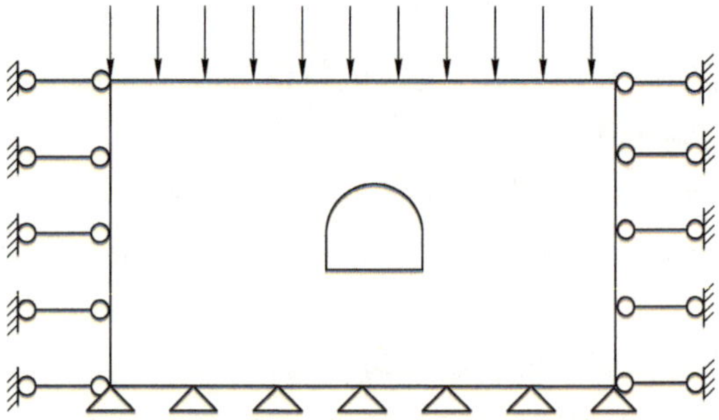

图 3-3 边界条件与荷载约束

(4) 数值模拟材料物理力学参数

根据地质资料和相关钻孔资料,戊四采区轨道大巷围岩主要是砂岩、泥岩、砂质泥岩互层,朝川矿戊 8-14050 采面戊四轨道下山顶底板及煤层物理力学参数见表 3-1。

表 3-1 岩石物理力学参数

位置	岩性	E/GPa	μ	ρ/(kg/m^3)	C/MPa	φ/(°)
基本顶以上	泥岩	18.0	0.27	2 710	2	33.2
	砂质泥岩	19.0	0.27	2 710	3	34.9
基本顶	中粒砂岩	18.0	0.17	2 710	3.0	38.2
直接顶	泥岩	9.0	0.24	2 690	1.8	37
煤层	煤	6.0	0.35	1 400	1.2	16

表 3-1(续)

位 置	岩性	E/GPa	μ	ρ/(kg/m^3)	C/MPa	φ/(°)
直接底	泥岩	15.0	0.30	2 710	1.8	33.4
基本底	煤	6.0	0.35	1 400	1.2	16
基本底以下	砂质泥岩	19.0	0.27	2 710	2.0	34.9
	细粒砂岩	44.0	0.14	2 890	1.8	33.9

(5) 数值模拟方案

为了探究在断层割裂条件下巷道围岩的变形破坏特征,研究深部巷道围岩变形与支护形式之间的变化规律,准确把握巷道稳定性与支护结构,尤其是锚杆(索)支护长度与预紧力大小之间的关系,获得锚杆的长度、预紧力大小以及锚杆锚索预紧力协调值对巷道围岩应力和变形的影响,找出控制断层割裂区巷道稳定性控制的关键部位,获得合理的支护方式和支护参数。经过分析采取表 3-2 所示数值模拟方案,其中锚杆的间排距、钢筋网、锚杆托盘的规格与矿井原有支护参数相同。

表 3-2 巷道围岩稳定性与支护参数关系数值模拟方案

方案	支护形式
1	没有任何支护
2	U 形钢+钢筋网+喷射混凝土
3	锚杆+钢筋网+喷射混凝土
4	锚索+钢筋网+喷射混凝土

3.2.2 数值模拟结果分析

为分析不同深度处巷道围岩的变形规律,沿所建立模型的纵向(y 轴方向)每隔 4 m 采用十字布点法对同一断面顶底板和两帮中点位置进行监测。所建立的模型网格划分如图 3-4 所示,开挖剖面如图 3-5 所示。

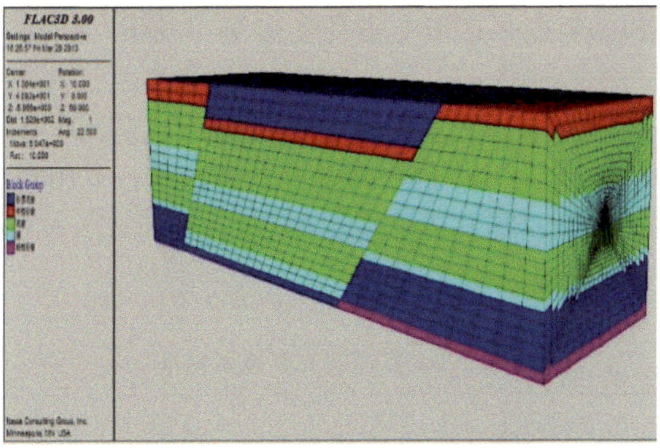

图 3-4 模型网格划分示意图

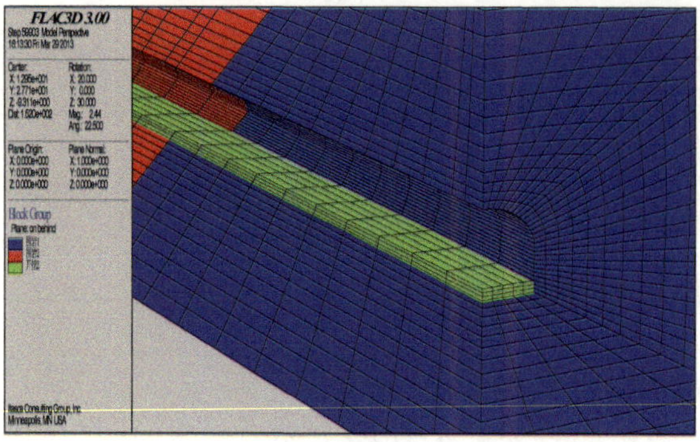

图 3-5　模型开挖剖面示意图

（1）无支护条件下巷道围岩变形特征分析

在没有任何支护情况下，通过循环开挖监测巷道周边 4 个点的位移变化，得到如图 3-6 所示曲线。

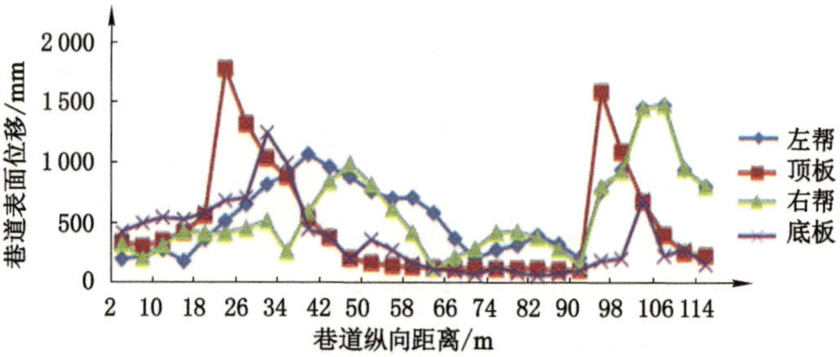

图 3-6　无支护时巷道周边的位移与断层位置关系曲线

分析图 3-6 可知：巷道左帮和右帮向内收敛的平均位移量分别为 645 mm 和 576 mm，左帮和右帮的最大位移均达到了 1 500 mm；顶底板平均下沉量和鼓起量分别为 488 mm 和 379 mm，顶底板的最大变形量分别为 1 796 mm 和 1 270 mm。从图 3-6 可以看出：在断层 F1（y=25 m）和 F2（y=95 m）附近，巷道周边位移迅速增大，而且巷道顶底板及两帮的最大变形也发生在断层附近，远离断层区域巷道的变形量比较小，说明断层严重破坏了巷道稳定性。

（2）U 形钢支架＋喷射混凝土支护时巷道围岩变形特征分析

U 形钢支架＋C20 喷射混凝土支护条件下的巷道数值计算模型如图 3-7 所示，U 形钢支架技术特征见表 3-3。喷射混凝土采用 shell 单元，弹性模量为 210 GPa，厚度为0.3 m；型钢采用 beam 单元，型钢间排距为 0.8 m。

表 3-3　U 形钢支架技术特征

型钢名称	弹性模量/GPa	横截面面积/cm^2	I_y/cm^4	I_z/cm^4	I/cm^4	泊松比 ν
U36	210	45.7	1 237	955.5	2 192.5	0.25

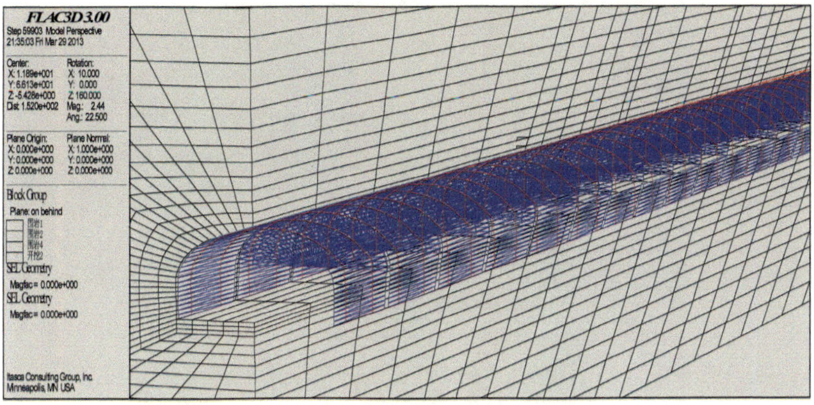

图 3-7 U形钢支架支护模型剖面图

U 形钢支架＋喷射混凝土支护条件下巷道围岩变形规律如图 3-8 所示。断层位置处巷道围岩应力变化规律如图 3-9 至图 3-12 所示。

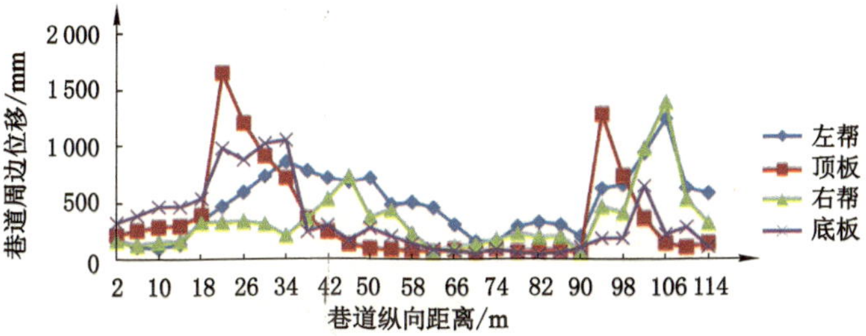

图 3-8 U形钢支架＋喷射混凝土支护时巷道纵向各断面围岩变形规律

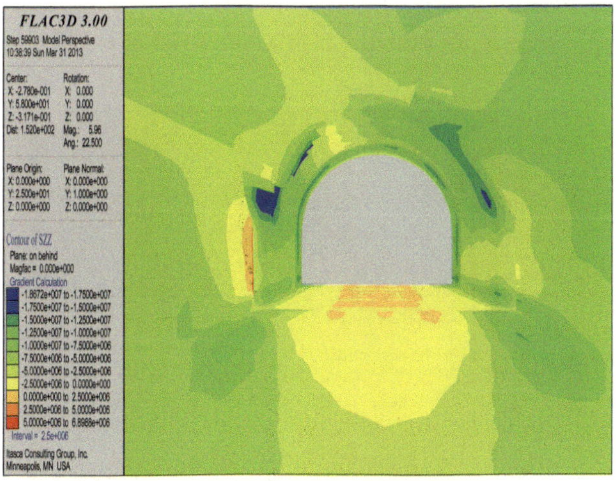

图 3-9 F1 断层处 U 形钢支护竖直应力云图

分析图 3-8 可知：在施加 U 形钢支护和喷射混凝土后，巷道周边位移变化趋势与未支护时的基本相同，顶板、底板的平均下沉量和鼓起量分别为 369 mm 和 349 mm，最大下沉量

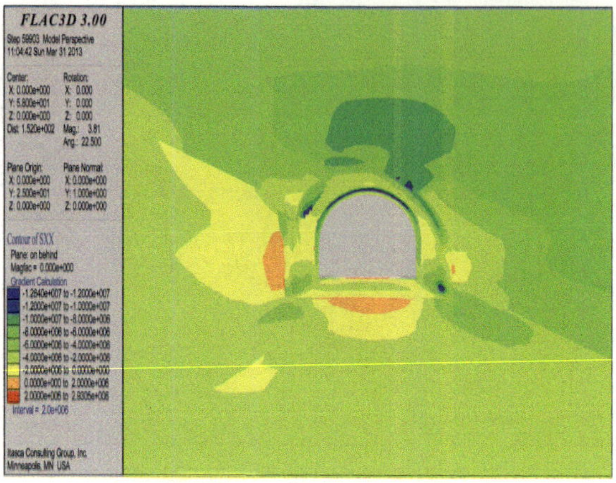

图 3-10　F1 断层处 U 形钢支架支护水平应力云图

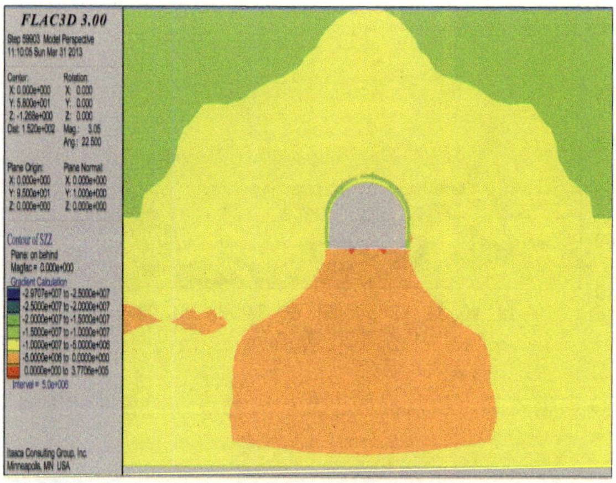

图 3-11　F2 断层处 U 形钢支架支护竖直应力云图

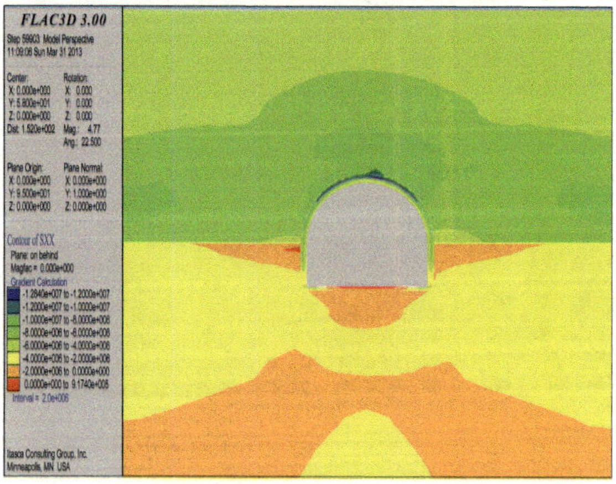

图 3-12　F2 断层处 U 形钢支架支护水平应力云图

和鼓起量分别为 1 662 mm 和 1 068 mm，两帮的平均收敛变形量分别为 507 mm 和 360 mm，两帮最大收敛变形量分别为 1 260 mm 和 1 400 mm。与未支护时相比，巷道顶底板和两帮的位移分别减少了 138 mm、216 mm、119 mm、30 mm。

分析图 3-9 至图 3-12 可知：巷道开挖后，巷道围岩应力重分布，围岩应力状态由三向应力状态转变为二向应力状态，应力峰值向围岩内部转移。施加 U 形钢支架和喷射混凝土支护时，F1、F2 断层处顶板 2 m 处的应力分别由原来的 5.23 MPa、2.54 MPa 增大到 6.6 MPa 和 4.7 MPa；在巷道顶板表面，应力由原来的 0.26 MPa 和 0.451 MPa 增大到 1.42 MPa 和 1.73 MPa，但两帮及底板并没有这样的规律。

在未支护条件下 F1 断层处围岩顶底板应力衰减范围分别达到了 3.2 m 和 6.9 m，左帮和右帮的应力衰减范围分别为 2.2 m、1.2 m；F2 断层处顶底板的应力衰减范围分别为 2.7 m 和 9.7 m，左右帮的应力衰减范围均为 4.2 m。在施加 U 形钢支架和喷射混凝土支护后，F1 断层处围岩顶底板应力衰减范围为 1.6 m 和 4.7 m，左右两帮应力衰减范围均为 0.5 m；F2 断层处顶底板应力衰减范围为 1.8 m 和 10.0 m，两帮的应力衰减范围为 2.6 m。

因此可以确定喷射混凝土＋U 形钢支架支护在一定程度上控制了巷道围岩，尤其是顶板围岩的位移，提高了顶板围岩的强度。但是对两帮及底鼓的控制效果并不明显，断层处巷道的变形依然严重，造成这个现象的主要原因是：U 形钢支架不是全封闭支护，在支护过程中没有对底板采取任何措施，单纯提高顶板的支护强度使顶板的压力传递到两帮及底板，造成两帮及底板更大的变形与破坏，所以对两帮和底板围岩变形破坏起不到预期的控制效果。

(3) 锚杆＋喷射混凝土支护

每个循环开挖后，采用挂钢筋网、喷射混凝土和打入锚杆来控制围岩的稳定，本节通过数值模拟方法比较系统地研究了不同锚杆预紧力和锚杆长度变化情况下巷道围岩变形规律。数值模拟过程中锚杆长度与预紧力匹配关系见表 3-4，锚杆材料的物理力学参数见表 3-5，巷道的支护模型和锚杆布置模型如图 3-13 和图 3-14 所示。

表 3-4　锚杆长度与预紧力组合数值模拟方案

试验号	1	2	3	4	5	6	7	8	9	10	11	12	13	14	15
预紧力/kN	60	70	80	90	100	60	70	80	90	100	60	70	80	90	100
长度/m	2.0	2.0	2.0	2.0	2.0	2.2	2.2	2.2	2.2	2.2	2.4	2.4	2.4	2.4	2.4

表 3-5　锚杆物理力学参数

名称	弹性模量/GPa	剪切模量/GPa	抗拉强度/MPa	锚杆直径/mm	抗剪强度/MPa	泊松比	锚杆长度/mm
锚杆	200	120	340	20	160	0.24	2 400

通过数值模拟得到沿巷道纵向开挖推进过程中相同锚杆长度、不同预紧力条件下巷道围岩位移监测结果，如图 3-15 至图 3-26 所示。

由图 3-15 至图 3-26 可以看出：与无任何支护时相比，施加锚杆支护后巷道左帮最大位移减小到 810 mm，相比无支护时减少了 690 mm；右帮位移最小减少到 908 mm，相应减少 592 mm；顶板和底板最小分别减少 1 593 mm 和 957 mm，相应分别减少 203 mm 和

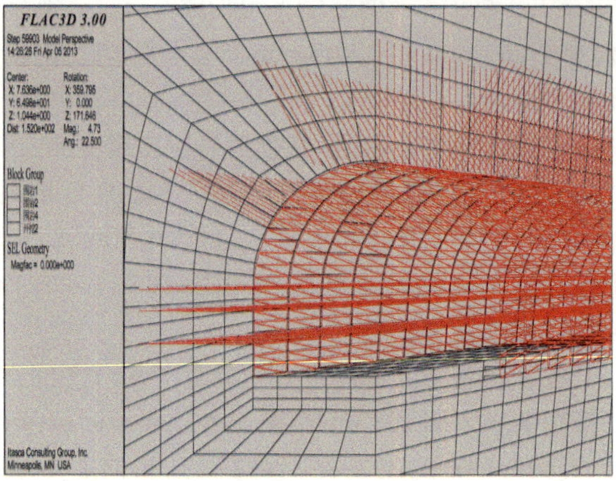

图 3-13　锚杆支护模型剖面图

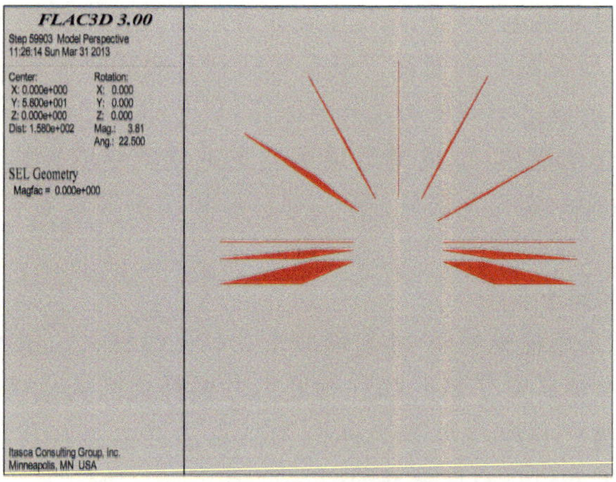

图 3-14　锚杆布置模型图

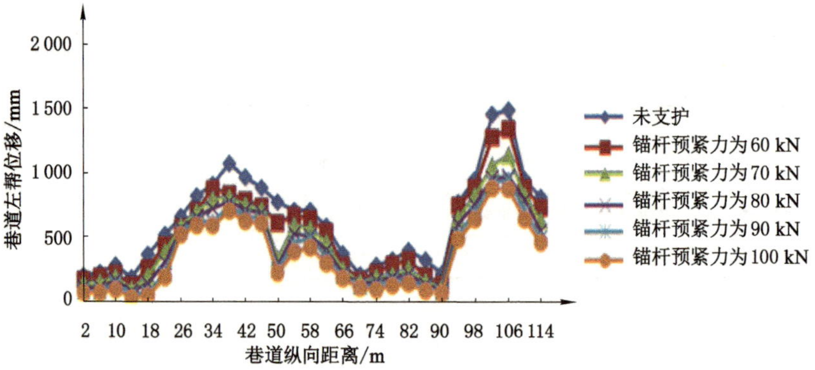

图 3-15　锚杆长度为 2.0 m、不同预紧力时左帮的位移

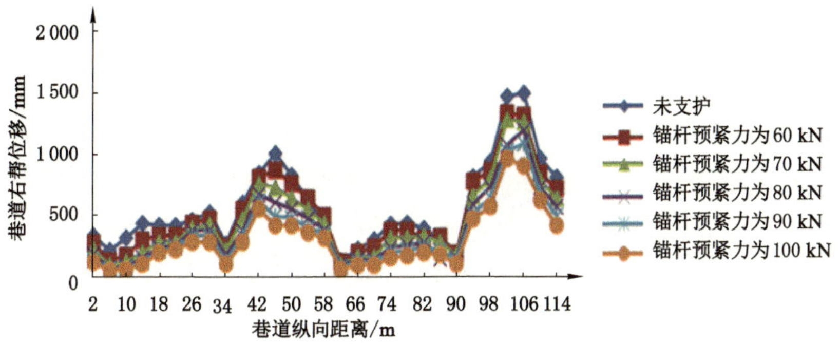

图 3-16 锚杆长度为 2.0 m、不同预紧力时右帮的位移

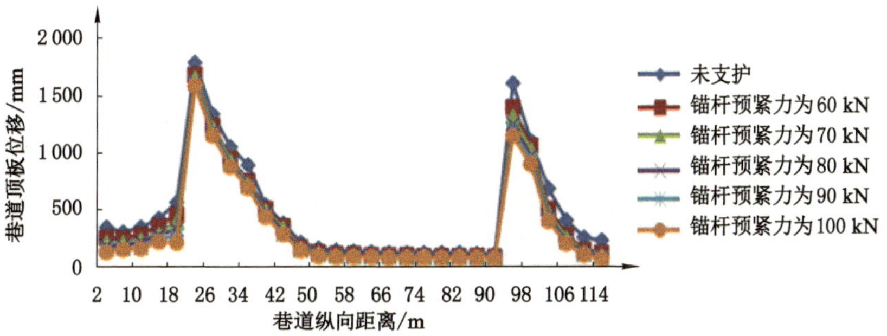

图 3-17 锚杆长度为 2.0 m、不同预紧力时顶板的位移

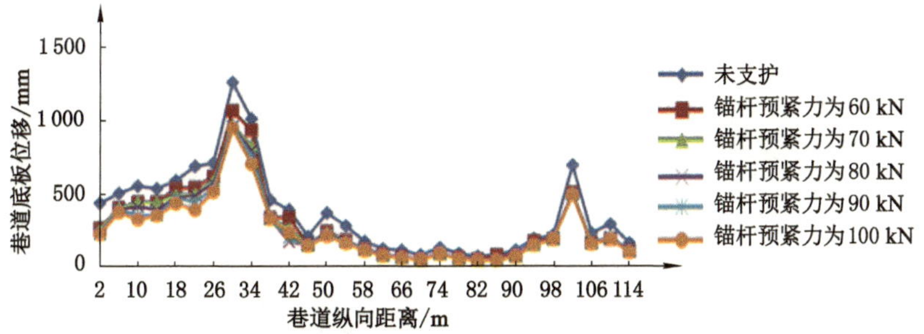

图 3-18 锚杆长度为 2.0 m、不同预紧力时底板的位移

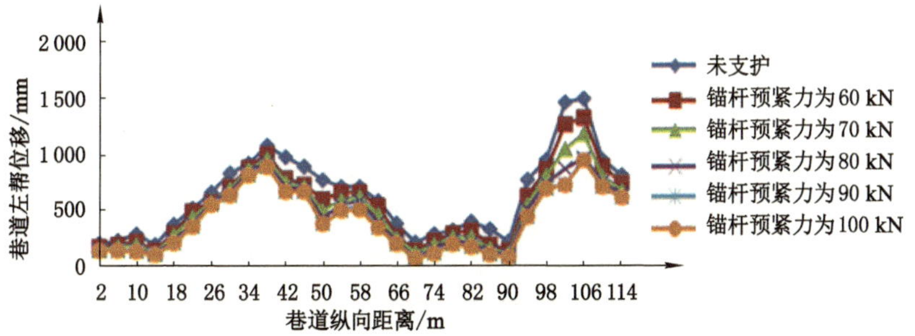

图 3-19 锚杆长度为 2.2 m、不同预紧力时左帮的位移

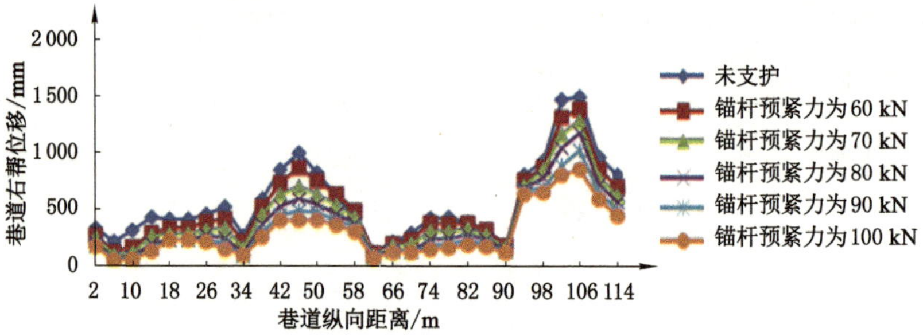

图 3-20 锚杆长度为 2.2 m、不同预紧力时右帮的位移

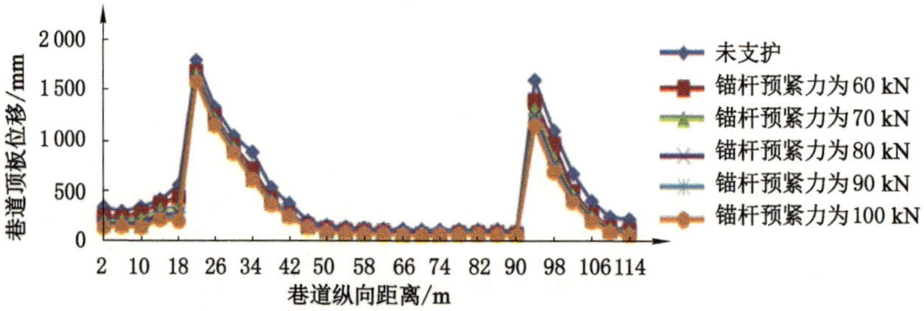

图 3-21 锚杆长度为 2.2 m、不同预紧力时顶板的位移

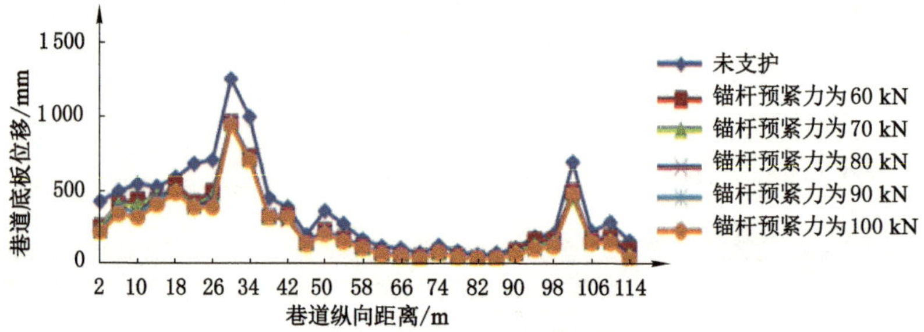

图 3-22 锚杆长度为 2.2 m、不同预紧力时底板的位移

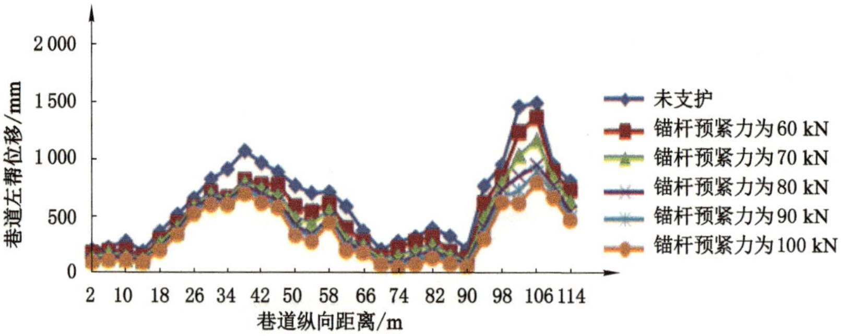

图 3-23 锚杆长度为 2.4 m、不同预紧力时左帮的位移

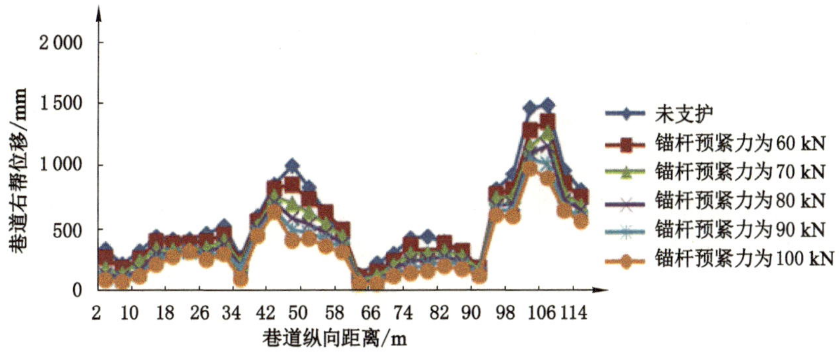

图 3-24　锚杆长度为 2.4 m、不同预紧力时右帮的位移

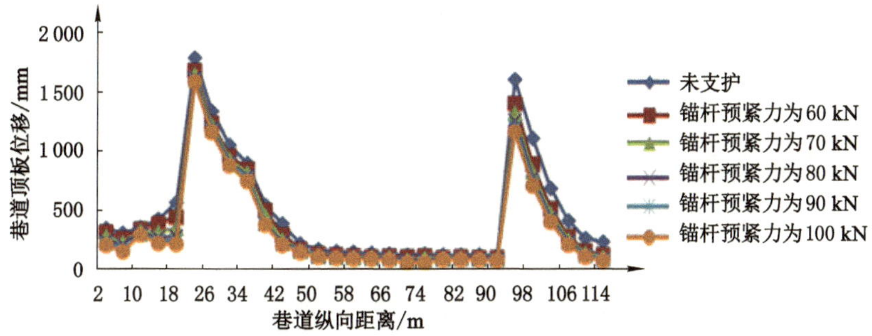

图 3-25　锚杆长度为 2.4 m、不同预紧力时顶板的位移

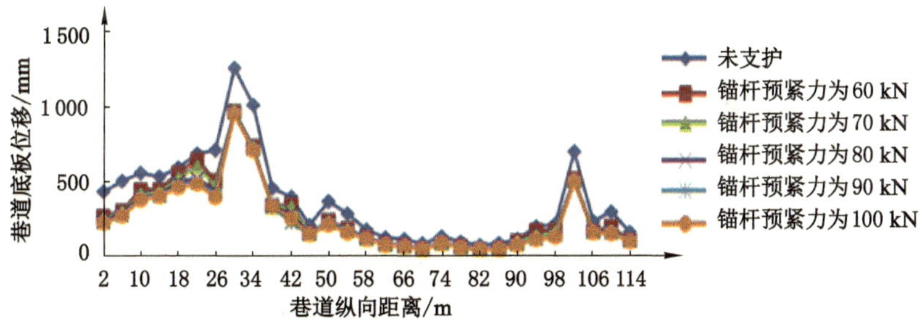

图 3-26　锚杆长度为 2.4 m、不同预紧力时底板的位移

313 mm。从监控的数据可以看出，锚杆支护参数的变化对巷道两帮位移影响明显，对于顶底板位移影响相对较弱。

分析图 3-15 至图 3-26 可知：不同锚杆长度、预紧力时巷道围岩的变形具有以下特征：

① 在相同支护条件下，巷道纵向位移变化趋势基本一致；波动较大，断层附近巷道围岩位移陡增，整体曲线呈双峰形。受断层影响，左帮最小位移达到 710 mm，右帮最小位移达到 416 mm，顶板最小下沉量为 1 154 mm，底鼓最小值为 497 mm。

② 相同锚杆长度、不同预紧力时，随着锚杆预紧力的增大，巷道围岩变形逐渐减小，尤其在断层处支护效果较明显；巷道两帮变形缩减幅度较大，左帮和右帮最大位移减小量分

别为 570 mm 和 528 mm，而顶底板减小幅度较小，顶板最大减小量为 244 mm，底鼓量最大减小量为 117 mm。但是随着预紧力的进一步增大，预紧力的增大对巷道围岩变形的控制逐渐减弱。

③ 相同预紧力、不同锚杆长度支护时，锚杆长度的变化对控制软岩巷道变形效果不明显，没有明显的规律性。

④ 就同一个断面而言，相同支护条件下，F1 断层附近两帮位移收敛呈非对称性，越接近断层 F2 越趋于对称；巷道顶底板变形的剧烈程度具有错位性特征。

断层分割区巷道围岩变形出现上述特征的原因：

① 断层结构面的存在大大弱化了巷道围岩的稳定性，此时巷道围岩的稳定性及变形破坏受制于断层软弱结构面。

② 喷射混凝土和锚杆预紧力的施加，在一定程度上改善了围岩的应力状态，使得巷道浅部围岩由二向应力状态或单向应力状态变成三向应力状态，提高了围岩的强度，控制了围岩的变形。在断层处，由于锚杆穿过断层，限制了围岩结构面的滑移，充分发挥了锚杆的抗剪强度，同时锚杆轴向内力也提高了结构面的抗剪强度。

③ 巷道顶板锚杆的敷设，改善了围岩的力学参数，提高了顶板围岩强度，使得围岩压力和变形向两帮和底板转移，两帮锚杆预紧力的施加控制了巷道帮部的变形破坏，而底板未采取任何支护形式，故易鼓起，顶板下沉，水平向位移控制效果明显，竖向位移控制不显著。

④ 随着锚杆长度的增加，锚杆支护加固围岩的范围逐渐扩大，一方面控制了巷道围岩的表面变形；另一方面，锚杆长度的增加，在相同荷载作用下，锚杆的伸长量也会相应增加，这对控制围岩的变形又是不利的。此外，软岩巷道开挖后，巷道周围的松动圈范围较大，锚杆支护加固的范围有限，围岩不能为锚杆尤其是端锚锚杆提供可靠的着力点，因此较长锚杆的支护效果并不明显。

⑤ 巷道的变形特征与断层的分布及空间产状有着密切关系，F1 断层走向与巷道纵向轴线斜交，同一断面上的围岩应力非对称，而 F2 断层走向与巷道纵向轴线正交，围岩应力存在一定对称性，故从宏观上反映同一断面位移的对称性与非对称性。

上述分析表明：对处于断层位置被断层割裂的巷道，锚杆支护虽然在一定程度上控制了围岩的变形，但并不是锚杆越长、预紧力越大就越好。此时单纯依靠锚杆来控制断层割裂区巷道围岩变形的措施是不能完全奏效的，还需要采取架设型钢支架、注浆等其他措施。

巷道表面的位移变形主要是围岩内部应力状态变化的结果，图 3-27 至图 3-34 为巷道在未支护与锚杆支护条件下两断层处围岩的竖直方向应力云图和水平方向应力云图。

分析图 3-27 至图 3-34 可知锚杆施加预紧力后围岩应力状态得到改善，主要表现在：

① 底板拉应力区逐渐减小甚至消失，这主要是由于对巷道上部进行支护，减小了上部传递下来的变形和压力，控制了顶板的位移。

② 巷道未支护时，竖向应力云图 F1 断层顶板表面出现竖向拉应力区，最大拉应力为 0.86 MPa，其他径向压应力为 0～1 MPa，两帮表面径向压应力为 0～0.5 MPa，最大拉应力为 0.14 MPa；底板表面出现较大的径向拉应力区域，最大拉应力为 1.92 MPa；施加锚杆后，顶板表面最大拉应力减小到 0.5 MPa，径向压应力增大到 2～4 MPa；两帮表面径向压应力

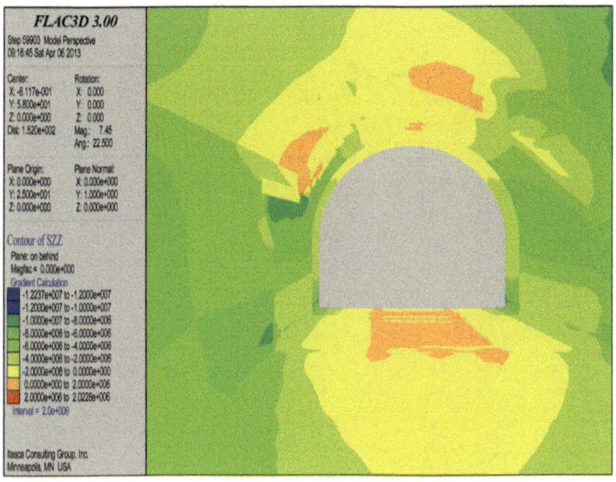

图 3-27 未支护时 F1 断层处围岩的竖向应力云图

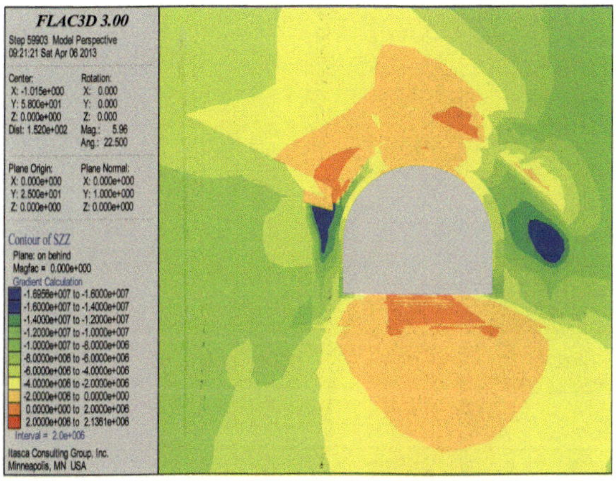

图 3-28 锚杆支护后 F1 断层处围岩的竖向应力云图

图 3-29 未支护时 F1 断层处围岩的水平应力云图

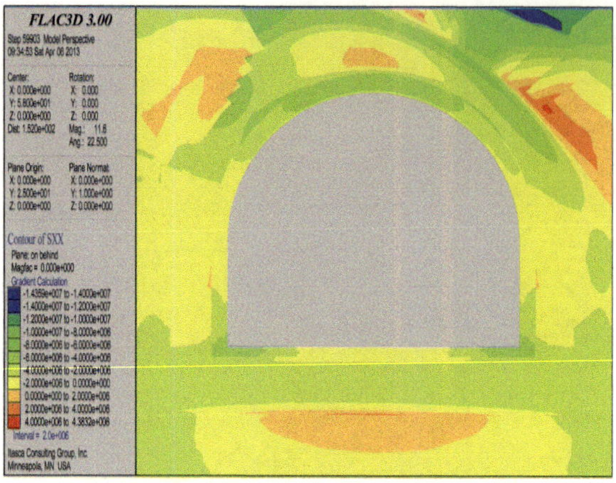

图 3-30　锚杆支护后 F1 断层处围岩的水平应力云图

图 3-31　未支护时 F2 断层处围岩的竖向应力云图

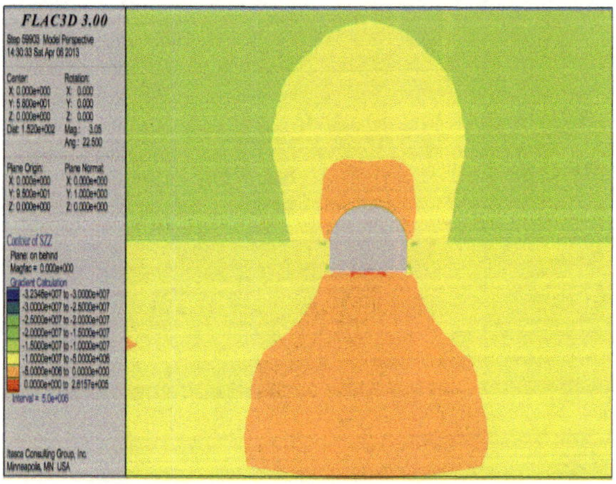

图 3-32　锚杆支护后 F2 断层处围岩的竖向应力云图

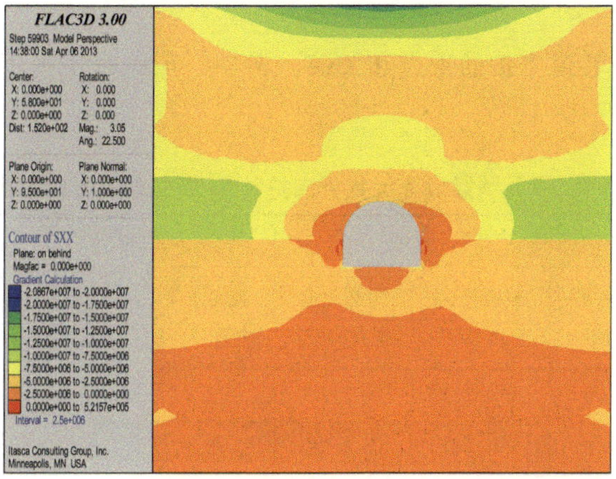

图 3-33 未支护时 F2 断层处围岩的水平应力云图

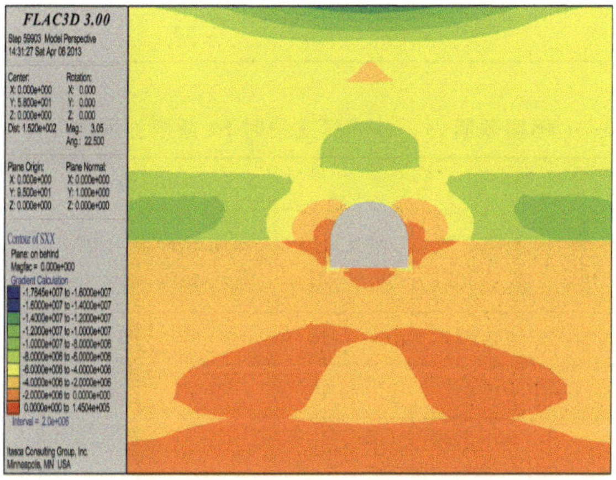

图 3-34 锚杆支护后 F2 断层处围岩的水平应力云图

为 1～2 MPa，没有出现拉应力区域；底板拉应力区域范围减小，最大拉应力为 0.36 MPa。与未支护条件相比，顶底板应力衰减的范围均减小了 0.1 m；左帮和右帮分别减少了 0.1 m 和 0.4 m。

③ F2 断层处两帮应力对称分布，未支护时在巷道两帮表面出现拉应力区域，最大拉应力达到 0.517 MPa，其他表面径向压应力为 0～1 MPa。顶板表面径向压应力为 0～1 MPa，底板表面出现部分拉应力区域，最大拉应力为 0.1 MPa，其余表面径向压应力为 0～1 MPa。

④ 采用锚杆支护以后，两帮表面拉应力区域范围减小，最大拉应力为 0.145 MPa，其余表面径向压应力为 1～2 MPa；顶板表面径向压应力为 0.3～3 MPa，底板表面拉应力区域范围有所扩大，最大拉应力为 0.2 MPa，其他表面径向压应力区域内为 0～1 MPa。与未支护时相比，顶板应力衰减范围减小了 0.7 m，底板应力衰减范围没有减小，两帮应力衰减范围减小了 1 m。

通过对支护前后围岩应力状态的比较可以看出锚杆的施加对顶板和两帮应力状态有明显改善作用，但对底板不明显，甚至还出现拉应力区域范围扩大的现象，这主要是没有对底板采取任何支护措施，上部的变形和压力向下传递所致。因此，对巷道地板采取相应的加固措施是必要的。

显然，断层成为该巷道支护的重点和关键。表 3-6 至表 3-11 为不同预紧力情况下两断层处围岩应力状态的变化。

表 3-6　不同预紧力 2 m 锚杆支护时 F1 断层处围岩应力状态

预紧力/kN	左帮		顶板		右帮		底板	
	表面水平应力/MPa	深部水平应力/MPa	表面竖向应力/MPa	深部竖向应力/MPa	表面水平应力/MPa	深部水平应力/MPa	表面竖向应力/MPa	深部竖向应力/MPa
60	−0.422	−2.06	−0.376	−5.97	−2.75	−4.8	−0.145	−2.04
70	−0.407	−2.02	−0.347	−5.68	−2.61	−4.44	−0.157	−2.06
80	−0.357	−2.01	−0.253	−5.59	−2.39	−4.21	−0.172	−2.08
90	−0.302	−2.04	−0.184	−5.62	−2.12	−4.09	−0.201	−2.1
100	−0.238	−2.08	−0.129	−5.53	−1.87	−3.91	−0.214	2.12

表 3-7　不同预紧力 2 m 锚杆支护时 F2 断层处围岩应力状态

预紧力/kN	左帮		顶板		右帮		底板	
	表面水平应力/MPa	深部水平应力/MPa	表面竖向应力/MPa	深部竖向应力/MPa	表面水平应力/MPa	深部水平应力/MPa	表面竖向应力/MPa	深部竖向应力/MPa
60	−1.75	−3.52	−0.717	−7.24	−1.76	−3.64	−0.497	−1.16
70	−1.80	−3.2	−0.607	−6.86	−1.82	−3.31	−0.508	−1.19
80	−1.72	−2.98	−0.486	−6.85	−1.75	−3.09	−0.539	−1.22
90	−1.57	−2.81	−0.422	−6.64	−1.60	−2.91	−0.509	−1.27
100	−1.44	−2.67	−0.448	−6.37	−1.47	−2.77	−0.49	−1.33

表 3-8　不同预紧力 2.2 m 锚杆支护时 F1 断层处围岩应力状态

预紧力/kN	左帮		顶板		右帮		底板	
	表面水平应力/MPa	深部水平应力/MPa	表面竖向应力/MPa	深部竖向应力/MPa	表面水平应力/MPa	深部水平应力/MPa	表面竖向应力/MPa	深部竖向应力/MPa
60	−0.426	−2.06	−0.484	−5.53	−2.8	−4.81	−0.142	−2.05
70	−0.41	−2.02	−0.471	−4.79	−2.66	−4.43	−0.158	−2.06
80	−0.357	−2.02	−0.433	−4.67	−2.4	−4.19	−0.173	−2.08
90	−0.306	−2.04	−0.418	−4.74	−2.12	−4.11	−0.187	−2.10
100	−0.247	−2.09	−0.45	−4.89	−1.85	−3.91	−0.2	−2.12

表 3-9 不同预紧力 2.2 m 锚杆支护时 F2 断层处围岩应力状态

预紧力/kN	左帮		顶板		右帮		底板	
	表面水平应力/MPa	深部水平应力/MPa	表面竖向应力/MPa	深部竖向应力/MPa	表面水平应力/MPa	深部水平应力/MPa	表面竖向应力/MPa	深部竖向应力/MPa
60	−1.77	−3.52	−0.753	−7.20	−1.77	−3.64	−0.489	−1.16
70	−1.81	−3.2	−0.642	−6.88	−1.83	−3.31	−0.501	−1.19
80	−1.73	−2.98	−0.515	−6.62	−1.75	−3.09	−0.52	−1.23
90	−1.58	−2.81	−0.459	−6.46	−1.61	−2.91	−0.528	−1.27
100	1.44	−2.67	−0.437	−6.29	−1.47	−2.77	−0.492	−1.33

表 3-10 不同预紧力 2.4 m 锚杆支护时 F1 断层处围岩应力状态

预紧力/kN	左帮		顶板		右帮		底板	
	表面水平应力/MPa	深部水平应力/MPa	表面竖向应力/MPa	深部竖向应力/MPa	表面水平应力/MPa	深部水平应力/MPa	表面竖向应力/MPa	深部竖向应力/MPa
60	−0.43	−2.05	−0.551	−5.45	−2.87	−4.86	−0.14	−2.05
70	−0.416	−2.01	−0.551	−4.78	−2.68	−4.43	−0.162	−2.06
80	−0.36	−2.01	−0.571	−4.54	−2.44	−4.22	−0.178	−2.08
90	−0.307	−2.04	−0.57	−4.72	−2.15	−4.13	−0.179	−2.1
100	−0.244	−2.09	−0.597	−4.79	−1.86	3.96	−0.197	−2.12

表 3-11 不同预紧力 2.4 m 锚杆支护时 F2 断层处围岩应力状态

预紧力/kN	左帮		顶板		右帮		底板	
	表面水平应力/MPa	深部水平应力/MPa	表面竖向应力/MPa	深部竖向应力/MPa	表面水平应力/MPa	深部水平应力/MPa	表面竖向应力/MPa	深部竖向应力/MPa
60	−1.78	−3.52	−0.791	−7.16	−1.79	−3.64	−0.501	−1.16
70	−1.82	−3.21	−0.671	−6.85	−1.84	−3.32	−0.51	−1.19
80	−1.73	−2.98	−0.549	−6.57	−1.76	−3.09	−0.536	−1.23
90	−1.58	−2.81	−0.483	−6.41	−1.61	−2.91	−0.522	−1.27
100	−1.43	−2.67	−0.461	−6.21	−1.45	−2.77	−0.491	−1.33

分析表 3-6 至表 3-11 可知：

① 对于相同长度、不同预紧力的锚杆支护形式来说，两断层附近两帮及顶板的表面及深部水平及竖向应力逐渐减小，而底板表面及深部竖向应力和水平应力逐渐增大。这主要是由于在底板未采取任何支护的情况下，顶板及两帮将变形及压力传递到底板，造成底板应力集中、变形量增加。

② 在相同预紧力、不同长度锚杆支护时，巷道两帮及顶板竖向应力或水平应力随着锚杆长度的增加而增大，这主要是因为锚杆长度的增加一方面增加了锚杆的伸长量，围岩变形增加，竖向或水平应力增大；二是长度的增加，切断了部分两帮及顶板向底板的塑性滑移

线，截留了部分变形能量，宏观上反映了表面应力的增大，这也间接说明了锚杆并非越长越好。

(4) 锚索＋喷射混凝土支护

上节的模拟研究表明锚杆＋喷混凝土支护对控制断层割裂区巷道围岩变形有较好的效果，那么采取锚索＋混凝土支护结构会有怎样的效果呢？为此，本节主要模拟不同锚索预紧力和锚索长度情况下断层割裂区巷道围岩的变形规律。数值模拟所采用的锚索材料的物理力学参数见表3-12，锚索长度、预紧力匹配关系见表3-13。巷道顶板采用3根预应力钢绞线锚索配400 mm×400 mm×12 mm＋200 mm×200 mm×8 mm双托盘支护，钢绞线规格为ϕ17.8×6 300 mm，每孔采用7节MSK2335型树脂药卷加长锚固；3根锚索间距为2 000 mm，排距为1 600 mm。巷道的支护模型及锚索布置模型如图3-35和图3-36所示。

表3-12　锚索物理力学参数

弹性模量/GPa	抗拉强度/MPa	泊松比 ν	直径/mm	长度/mm
350	1725	0.18	17.8	5 300、6 300、8 300

表3-13　不同锚索长度与不同锚索预紧力组合模拟方案

试验号	预紧力/kN	长度/m
1	100	5.3
2	110	5.3
3	120	5.3
4	130	5.3
5	140	5.3
6	150	5.3
7	100	6.3
8	110	6.3
9	120	6.3
10	130	6.3
11	140	6.3
12	150	6.3
13	100	8.3
14	110	8.3
15	120	8.3
16	130	8.3
17	140	8.3
18	150	8.3

通过模拟计算，得到不同锚索长度、不同锚索预紧力变化情况下断层割裂区巷道围岩变形规律如图3-37至图3-48所示。

分析图3-37至图3-48可知：随着锚索长度的增加和锚索预紧力的提升，与预应力锚杆

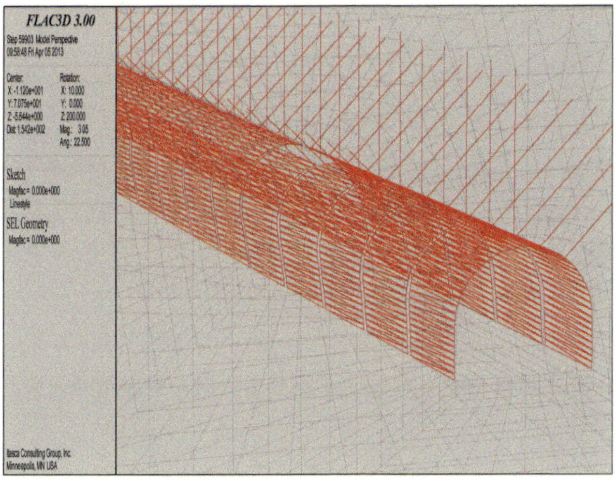

图 3-35 锚索支护模型

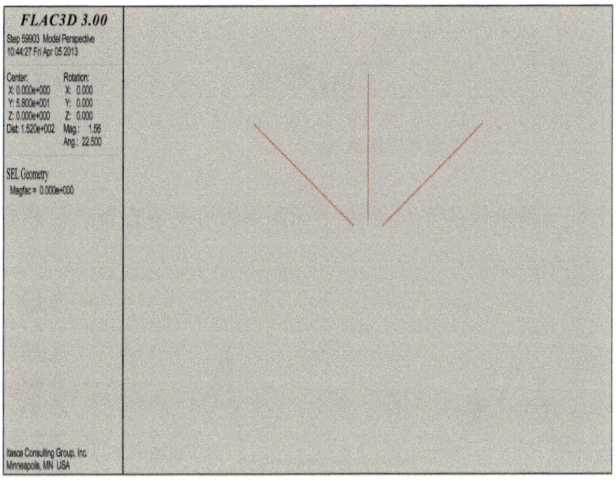

图 3-36 锚索布置模型

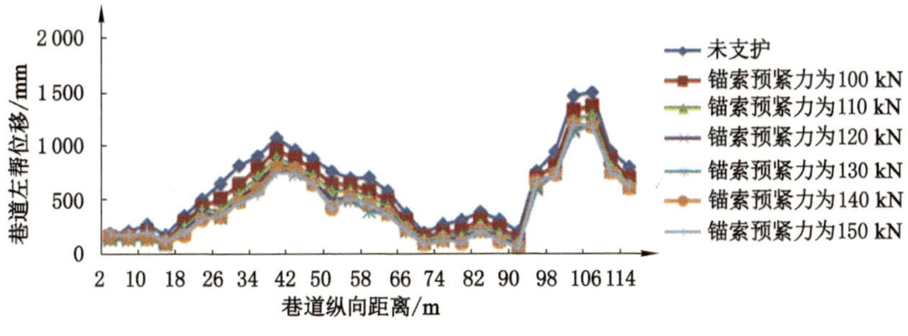

图 3-37 锚索长度为 5.3 m、不同预紧力时巷道左帮的位移曲线

支护相比，巷道左帮最大变形处的最大位移减少了 429 mm，右帮相应最大减少了 191 mm，顶底板最大变形量分别减少了 210 mm 和 293 mm，但仍然可以看到，仅靠锚索支护仍不能

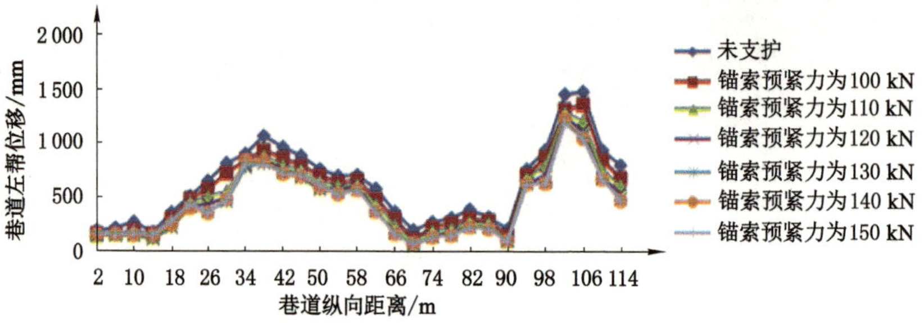

图 3-38 锚索长度为 6.3 m、不同预紧力时巷道左帮的位移曲线

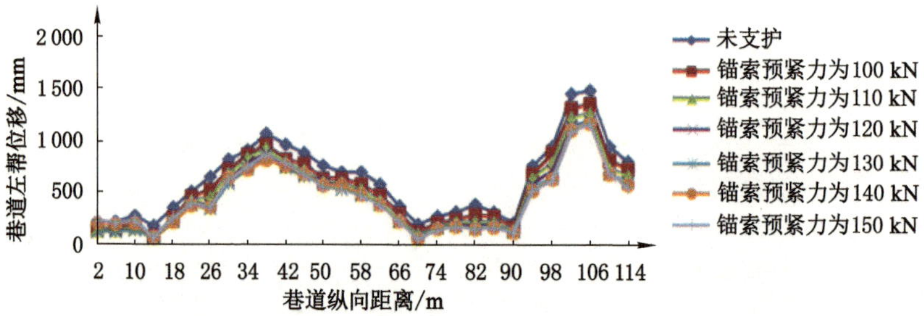

图 3-39 锚索长度为 8.3 m、不同预紧力时巷道左帮的位移曲线

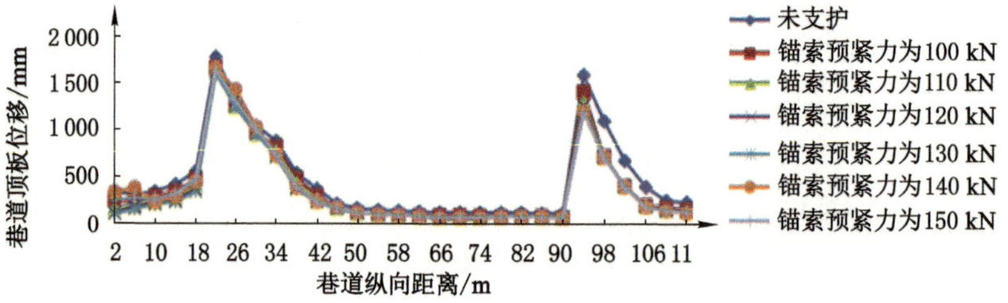

图 3-40 锚索长度为 5.3 m、不同预紧力时巷道顶板的位移曲线

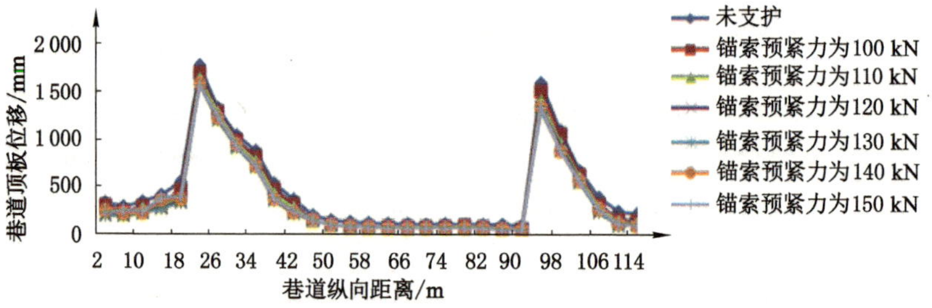

图 3-41 锚索长度为 6.3 m、不同预紧力时巷道顶板的位移曲线

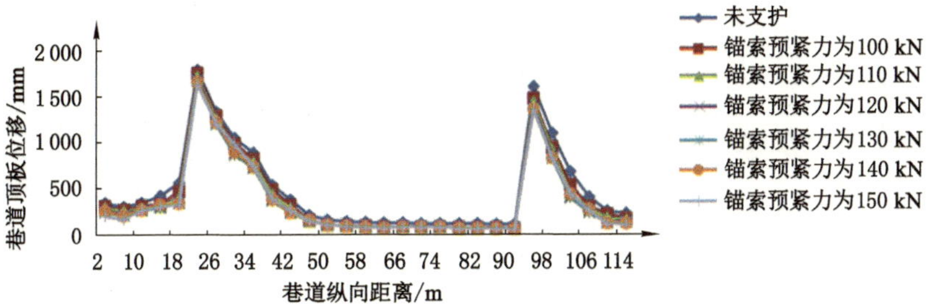

图 3-42　锚索长度为 8.3 m、不同预紧力时巷道顶板的位移曲线

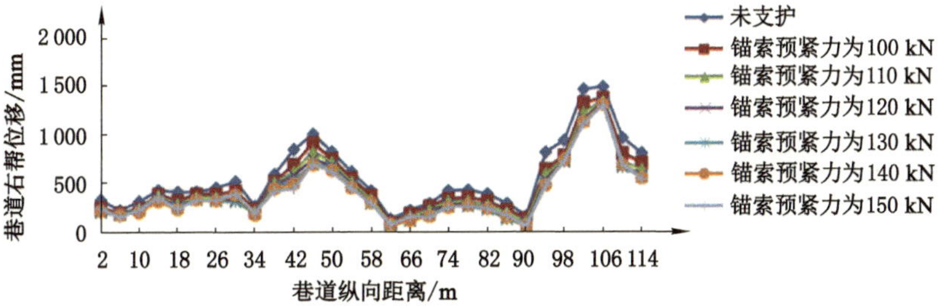

图 3-43　锚索长度为 5.3 m、不同预紧力时巷道右帮的位移曲线

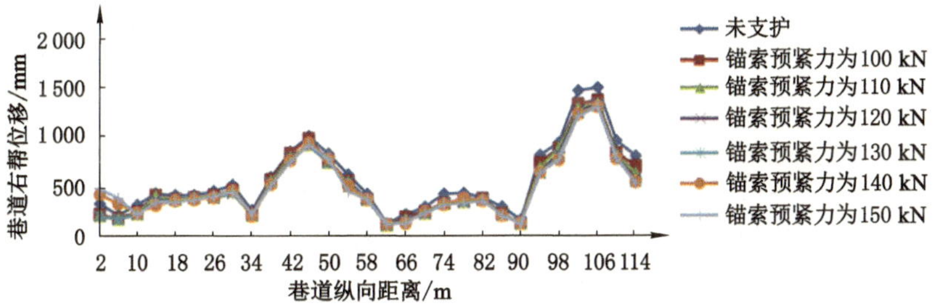

图 3-44　锚索长度为 6.3 m、不同预紧力时巷道右帮的位移曲线

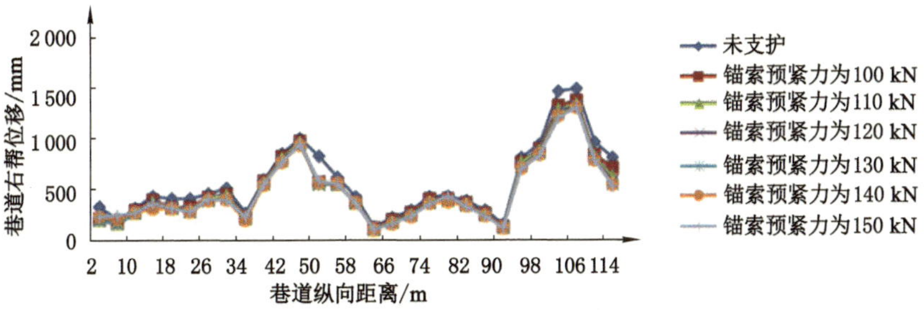

图 3-45　锚索长度为 8.3 m、不同预紧力时巷道右帮的位移曲线

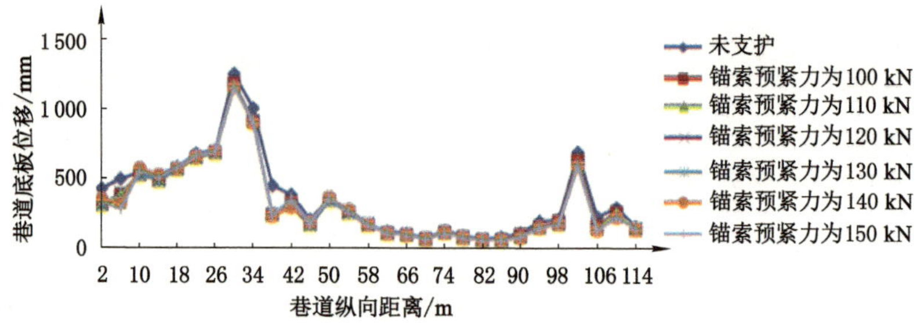

图 3-46 锚索长度为 5.3 m、不同预紧力时巷道底板的位移曲线

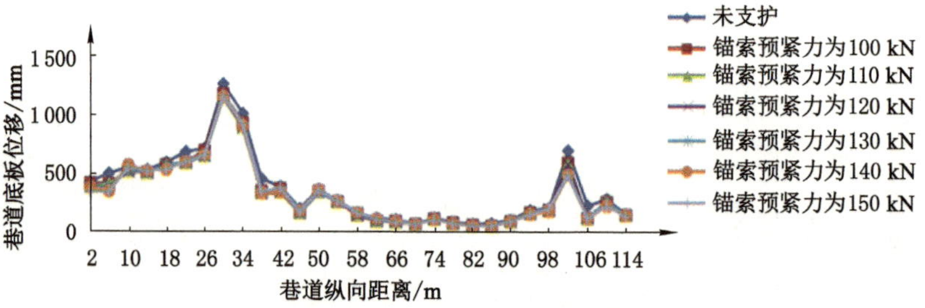

图 3-47 锚索长度为 6.3 m、不同预紧力时巷道底板的位移曲线

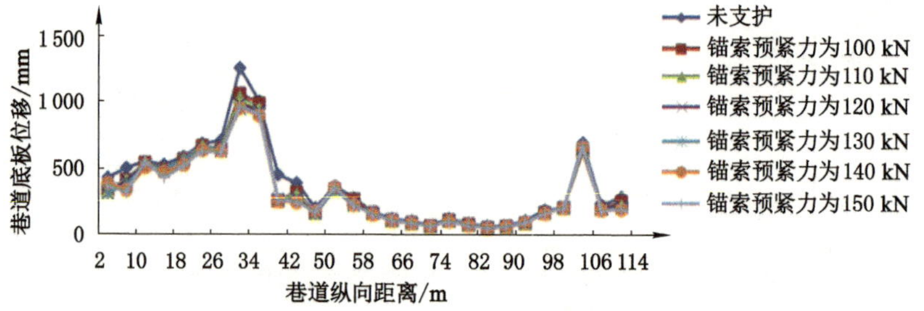

图 3-48 锚索长度为 8.3 m、不同预紧力时巷道底板的位移曲线

完全控制围岩的变形。在锚索支护条件下，沿巷道轴线方向上巷道的变形具有以下特点：

① 沿巷道轴线方向，巷道围岩的峰值变形依然出现在两断层附近，断层成为影响巷道围岩稳定的关键因素。

② 锚索预紧力的变化对巷道两帮和顶底板围岩变形破坏均具有较强的控制作用，但是锚索长度的变化对巷道周边位移控制作用不明显。随着锚索预紧力的增加，锚索控制围岩位移的效能逐渐趋于稳定，也就是说，在锚索支护参数的确定上，并不是锚索越长、预紧力越大支护效果就越好。

③ 断层影响区域范围内巷道围岩的变形明显大于影响区以外巷道的变形：影响区内左帮最小位移为 770 mm，最大位移达到 1 375 mm；右帮最小位移为 640 mm，最大位移达到 1 375 mm；顶板最小下沉量为 1 164 mm，最大下沉量为 1 760 mm；底鼓量最小为 501 mm，最大达到 1 184 mm。

不同锚索长度、锚索预紧力情况下巷道变形出现上述特点的原因：

① 锚索的支护机理与锚杆的支护机理很相似，对于松软破碎岩层，锚索将破碎软岩悬吊在深部稳定岩层中，将围岩浅部形成的次生承载区与深部的稳定承载区相连，有效控制了巷道浅部围岩的变形。

② 锚索作为一种柔性支护材料，增加其长度必然增加伸长量，这对控制围岩变形是不利的；预紧力的变化改善了围岩的应力状态，对提高围岩的强度效果较为明显。

③ 围岩的支护应该考虑支护结构与围岩相互作用的协调性。数值模拟过程中只对顶板采用锚索支护，对两帮及底板未采取任何支护措施，使得变形及压力向帮底转移，加剧了围岩帮底的变形破坏，帮底的变形破坏反过来又影响顶板的稳定性，从而导致恶性循环，这就是在预紧力提升的情况下巷道周边变形增大的原因。

图 3-49 至图 3-52 为锚索预紧力为 100 kN 时围岩内部的应力云图。

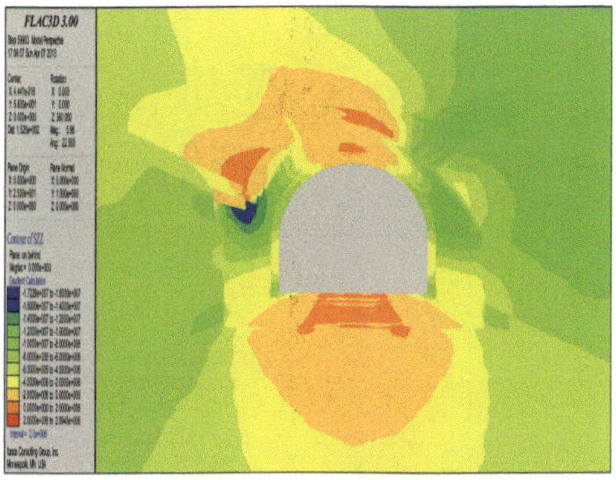

图 3-49　锚索施加后 F1 断层处的竖向应力云图

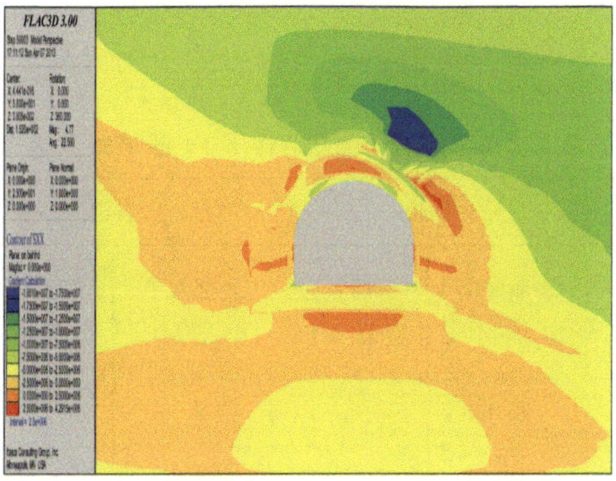

图 3-50　锚索施加后 F1 断层处的水平应力云图

分析图 3-49 至图 3-52 可知：以 F1 断层处为例，锚索施加预紧力后，底板的拉应力区域逐渐减小，最大拉应力由原来的 1.92 MPa 减小到 0.35 MPa，底板应力衰减范围减小 0.8 m。顶板的衰减范围减小 0.3 m。两帮应力衰减范围均缩小 0.2 m，说明锚索支护一定程度上改善了围岩的应力状态，缓和了上部荷载传递给两帮和底板的变形压力，但是由于没有对两帮和底板进行支护，单纯提高顶板的强度形成的强顶弱帮底状态，必然影响顶板

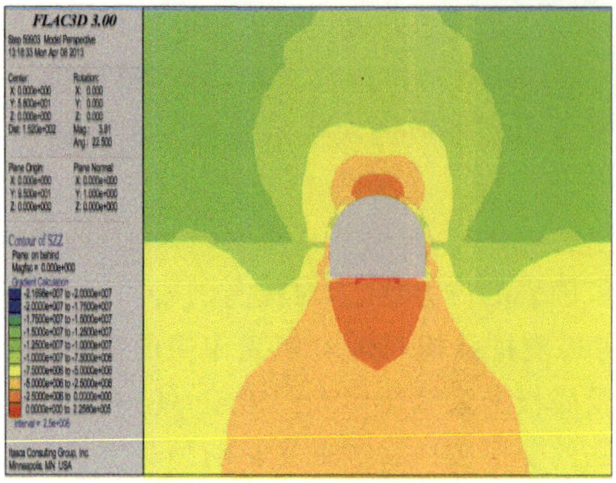

图 3-51　锚索施加后 F2 断层处的竖向应力云图

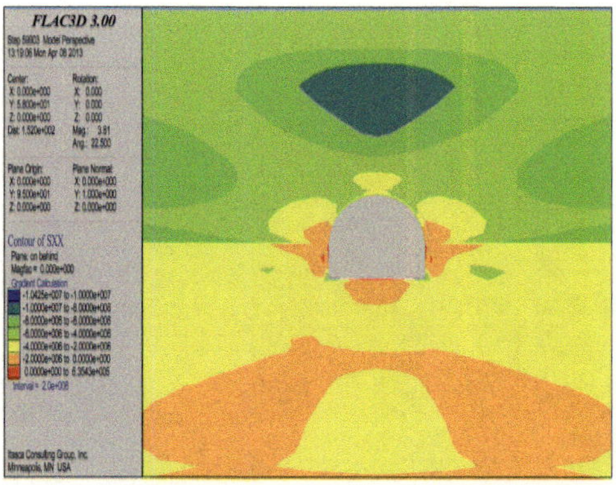

图 3-52　锚索施加后 F2 断层处的水平应力云图

的稳定性,使得锚索支护的效果不能得到很好体现。表 3-14 至表 3-19 为不同锚索长度与不同锚索预紧力条件下巷道两断层处围岩应力状态的变化情况。

表 3-14　锚索长度 5.3 m、不同预紧力条件下 F1 断层处巷道围岩的应力状态

预紧力/kN	左帮		顶板		右帮		底板	
	表面水平应力/MPa	深部水平应力/MPa	表面竖向应力/MPa	深部竖向应力/MPa	表面水平应力/MPa	深部水平应力/MPa	表面竖向应力/MPa	深部竖向应力/MPa
100	−0.51	−2.92	−0.338	−3.13	−2.06	−5.65	−0.12	−2.17
110	−0.509	−2.96	−0.325	−3.05	−2.07	−5.67	−0.148	−2.18
120	−0.51	−2.99	−0.331	−2.93	−2.07	−5.66	−0.143	−2.18
130	−0.509	−3.01	−0.337	−2.93	−2.08	−5.66	−0.151	−2.18
140	−0.516	−2.13	0.45	−2.18	−2.29	−6.5	−0.311	−3.07
150	−0.563	−2.54	0.477	−2.06	−2.28	−6.45	−0.376	−3.17

表 3-15 锚索长度 5.3 m、不同预紧力条件下 F2 断层处巷道围岩的应力状态

预紧力/kN	左帮		顶板		右帮		底板	
	表面水平应力/MPa	深部水平应力/MPa	表面竖向应力/MPa	深部竖向应力/MPa	表面水平应力/MPa	深部水平应力/MPa	表面竖向应力/MPa	深部竖向应力/MPa
100	−1.47	−3.92	−0.248	−6.84	−1.49	−4.08	−0.486	−1.41
110	−1.47	−3.90	−0.324	−6.95	−1.5	−4.05	−0.521	−1.41
120	−1.47	−3.88	−0.392	−7.08	−1.51	−4.03	−0.514	−1.41
130	−1.48	−3.86	−0.436	−7.24	−1.51	−4.02	−0.49	−1.42
140	−1.47	−3.75	−0.505	−7.27	−1.51	−3.9	−0.492	−1.46
150	−1.48	−3.75	−0.513	−7.43	−1.51	−3.9	−0.484	−1.47

表 3-16 锚索长度 6.3 m、不同预紧力条件下 F1 断层处巷道围岩的应力状态

预紧力/kN	左帮		顶板		右帮		底板	
	表面水平应力/MPa	深部水平应力/MPa	表面竖向应力/MPa	深部竖向应力/MPa	表面水平应力/MPa	深部水平应力/MPa	表面竖向应力/MPa	深部竖向应力/MPa
100	−0.522	−2.93	−0.371	−3.61	−2.05	−5.64	−0.132	−2.18
110	−0.522	−2.98	−0.352	−3.52	−2.06	−5.63	−0.14	−2.19
120	−0.522	−3.01	−0.334	−3.42	−2.06	−5.62	−0.147	−2.19
130	−0.524	−3.03	−0.318	−3.45	−2.07	−5.60	−0.152	−2.20
140	−0.547	−3.38	0.446	−2.65	−2.31	−6.56	−0.312	−2.25
150	−0.55	−3.42	0.478	−2.60	−2.32	−6.52	−0.34	−2.34

表 3-17 锚索长度 6.3 m、不同预紧力条件下 F2 断层处巷道围岩的应力状态

预紧力/kN	左帮		顶板		右帮		底板	
	表面水平应力/MPa	深部水平应力/MPa	表面竖向应力/MPa	深部竖向应力/MPa	表面水平应力/MPa	深部水平应力/MPa	表面竖向应力/MPa	深部竖向应力/MPa
100	−1.47	−3.93	−0.326	−6.74	−1.5	−4.08	−0.502	−1.43
110	−1.47	−3.91	−0.378	−6.86	−1.51	−4.06	−0.522	−1.44
120	−1.48	−3.90	−0.38	−7.08	−1.51	−4.04	−0.519	−1.44
130	−1.48	−3.88	−0.458	−7.27	−1.52	−4.03	−0.515	−1.45
140	−1.47	−3.77	−0.542	−7.46	−1.51	−3.92	−0.48	−1.49
150	−1.48	−3.76	−0.54	−7.64	−1.51	−3.91	−0.516	−1.50

表 3-18　锚索长度 8.3 m、不同预紧力条件下 F1 断层处巷道围岩的应力状态

预紧力/kN	左帮		顶板		右帮		底板	
	表面水平应力/MPa	深部水平应力/MPa	表面竖向应力/MPa	深部竖向应力/MPa	表面水平应力/MPa	深部水平应力/MPa	表面竖向应力/MPa	深部竖向应力/MPa
100	−0.544	−2.97	−0.337	−4.09	−2.05	−5.59	−0.126	−2.21
110	−0.546	−3.02	−0.315	−4.05	−2.05	−5.56	−0.134	−2.21
120	−0.549	−3.06	−0.356	−3.98	−2.06	−5.55	−0.131	−2.22
130	−0.552	−3.09	−0.369	−3.89	−2.06	−5.55	−0.135	−2.23
140	−0.565	−3.44	−0.418	−3.18	−2.36	−6.62	−0.231	−2.37
150	−0.633	−3.78	−0.418	−3.10	−2.31	−6.3	−0.221	−2.53

表 3-19　锚索长度 8.3 m、不同预紧力条件下 F2 断层处巷道围岩的应力状态

预紧力/kN	左帮		顶板		右帮		底板	
	表面水平应力/MPa	深部水平应力/MPa	表面竖向应力/MPa	深部竖向应力/MPa	表面水平应力/MPa	深部水平应力/MPa	表面竖向应力/MPa	深部竖向应力/MPa
100	−1.47	−2.98	−0.339	−7.04	−1.5	−4.12	−0.511	−1.5
110	−1.48	−2.97	−0.382	−7.24	−1.51	−4.1	−0.497	−1.51
120	−1.49	−2.96	−0.488	−7.44	−1.52	−4.09	−0.504	−1.53
130	−1.49	−2.95	−0.541	−7.68	−1.52	−4.08	−0.509	−1.54
140	−1.48	−3.82	−0.622	−7.68	−1.51	−3.95	−0.515	−1.49
150	−1.49	−3.84	−0.677	−7.82	−1.52	−3.97	−0.515	−1.52

分析表 3-14 至表 3-19 可知：在相同长度、不同预紧力锚索支护条件下，巷道两帮、底板表面及深部的水平及竖向应力随着锚索预紧力的增大而增大。以 F2 断层为例，在相同预紧力、不同长度锚索支护条件下，巷道顶板深部和浅部围岩应力状态随着锚索长度的增加而增加，这主要是锚索的加长增大了上部支护荷载的范围，围岩的变形能量增加，导致垂直应力增大；两帮表面应力状态变化不明显，深部有少量增加，底板深部及浅部应力增大，这是上部荷载和变形能量向下传递的缘故。

综上所述，无论采用 U 形钢支架支护还是锚喷网支护、锚索支护，支护效果都不理想，都不能很好地控制巷道围岩的塑性变形，尤其是顶底板变形依然比较严重。究其原因，主要有以下几方面：

① 巷道所处地层岩性较差，岩体中存在软弱结构面；巷道沿着软煤层布置，顶底板均是强度较低的泥岩，岩体中存在两个相近的断层，对工程稳定性产生极为不利的影响。

② 断层条件下的软岩巷道的变形破坏是由复杂的力学变形机制引起的，要将复杂的变

形机制转化为单一的力学机制，仅依靠一次支护或者单一支护形式是行不通的。

③ 未对巷道底板采取支护措施，致使围岩承载结构不合理。

3.3 断层割裂区巷道支护结构优化与支护效果

3.3.1 断层割裂区巷道支护结构优化

基于前文的数值模拟研究可知：单一支护形式，包括锚杆＋喷混凝土支护、锚索支护等均不能有效控制断层割裂区巷道围岩的变形和破坏。因此需要针对巷道的地层结构特点，采取锚网索联合支护结构，同时在断层割裂区附近采取注浆加固以及安设型钢底梁的措施来控制巷道底板的变形，以确保巷道顶板、两帮和底板围岩都得到有效控制，使整个巷道围岩的受力状态处理成较为理想的状态，最终实现巷道围岩能够在较长时间或服务期内保持稳定的目标。

针对前文几种模拟方案优缺点，结合目标巷道的工程实际，提出了全断面锚网索支护以及在特殊地段采用注浆预应力锚索联合型钢底梁控制底板技术，在沿着巷道轴线方向向上分段采用两种不同的支护技术来控制围岩的变形，锚杆材料的力学参数与前文相同，对普通区段巷道采用图 3-53(a)所示支护结构，其具体参数为：

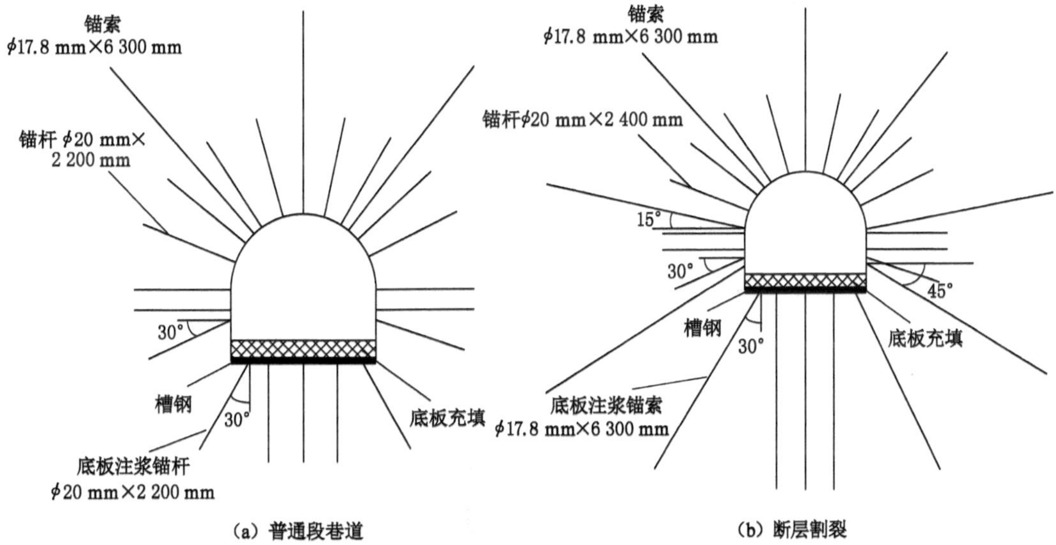

图 3-53 普通段巷道锚杆锚索支护结构示意图和断层割裂区附近巷道锚杆锚索支护结构示意图

顶帮锚杆：从顶板向两侧依次布置锚杆，间排距为 800 mm×800 mm，配合钢筋网联合支护，锚杆规格为 ϕ20 mm×2.2 m，钢筋网采用 ϕ6.5 mm 钢筋焊制而成(网孔尺寸为 70 mm×70 mm)。锚杆托盘采用 200 mm×200 mm×8 mm。每根锚杆采用 3 节 MSK2335 型树脂药卷加长锚固。两帮锚杆间、排距均为 800 mm，锚杆预紧力为 80 kN。控底锚杆：在帮与底角交界处采用向下 30°底角控底锚杆，锚杆规格与帮锚杆相同。

顶板锚索：巷道顶板采用 3 根预应力钢绞线锚索，钢绞线规格为 ϕ17.8 mm×6 300 mm，每孔采用 7 节 MSK2335 型树脂药卷加长锚固;3 根锚索间距为 1 600 mm,排距为 2 000 mm。锚索预紧力为 120 kN。

巷道底板采用预应力注浆锚杆联合型钢底梁进行控制。

在普通支护地段,每隔 2.0 m 开挖一底板槽,其规格为深×宽=600 mm×800 mm,在底槽中施加 5 根注浆锚杆+底梁,锚杆规格为 ϕ20 mm×2.2 m,排距为 2.0 m;底梁由槽钢组成,底梁按巷道横截面方位放置。

在特殊地质段即断层割裂区附近采用加强支护形式,如图 3-53(b)所示,与普通支护的区别在于:① 在巷道帮部采用 2 根锚索进行加强支护,最下 1 根锚索向下 45°布置,另外 2 根锚索向上 15°布置。两帮锚索间距为 1 200 mm,最下 1 根锚索距离底板 200 mm。帮锚索规格、锚固要求、排距等均同顶部锚索;② 底板采用注浆预应力锚索联合型钢底梁控制底板的底鼓。

除此之外,两种方法均采用 U 形钢和喷射混凝土支护,其具体的支护参数与上述相同。根据图 3-15 至图 3-26、图 3-37 至图 3-48 所示巷道纵向变形特征,将试验段巷道分为四段:在 0~18 m、48~94 m 采用普通支护方式,18~48 m、94~116 m 采用加强支护。通过数值模拟得到该巷道围岩变形曲线如图 3-54 所示。

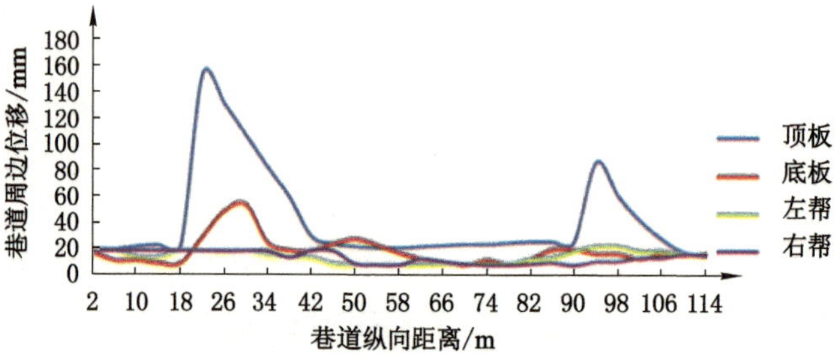

图 3-54　试验段巷道全断面锚网索支护条件下巷道围岩变形曲线

分析图 3-54 可知:与单一锚杆、锚索支护相比,采用全断面锚网索支+底板注浆预应力锚索(杆)联合型钢控底支护结构使巷道围岩变形显著减小,顶板平均下沉 43 mm,最大下沉量为 155 mm,比单一支护减少了 10 倍多;巷道两帮及底板的变形得到有效控制,两帮平均内敛位移为 15 mm,底鼓量平均为 20 mm,最大底鼓量为 55 mm。同时,由联合支护结构条件下巷道两断层附近的应力云图(图 3-55 至图 3-58)可以看出:

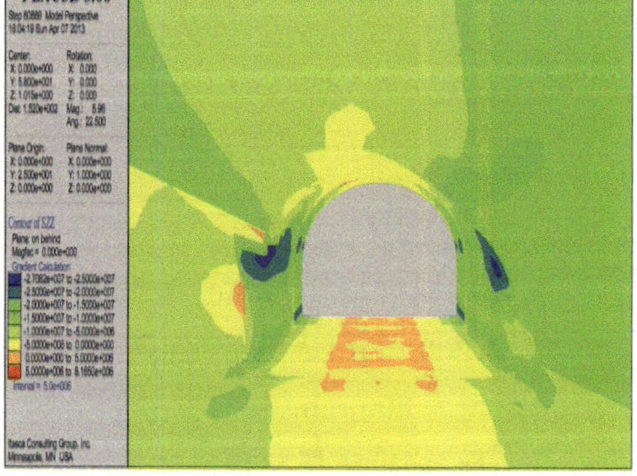

图 3-55　联合支护时断层 F1 附近竖直方向应力云图

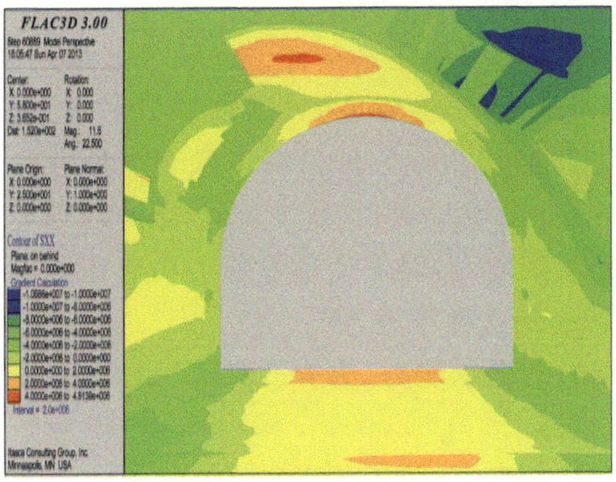

图 3-56 联合支护时断层 F1 附近水平方向应力云图

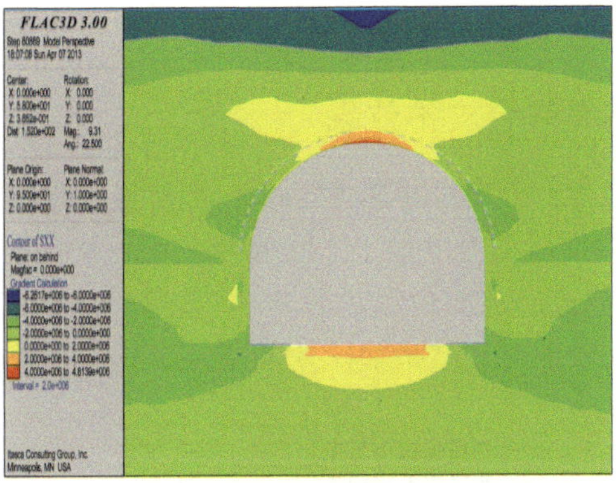

图 3-57 联合支护时断层 F2 附处竖直方向应力云图

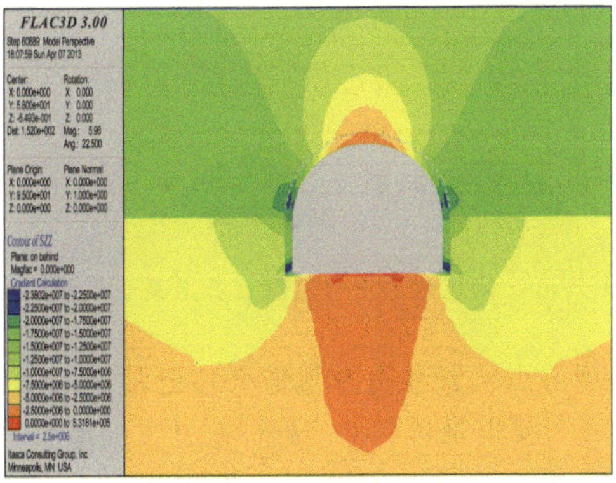

图 3-58 联合支护时断层 F2 附近竖直方向应力云图

采取全断面加强支护后，断层 F1 附近顶底板应力衰减范围分别减小到 1.2 m 和 1.6 m，左右两帮应力衰减范围为 0.9 m 和 0.4 m，断层 F2 附近处两帮衰减范围为 0.7 m，顶底板的衰减范围分别为 0.3 m 和 2.2 m。巷道底板围岩应力状态得到较大改善，出现较大范围的压应力区，与未支护相比应力提高了 2.5 倍，从而有效控制底板的变形破坏。因此可以得出全断面加强支护，有效保持巷道围岩的强度，控制了围岩应力的衰减范围，从而控制了围岩的变形破坏。

方案提出的全断面锚网索＋底板注浆锚杆(索)联合型钢控制底板的技术之所以能控制复杂条件下的软岩巷道变形破坏,主要是在分析上述几种单一支护的缺陷及软岩巷道的支护原则基础上做出技术上的改进,很好地发挥了联合支护中各个支护构件的协调作用。它的优势在于:

① 提高了顶板的主动承载能力,促使变形及压力向巷道两侧深部转移,减弱对两帮的竖直应力传递,顶部锚索就起到这种作用。

② 提高了巷道帮角围岩的自承能力,减少了两帮下沉量及由此引起的挤压底板向巷道空间的滑移鼓起量和碎胀变形。

③ 降低巷道角部应力集中程度,并在两帮和角部形成自承能力较高的承载拱以控制两帮和底角围岩塑性区的发展,控底锚杆和锚索就起到这个作用。

④ 对底板进行了支护处理,采用了注浆锚杆(索)联合型钢底梁控制巷道底鼓,从而全面控制巷道围岩变形。

3.3.2 断层割裂区巷道联合支护效果

采用图 3-53 所示联合支护方案对巷道进行修复,同时鉴于断层破碎带巷道围岩稳定性较差的实际情况,在断层破碎带范围内增加了 U29 型钢支架支护的措施,支架间距为 500 mm,随着巷道修复的实施,对巷道的表面位移进行监测,监测时间持续 16 周。设置在 18 m 处断层位置的Ⅰ号巷道断面收敛监测结果如图 3-59 所示。

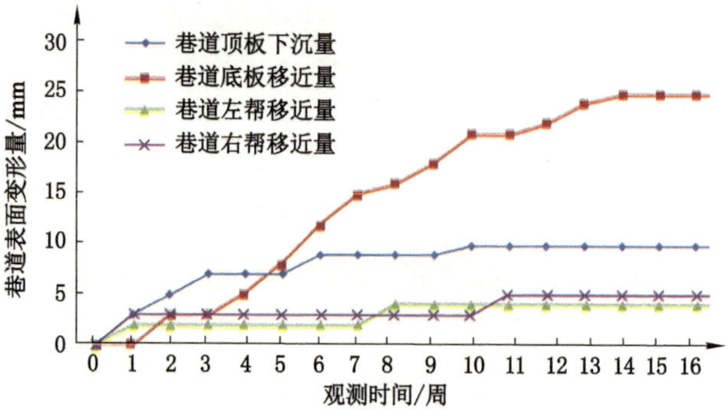

图 3-59 修复巷道Ⅰ号监测点巷道断面收敛曲线

由图 3-59 可以看出:观测点位置巷道左帮最大移近量达到 29 mm,巷道右帮最大移近量达到 29 mm,巷道顶板最大移近量达到 24 mm,巷道底板最大移近量达到 45 mm。巷道整体支护较好。底鼓量在所有变形中相对较大。图 3-53 所示联合支护结构在断层割裂区巷道修复中的应用达到了预期效果,巷道变形得到有效控制。其中的关键技术有以下几个方面:

① 对于受断层割裂影响的巷道围岩稳定性控制,单一锚杆支护、喷混凝土支护或者是型钢支架支护是难以奏效的。

② 采用数值模拟方法,在充分分析支护结构与巷道围岩稳定性关系的基础上确定合理的支护结构和支护参数,是一种可靠的、高效的支护方案优化设计方法。

③ 断层割裂区巷道围岩稳定性控制不仅要对巷道顶板、两帮围岩支护，还要对巷道底板采取加固措施，是确保巷道围岩稳定的关键。

④ 锚杆锚索＋巷道底板注浆锚杆锚索＋型钢底梁联合支护结构是断层割裂区巷道围岩支护的合理支护结构形式，80 kN 锚杆预紧力配合 120 kN 锚索预紧力是实现锚杆锚索最优支护效果的最佳参数匹配。

⑤ 断层破碎带区域增设 U 形钢支架是控制巷道变形、增强巷道围岩整体性的重要措施。

⑥ 方案实施过程中要加强对修复巷道的矿压监测，包括顶板离层观测、巷道围岩动态监测以及锚杆(索)受力监测，安排专人负责日常监测，记录数据务求准确可靠。同时根据监测结果及时调整支护结构和支护参数，确保支护的有效性。

3.4　典型断层割裂区巷道修复技术应用实践

3.4.1　工程概况

某矿戊四轨道下山斜长约为 490 m，直墙半圆拱形断面，掘进断面面积为 15.7 m^2，净断面面积为 14.7 m^2，戊四轨道下山的平均埋深为 920 m。该主要采用 U26 型钢和锚网索支护，巷道部分地段为岩巷，部分地段为半煤岩巷。戊四轨道下山主要沿戊 8 煤顶板布置，由于戊 8 煤层厚度为 2.6 m 左右，局部煤层缺失，所以巷道局部为岩巷，局部穿越煤层。其顶板为泥岩和中粒砂岩，泥岩厚度为 1.6 m，砂岩层厚度为 7 m，顶板中等稳定；底板依次为泥岩、戊 9-10 煤和砂质泥岩，其中泥岩层厚度为 6 m，戊 9-10 煤层厚度为 2 m，其中有一层厚度为0.8～1.0 m 的夹矸；砂质泥岩层厚度为 5 m。戊四轨道下山内有多个断层分割，巷道受断层影响较大。显然，戊四轨道下山底板的岩性比顶板的岩性差，这也是巷道大面积底鼓的原因之一。

戊四采区轨道下山破坏的主要形式是大巷出现底鼓和两帮缩进。现场调研发现：该巷道局部地段顶板已开裂剥落，并逐步发展为沿巷道走向的连续破坏；底鼓突出，通常超过 500 mm，最大达到 800 mm 以上。尤其帮底角处已严重内移，影响大巷成型。该巷道失修长度达 426 m，影响了整个采区生产的正常进行。

戊四轨道下山修复的关键是控制巷道地板的变形，同时要加强断层割裂区巷道的围岩加固和稳定性控制。

3.4.2　戊四轨道下山底鼓机理与治理思路

经过现场调研和分析研究，认为该矿戊四轨道下山发生底鼓的原因主要为：

① 岩性较差：巷道围岩中顶帮底各个岩层的强度都较低，为厚层软弱岩层结构，底板岩层为厚层泥岩，因而决定了该巷道底鼓量较大。

② 初期支护强度低：戊四轨道下山原支护主要采用锚网喷支护，锚杆为 ϕ20 mm×2 000 mm 高强锚杆，锚固体承载厚度较小，无法控制围岩深部的碎胀变形和扩容变形，更不能适应周围开挖巷道扰动导致的围岩大变形。尤其是锚杆安装初期没有施加足够的预紧力，致使锚杆难以发挥主动支护的作用，不能有效控制巷道围岩的初期变形，这是巷道较快变形、破坏的主要原因之一。

另外，有相当长的巷道采用的还是料石砌碹支护形式，这种被动、刚性较强的支护形式已无法满足这种埋深、地应力和围岩条件下巷道稳定的需要。

③ 围岩承载结构不协调：在巷道承载断面中，有一些部位属于关键承载区域，也是应力相对集中的区域，或者是一些软弱岩层承载强度较弱的区域，巷道整个断面中各区域各位置承载性能不一致，巷道首先在这些应力高度集中或软弱岩层部位发生变形和破坏，从而逐渐发展为全断面的变形和破坏。在戊四采区轨道下山整个断面中，帮、角等部位就是关键承载部位，需要强化支护使得整个断面承载结构趋于协调合理。

④ 帮顶强度低，压力传递汇聚至底板：戊四轨道下山底鼓巷段，在巷道帮顶支护不力的情况下，上覆岩层竖直压力及巷道两侧的水平应力都传递汇聚至顶底板及巷道两帮，从而造成帮顶变形及底鼓发生。

⑤ 底板为自由位移空间：巷道底板处于敞开不支护状态是巷道底鼓量大于顶板下沉量的主要因素。尤其是遇水崩解或膨胀的黏土岩和泥质岩层，底板及时支护和封闭是控制底鼓的根本措施。在戊四轨道下山整个断面中，底板未做任何处理，在受到巷道淋水以及邻近巷道的扰动后，围岩从底板找到自由空间而产生位移。

根据戊四轨道下山岩层强度低、破碎、遇水膨胀、泥化比较严重，受断层影响大，底鼓严重的特征，提出戊四轨道下山修复治理遵循以下技术思路：

① 提高顶部围岩的主动承载能力，促使上覆岩层作用力向巷道两侧深部转移，减弱对两帮的垂直应力传递。

② 提高巷道两帮与角部围岩的自承能力，减少两帮下沉量及由于帮下沉导致挤压底板向巷道空间的滑移鼓起量和破碎膨胀量。

③ 减弱巷道角部应力集中程度并在两帮和角部形成自承能力较高的承载拱以控制两帮和底角围岩塑性区的发展。

④ 确保锚杆、锚索的预紧力达到设计要求，使其充分发挥主动支护的功用，利用锚杆、锚索的预紧力对巷道围岩产生足够的挤压加固作用，增大围岩的压应力，改善围岩应力分布状态，有效限制和减少巷道围岩的初期变形；在帮、角等部位注浆提高围岩的自承能力和稳定性。

⑤ 对底板进行支护处理，采用锚杆或锚索结合注浆来有效控制巷道底鼓，从而全面控制巷道围岩变形。

3.4.3 戊四轨道下山修复方案确定

基于该巷道开挖后所处岩层层位，采用有限元数值计算程序 FLAC3D，模拟分析该位置处巷道在原有支护条件下发生底鼓破坏的原因，在此基础上，根据巷道底鼓发生的原因和机理，考虑断层的影响，调整巷道支护形式和相关技术参数，确定该巷道合理支护形式和技术参数。

数值模拟分析的重点：通过不同支护参数、支护形式条件下巷道的变形破坏规律模拟，来进行戊四轨道下山底鼓治理合理支护修复参数的确定。

3.4.3.1 数值模拟计算模型建立

根据现有地质采矿条件和数值模拟研究的重点，为了最大限度降低边界效应对模拟结果的影响，模型的边界根据岩层开挖引起的岩层移动角规律确定，即模型边界范围应取至巷道开挖形成的充分影响范围以外。模型水平方向及底边界为固定边界，模型顶边界为应力边界。综合考虑巷道围岩、巷道断面形状和尺寸以及巷道埋深等因素，数值模拟模型尺寸为：水平方向长度为 120 m，竖直方向长度为 60 m。数值模拟巷道断面形式为半圆拱形巷道，断面尺寸为：宽 4.4 m、墙高 1.6 m、拱高 2.2 m。

根据模拟需要，模型共划分 7 800 个离散单元，同时根据模型的几何尺寸划分，给相应层位岩体赋予岩层物理力学参数，见表 3-20。

表 3-20 戊四轨道下山岩层力学参数

岩层	密度/(kg/m^3)	弹性模量/GPa	泊松比	内摩擦角/(°)	内聚力/MPa
粗砂岩	2 400	8	0.3	30	4
泥岩	1 800	4	0.3	28	4.5
煤	1 400	4	0.3	30	1.0
砂质泥岩	2 100	5	0.3	32	5
细砂岩	2 600	10	0.3	36	6

模型计算采用莫尔-库仑(Mohr-Coulomb)屈服准则：

$$f_s = \sigma_1 - \sigma_3 \frac{1+\sin\varphi}{1-\sin\varphi} + 2C\sqrt{\frac{1+\sin\varphi}{1-\sin\varphi}} \tag{4-1}$$

式中，σ_1，σ_3 分别为最大主应力和最小主应力；C，φ 分别为材料的内聚力和内摩擦角。

当 $f_s<0$ 时，材料发生剪切破坏。在一般低应力状态下，岩石(煤)是一种脆性材料，因此可根据岩石的抗拉强度判断岩石是否产生拉破坏。岩石三轴力学试验表明：岩石峰值强度和残余强度与围压有关，当外荷载达到岩石的强度极限后，岩石的强度随着围压的增大而产生弱化现象。

3.4.3.2 原支护条件下巷道发生底鼓破坏原因分析

图 3-60 至图 3-66 分别为巷道开挖后现有纯锚杆支护应力、位移趋势、顶底及两帮位移模拟图。

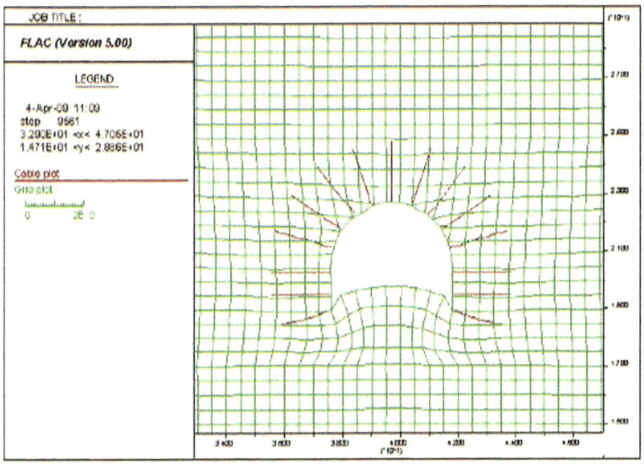

图 3-60 原方案锚杆布置模型图

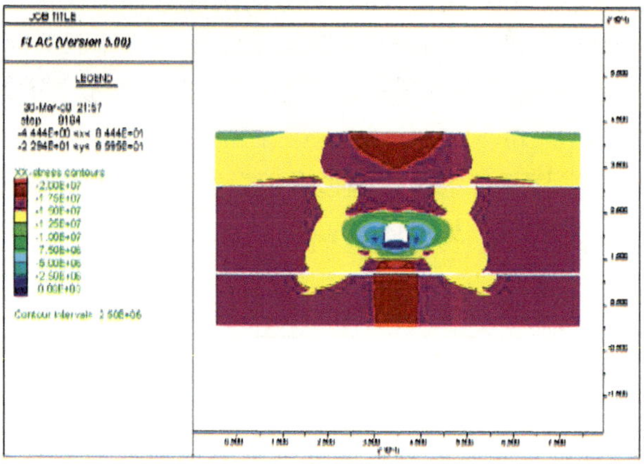

图 3-61　巷道水平方向应力分布

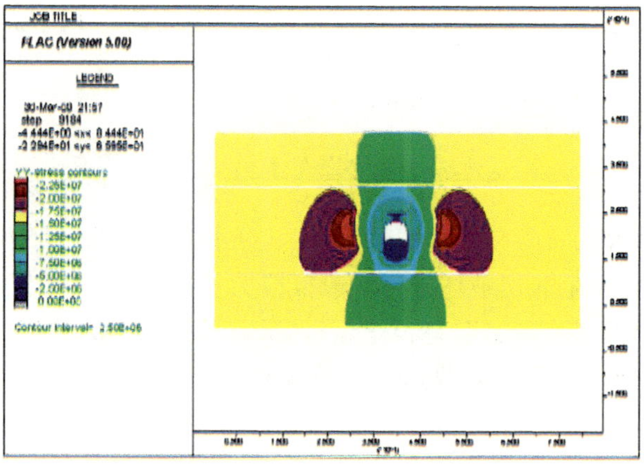

图 3-62　巷道竖直方向应力分布

从图 3-60 至图 3-66 可以看出：巷道开挖后，顶部、底部和两帮围岩出现应力集中现象，使用原支护方式进行支护后，两帮应力集中程度有所下降，但幅度不大。顶板的应力集中已经明显降低，但是底板的应力集中程度没有太大变化，这说明目前使用原支护方式对围岩的控制效果不好，是巷道出现片帮和底鼓的主要原因。原支护条件下巷道四周最大位移统计见表 3-21。

表 3-21　戊四轨道下山四周最大位移统计　　单位：mm

支护方式	顶板下沉量	底鼓量	左帮移近量	右帮移近量
现有支护方式	115	725	220	230

从表 3-21 可以看出：巷道开挖后，两帮围岩向巷道挤压流动，两帮移近量较大，使用原支护方式进行支护后，两帮移近量有所下降，说明原支护方式对围岩的控制有效果但不是太好，竖直位移的发展趋势基本相同，只是数值有所不同，沿巷道中心线，竖直方向位移对称分布，底鼓量较顶板下沉量大得多，这与现场实测的结果基本一致。

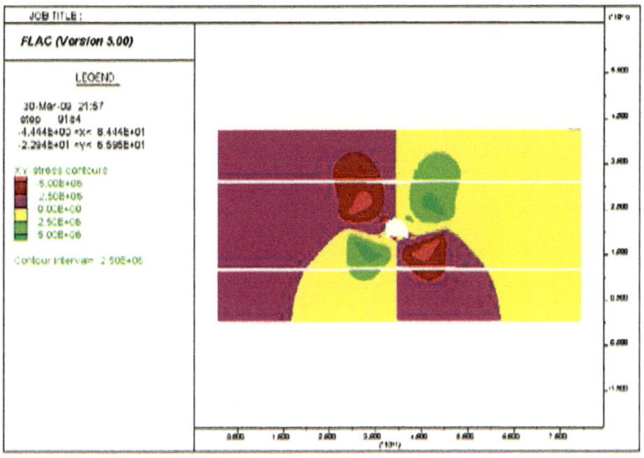

图 3-63 巷道切应力分布

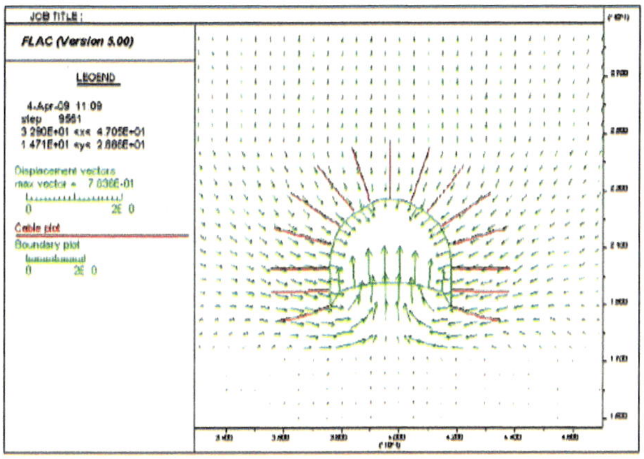

图 3-64 巷道围岩位移趋势

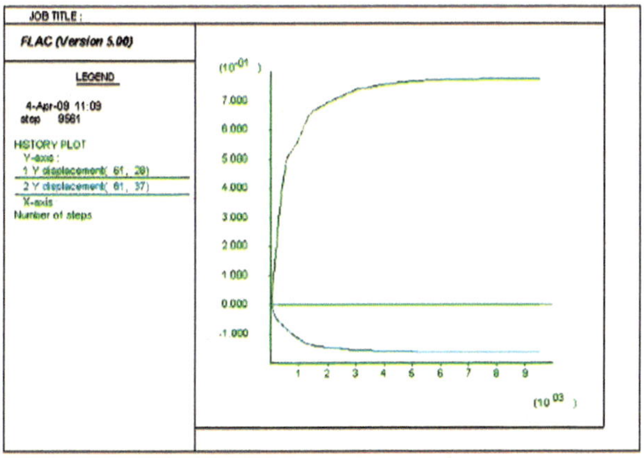

图 3-65 现有纯锚杆支护时巷道顶底位移图

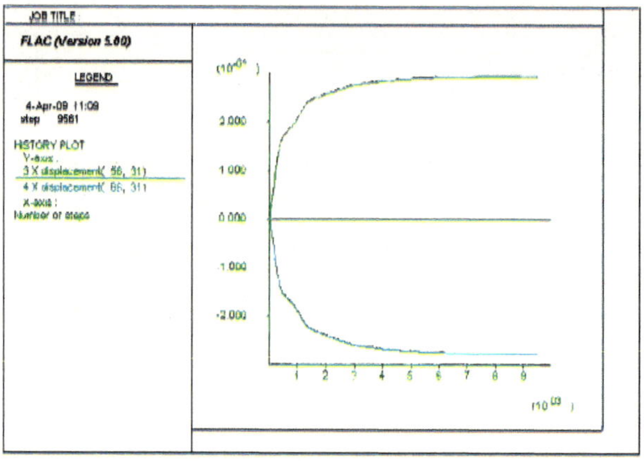

图 3-66　现有纯锚杆支护时巷道两帮位移图

原支护只注重巷道顶板和两帮，未对底板进行任何有效的支护。而各种支护均能承受住来自周围的压力，为了使其不被破坏只得将各种受力向未进行支护的底板（即弱面，自由面）传递，体现在底板上升，刚性支架下陷，破坏了底板原有的应力平衡，使底板向有自由面的巷道空间隆起，从而引起底鼓。

3.4.3.3　戊四轨道下山修复方案效果数值模拟对比

根据戊四采区轨道下山现在的支护形式和巷道所处位置的实际情况，对巷道拟采取表 3-22 所列四种修复方案。

表 3-22　戊四轨道下山修复拟用方案

方案	锚杆参数及锚索布置	
1	顶板：施工 3 根预应力钢绞线锚索	施工规格为 ϕ17.8 mm×5 300 mm 的钢绞线
		施工规格为 ϕ17.8 mm×6 300 mm 的钢绞线
		施工规格为 ϕ17.8 mm×8 300 mm 的钢绞线
2	顶板：施工 3 根 ϕ17.8 mm×6 300 mm 预应力钢绞线锚索；帮部：两帮分别施工 2 根 ϕ20 mm×2 400 mm 普通树脂锚杆	
3	顶板：施工 3 根 ϕ17.8 mm×6 300 mm 预应力钢绞线锚索；帮部：两帮分别施工 2 根 ϕ20 mm×2 400 mm 树脂锚杆和 2 根 17.8 mm×6 300 mm 注浆锚索	
4	基于方案 3 底板：施工 5 根注浆锚索	施工规格为 ϕ17.8 mm×5 300 mm 的注浆锚索
		施工规格为 ϕ17.8 mm×6 300 mm 的注浆锚索
		施工规格为 ϕ17.8 mm×8 300 mm 的注浆锚索

备注：方案 1 和方案 4 要对 3 种不同规格的锚索进行比较。

（1）方案 1 数值模拟结果分析

顶板施工 3 根预应力钢绞线锚索，对 3 种不同规格的锚索（5.3 m、6.3 m、8.3 m）分别构建模型（图 3-67 至图 3-69）进行模拟比较，选取支护效果较好的锚索规格。不同长度锚索支护时巷道竖直应力与水平应力分布变化规律的数值模拟结果如图 3-70 至图 3-75 所示。

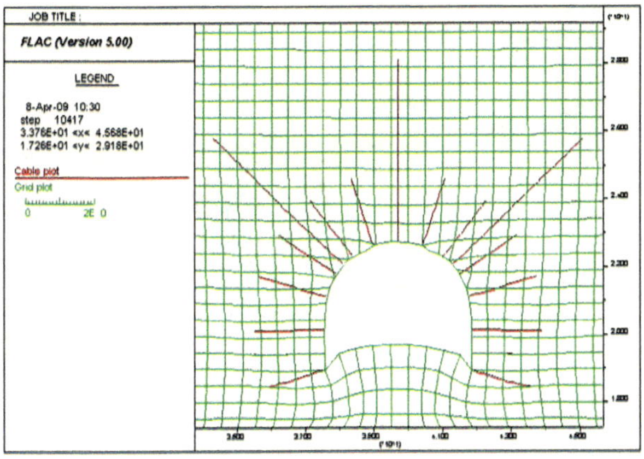

图 3-67 顶板布设 5.3 m 锚索模型

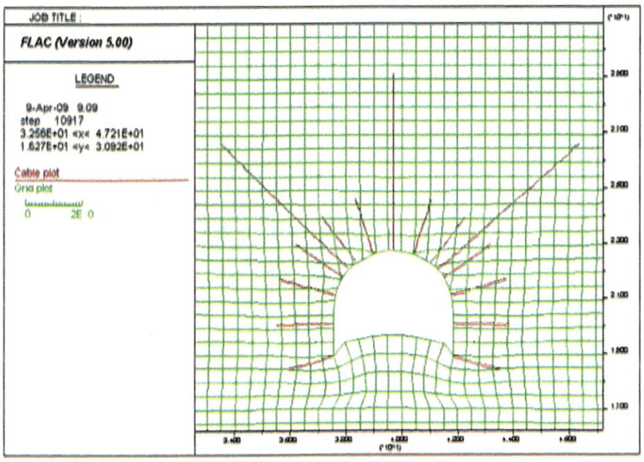

图 3-68 顶板布设 6.3 m 锚索模型

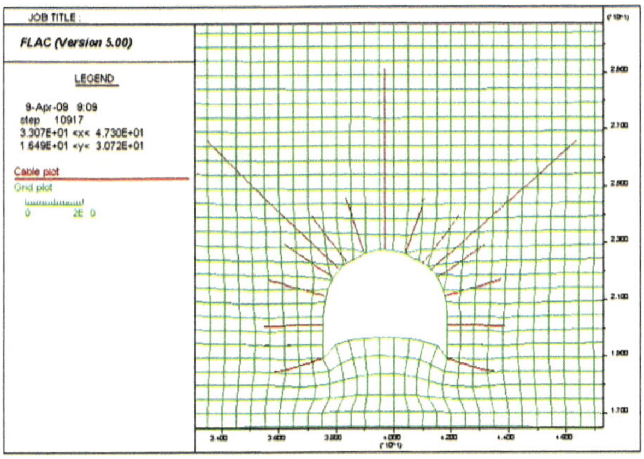

图 3-69 顶板布设 8.3 m 锚索模型

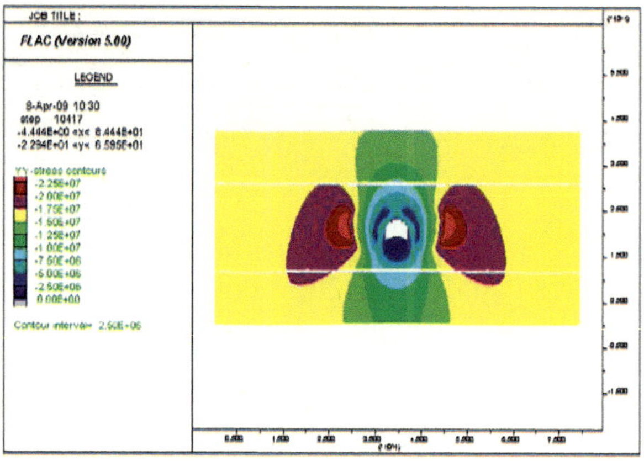

图 3-70　5.3 m 锚索时巷道竖直应力分布图

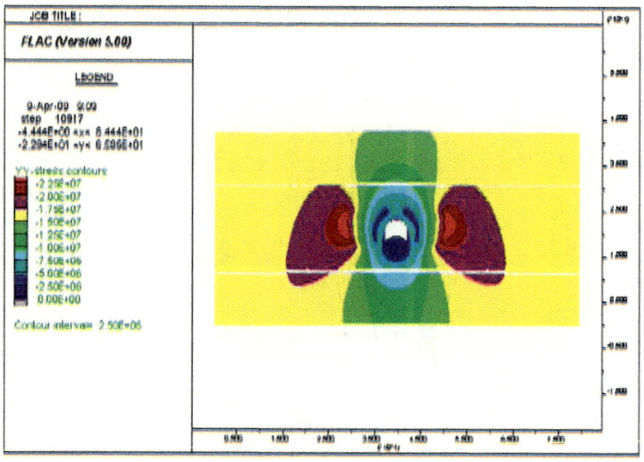

图 3-71　6.3 m 锚索时巷道竖直应力分布图

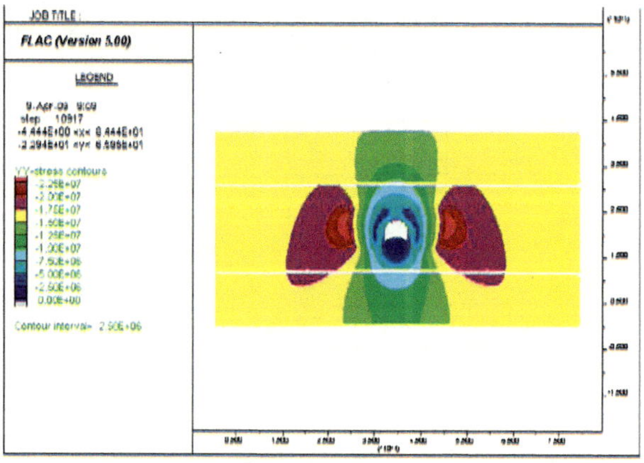

图 3-72　8.3 m 锚索时巷道竖直应力分布图

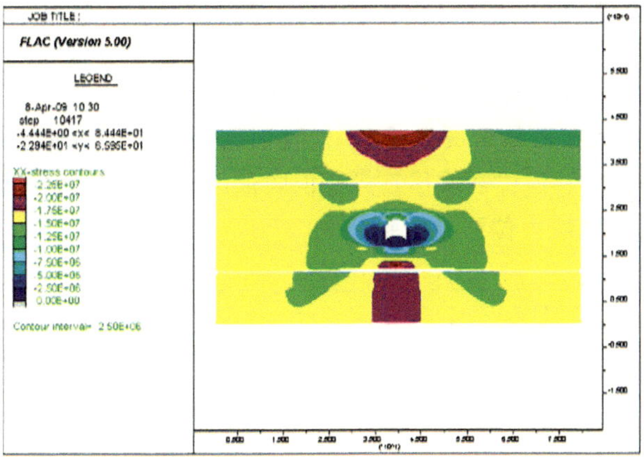

图 3-73　5.3 m 锚索时巷道水平应力分布图

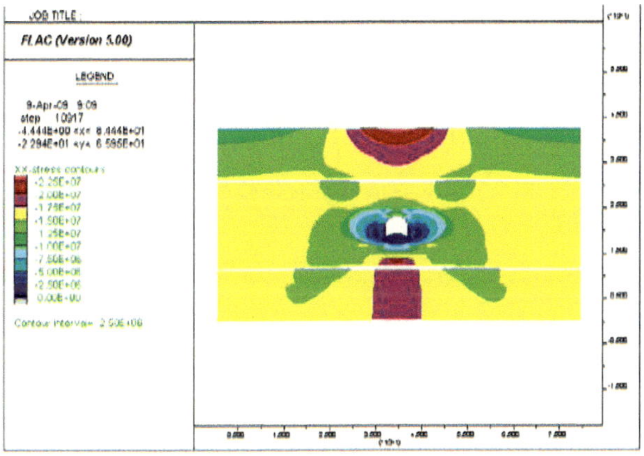

图 3-74　6.3 m 锚索时巷道水平应力分布图

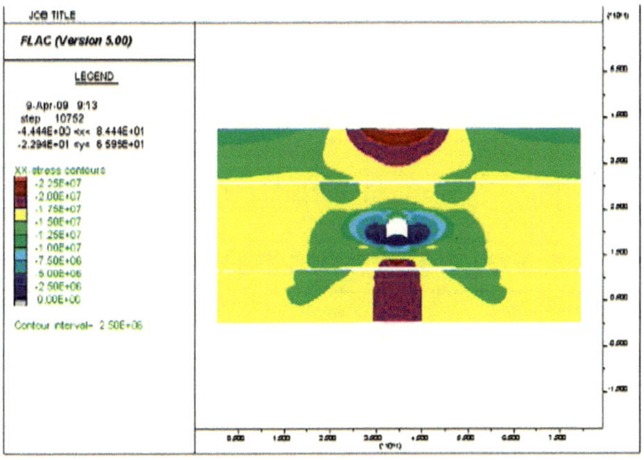

图 3-75　8.3 m 锚索时巷道水平应力分布图

由图 3-70 至图 3-75 可知：顶板采用 6.3 m 与 8.3 m 的锚索对顶板应力集中较 5.3 m 时的有了很大的改善，应力集中向四周转移，但是由于应力转移，有一部分转移到两帮，造成两帮的应力过于集中，顶板应力的扩散一定程度上降低了底板的应力集中，底鼓量减小，但是由于底板没采取任何措施，底鼓量还是很可观。由于 6.3 m 的钢绞线与 8.3 m 的钢绞线的效果差不多，因此从经济的角度考虑，顶板施工选用 6.3 m 的钢绞线。

不同长度锚索支护时巷道锚索位移趋势及顶底板位移趋势、巷道两帮位移变化如图 3-76 至图 3-83 所示，巷道围岩最大位移量统计见表 3-23。

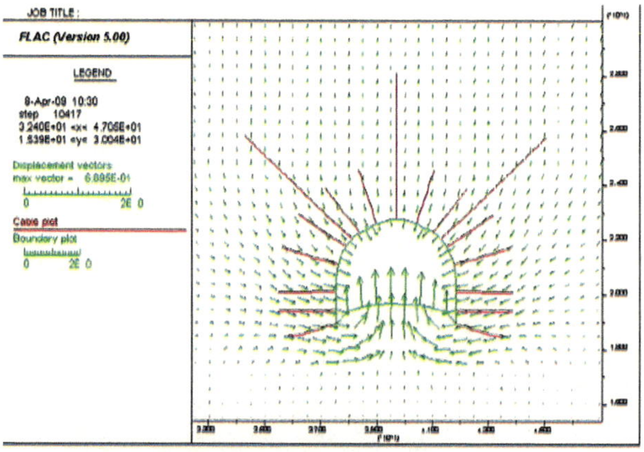

图 3-76　5.3 m 锚索时位移趋势分布图

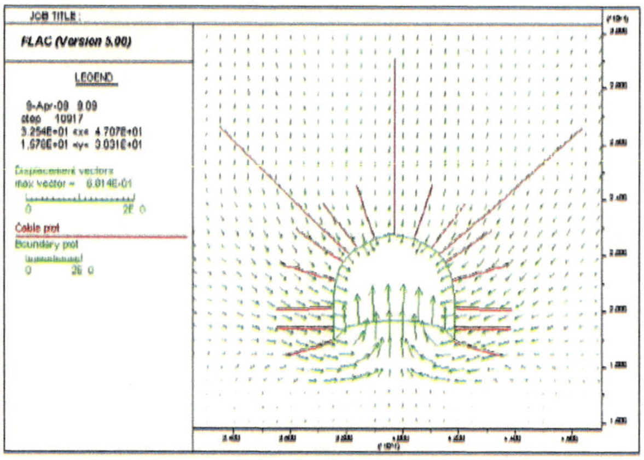

图 3-77　6.3 m 锚索时围岩位移趋势分布图

表 3-23　方案 1 支护条件下巷道围岩位移量　　单位：mm

锚索规格	顶板下沉量	底鼓量	左帮移近量	右帮移近量
5.3 m	620	650	255	260
6.3 m	115	605	250	255
8.3 m	110	590	245	260

由表 3-23 可以看出：巷道顶板采取补强措施后，顶板围岩向巷道挤压流动得到进一步

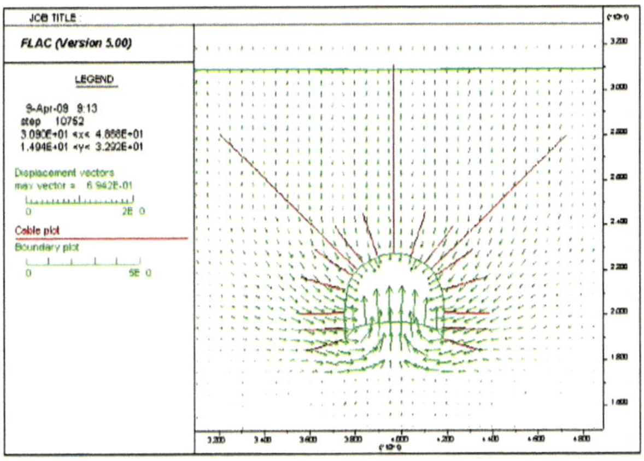

图 3-78　8.3 m 锚索时围岩位移趋势分布图

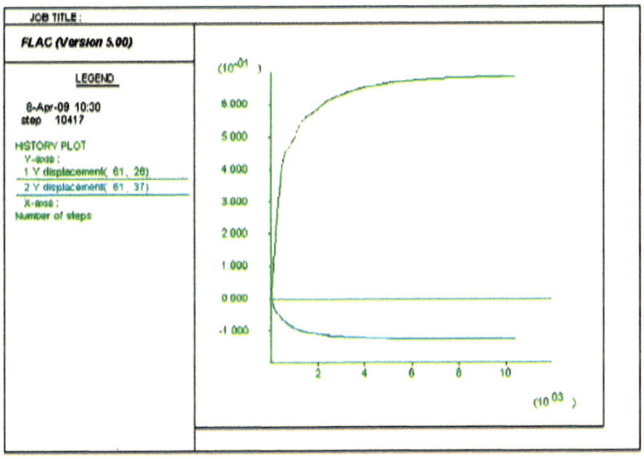

图 3-79　5.3 m 锚索时巷道顶、底板位移曲线

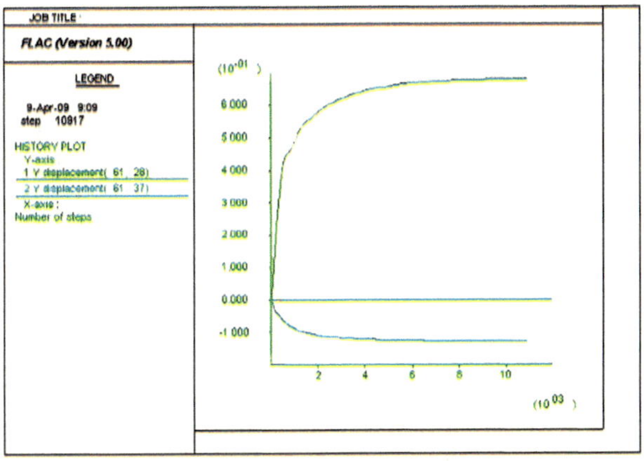

图 3-80　6.3 m 锚索时巷道顶、底板位移曲线

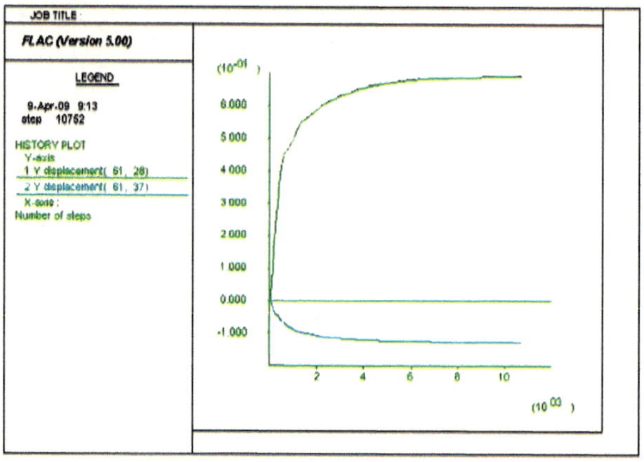

图 3-81　8.3 m 锚索时巷道顶、底板位移曲线

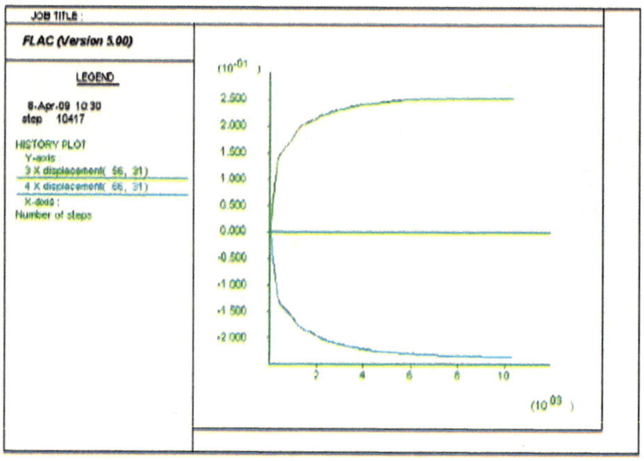

图 3-82　5.3 m 锚索时巷道两帮位移曲线

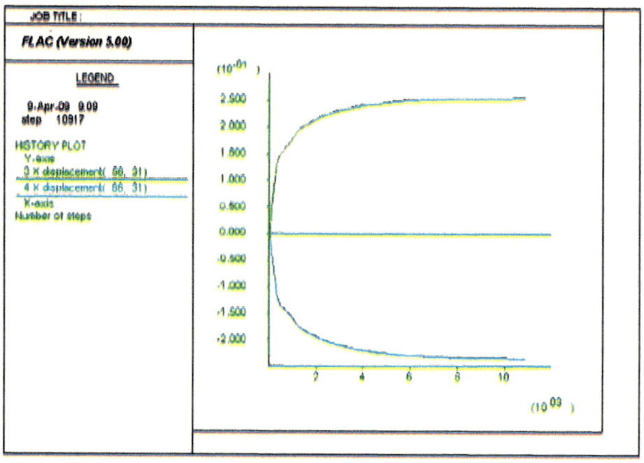

图 3-83　6.3 m 锚索时巷道两帮位移曲线

遏制，但是两帮围岩向巷道挤压流动，两帮移近量增大，底鼓量减小，说明加强顶板支护对底鼓可以起到一定的作用，但是由于底板未进行任何支护，底板位移趋势还是很明显。使用该方案后，顶板移近量有所下降，说明使用该方案对围岩的控制有效果但不是太好。

（2）方案 2 数值模拟结果分析

方案 2 在巷道顶板施工 3 根规格为 6.3 m 预应力钢绞线锚索；在巷道两帮分别施工 2 根 ϕ20 mm×2 400 mm 高强树脂锚杆，此时数值模拟计算模型如图 3-84 所示，数值模拟巷道围岩应力分布结果如图 3-85 至图 3-90 所示，采用方案 2 时巷道位移量数值模拟结果统计见表 3-24。

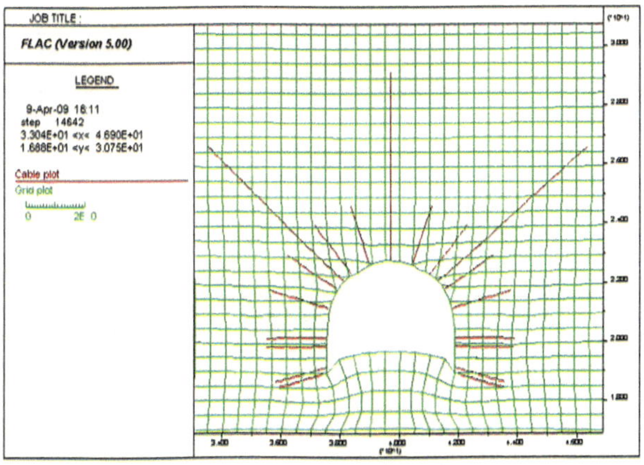

图 3-84　方案 2 数值模拟模型

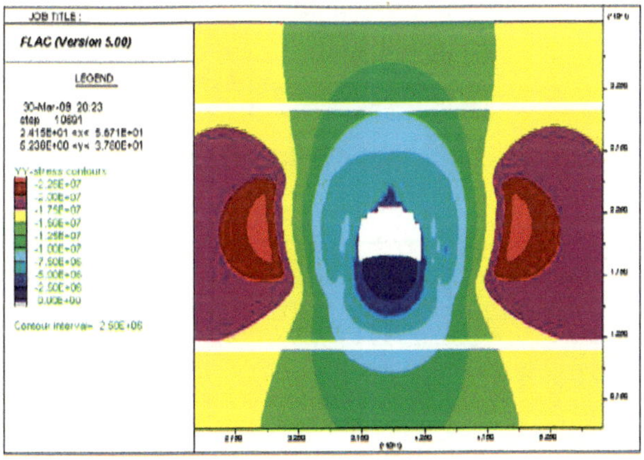

图 3-85　方案 2 巷道围岩竖直应力分布图

表 3-24　方案 2 巷道围岩位移量数值模拟结果　　单位：mm

支护方式	顶板下沉量	底鼓量	左帮移近量	右帮移近量
方案 2	105	450	170	175

由图 3-85 和图 3-86 可知：顶板与两帮应力集中有了很大改善，应力集中向四周转移，但是两帮的应力集中还是很大，向深部转移的不是很远和分散，虽然效果有了但还是不理

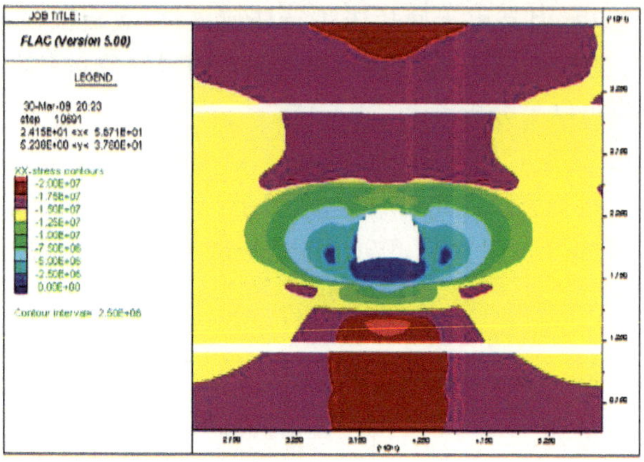

图 3-86　方案 2 巷道围岩水平应力分布图

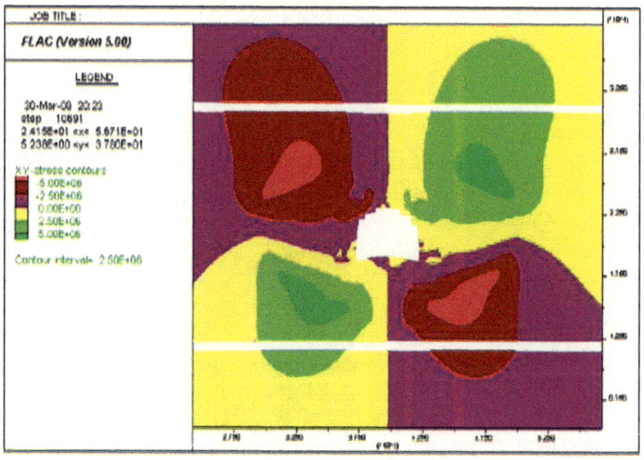

图 3-87　方案 2 巷道围岩剪应力分布图

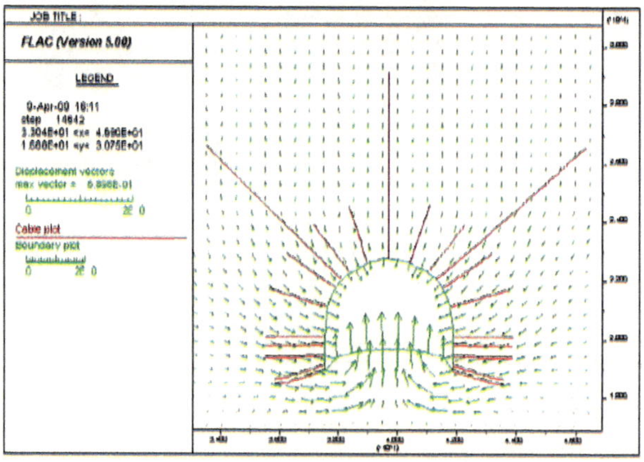

图 3-88　方案 2 巷道围岩位移趋势图

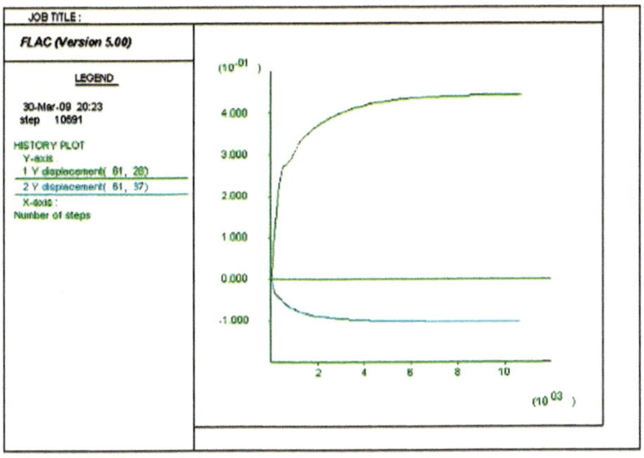

图 3-89　方案 2 巷道顶、底板附近围岩位移趋势图

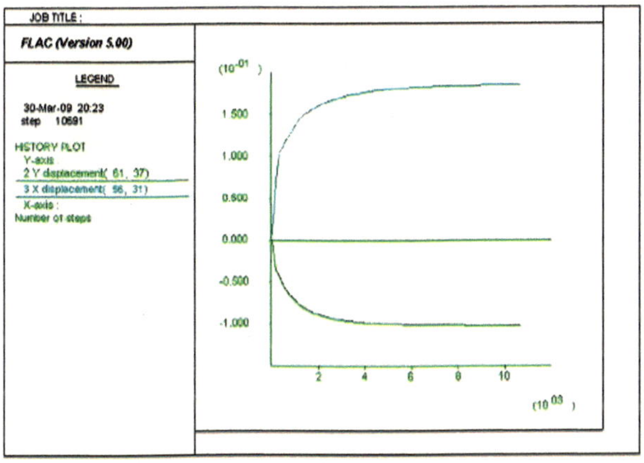

图 3-90　方案 2 巷道两帮围岩位移趋势图

想，两帮支护强度需要进一步提高。顶板应力的扩散一定程度上降低了底板的应力集中，两帮的加固对底鼓量减小也起到一定作用，但是由于底板没采取任何措施，底鼓量还是比较大。

分析图 3-88 至图 3-90 和表 3-24 可知：巷道顶板与两帮采取补强措施以后，顶板与两帮围岩向巷道挤压流动得到进一步遏制，但是两帮的补强措施效果不是很好，围岩向巷道挤压流动，两帮移近量还是很大。顶板与两帮的补强，底鼓量有所减小，说明加强顶板与两帮支护对遏制底鼓可以起到一定的作用，但是由于底板未进行任何支护，底板位移趋势还是很明显。使用该方案后，围岩移近量有所下降，说明使用该方案对围岩的控制有效果但也不是太好。

(3) 方案 3 数值模拟结果分析

按照方案 3，在巷道顶板布设 3 根规格为 6.3 m 预应力钢绞线锚索，两帮分别布设 2 根 ϕ20 mm×2 400 mm 高强树脂锚杆和 2 根 17.8 mm×6 300 mm 注浆锚索。此时数值模拟计算模型如图 3-91 所示。数值模拟计算结果如图 3-92 至图 3-97 所示，巷道围岩最大位移统计见表 3-25。

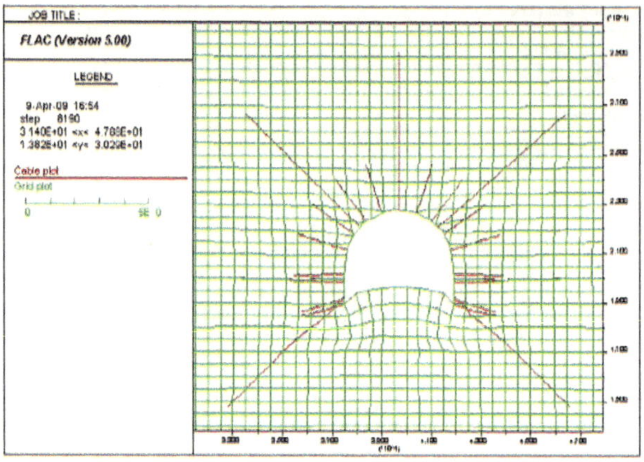

图 3-91　方案 3 数值模拟计算模型

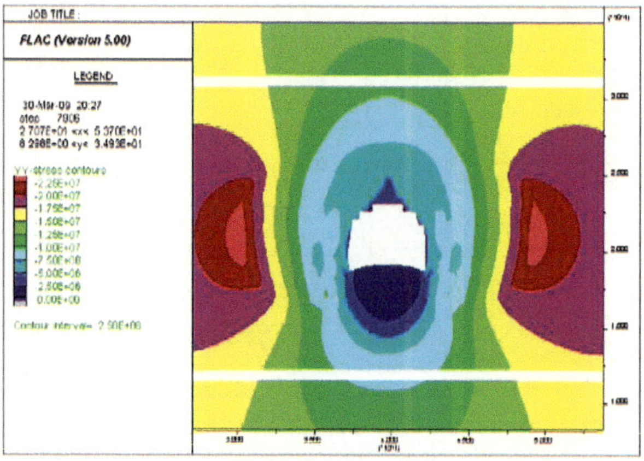

图 3-92　方案 3 巷道围岩竖直应力分布图

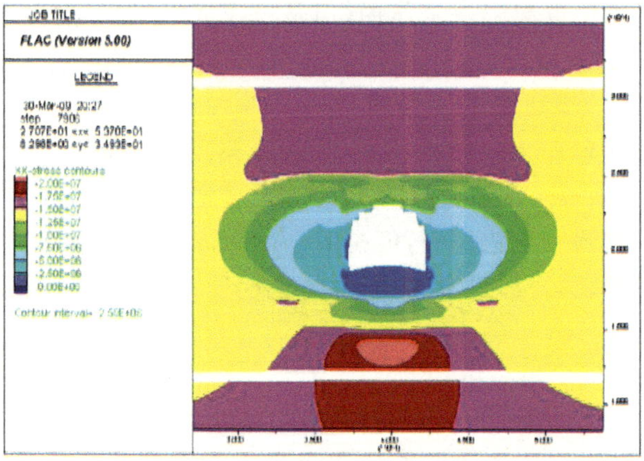

图 3-93　方案 3 巷道围岩水平应力分布图

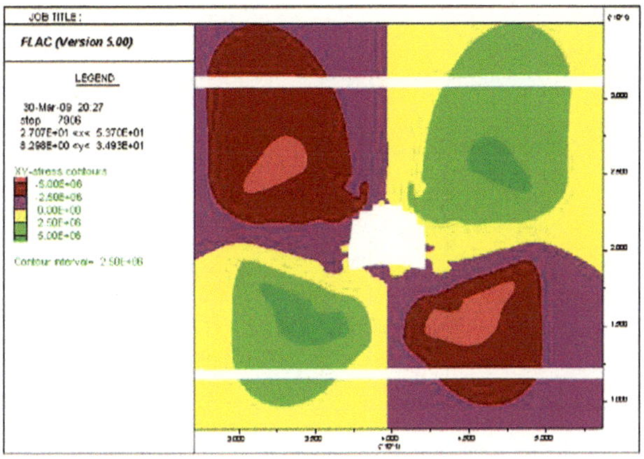

图 3-94 方案 3 巷道围岩剪切应力分布图

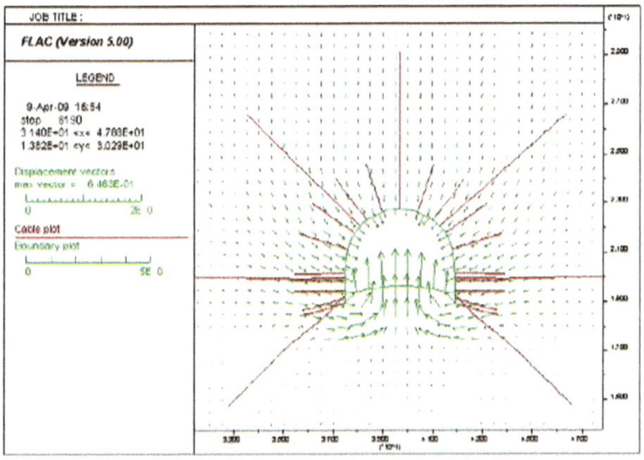

图 3-95 方案 3 巷道围岩位移趋势图

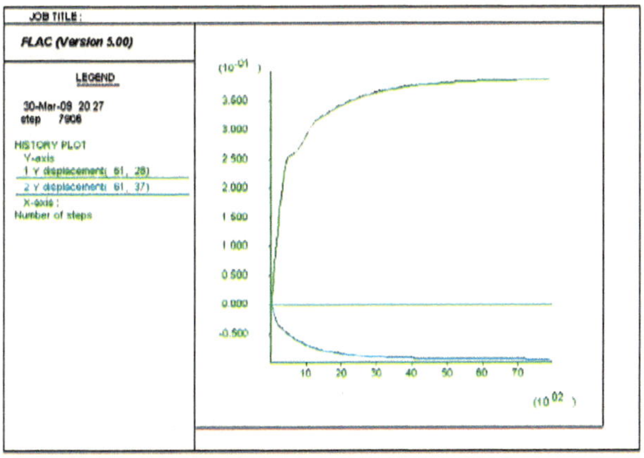

图 3-96 方案 3 巷道顶、底板附近围岩位移曲线

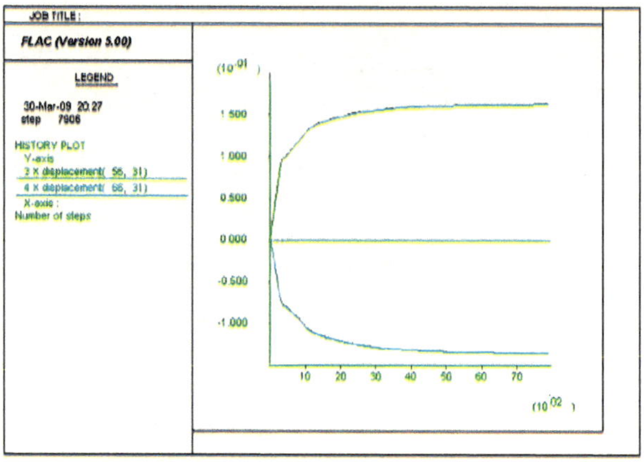

图 3-97　方案 3 巷道两帮围岩位移曲线

表 3-25　方案 3 巷道围岩最大位移统计表　　单位:mm

顶板下沉量	底鼓量	左帮移近量	右帮移近量
85	385	160	135

由图 3-92 至图 3-94 可以看出:顶板与两帮应力集中有了很大改善,应力集中向四周转移,两帮支护强度的进一步加强,应力集中继续向深部转移,并得到了分散,顶板与两帮应力的扩散一定程度上降低了底板的应力集中,但是由于底板没采取任何措施,底鼓量还是很可观。

由图 3-95 至图 3-97 和表 3-25 可以看出:巷道顶板与两帮采取补强措施后,顶板与两帮围岩向巷道挤压流动得到进一步遏制,顶板与两帮的补强,底鼓量有所减小,说明加强顶板与两帮支护对底鼓可以起到一定的作用,但是由于底板未进行任何支护,底板位移趋势还是很明显。使用该方案后,围岩移近量有所下降,说明使用该方案对围岩的控制效果很好但是还不够理想。

(4) 方案 4 数值模拟结果分析

按照方案 4 的设计,在巷道顶板布设 3 根规格为 6.3 m 的预应力钢绞线锚索;两帮分别布设 2 根 ϕ20 mm×2 400 mm 普通树脂锚杆和 2 根 17.8 mm×6 300 mm 注浆锚索;巷道底板布设 5 根注浆锚索,注浆锚索分别采用 5.3 m、6.3 m、8.3 m 3 种不同规格。该方案数值模拟计算模型如图 3-98 至图 3-100 所示。

经过数值模拟计算,得到采用不同长度注浆锚索加固巷道底板后的巷道围岩竖直应力与水平应力分布规律如图 3-101 至图 3-106 所示。

分析水平与竖直应力分布图 3-101 至图 3-106 可知:

① 顶板与两帮应力集中有了很大改善,应力集中向四周转移,两帮支护强度进一步加强,应力集中继续向深部转移,集中也得到了分散,顶板与两帮应力的扩散一定程度上降低了底板的应力集中。

② 底板采取支护措施后,底鼓明显得到改善,底板应力集中向深部转移,所以对底板采取合理支护,是治理底鼓的重要措施。

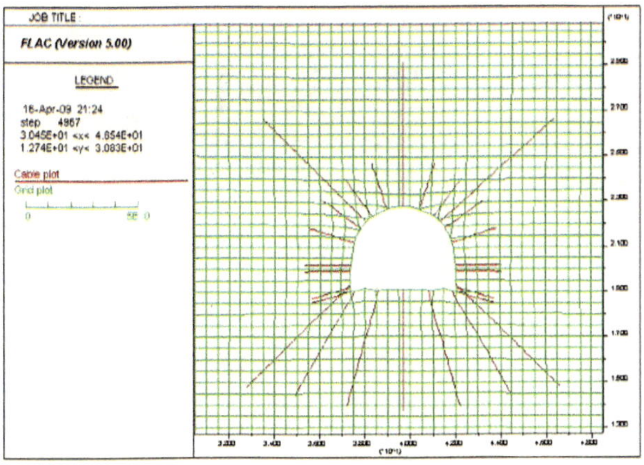

图 3-98　巷道底板布设 5.3 m 锚索时的计算模型

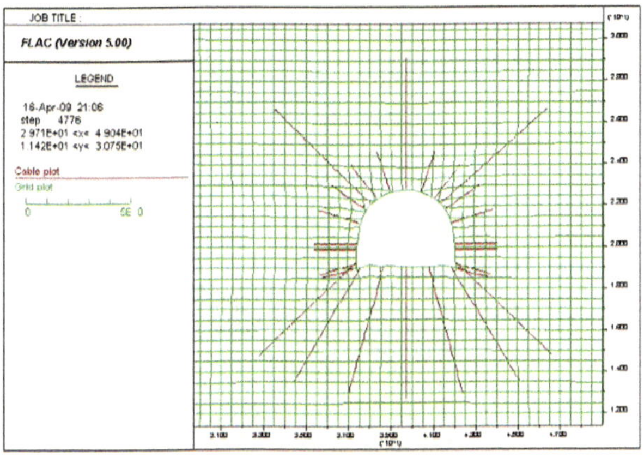

图 3-99　巷道底板布设 6.3 m 锚索时的计算模型

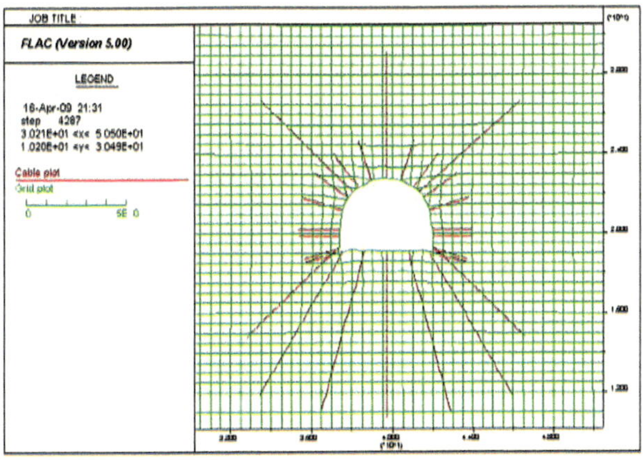

图 3-100　巷道底板布设 8.3 m 锚索时的计算模型

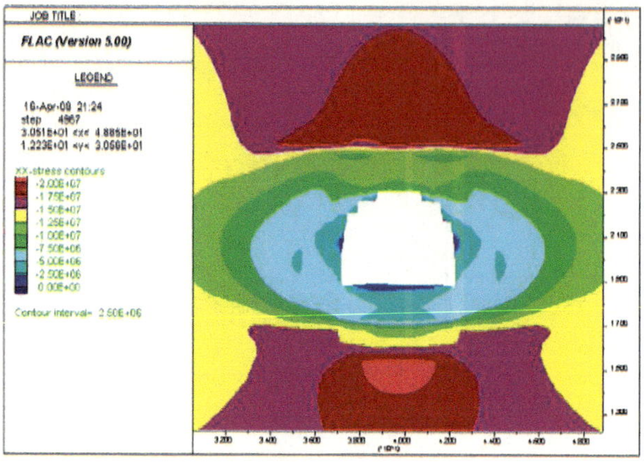

图 3-101　布设 5.3 m 锚索时巷道围岩水平应力分布图

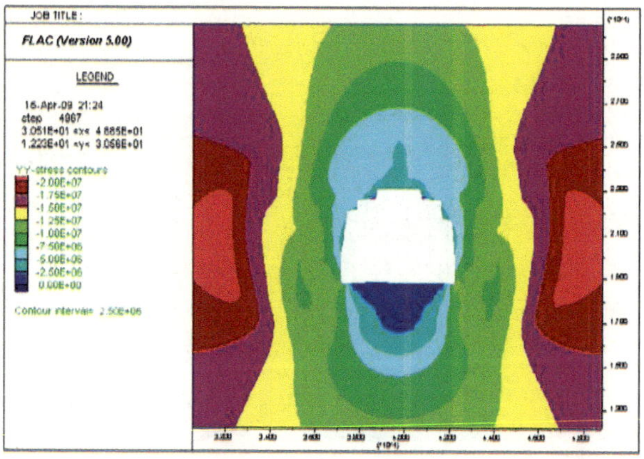

图 3-102　布设 5.3 m 锚索时巷道围岩竖直应力分布图

③ 底板采用 6.3 m 与 8.3 m 的注浆锚索对顶板应力集中较 5.3 m 时的有很大的改善，而 6.3 m 的注浆锚索与 8.3 m 的注浆锚索的效果差不多，从经济的角度考虑，底板施工 6.3 m 的注浆锚索。

巷道底板采用不同长度注浆锚索加固后锚索位移以及巷道顶底板、两帮位移变化规律如图 3-107 至图 3-115 所示，此时巷道围岩最大位移统计见表 3-26。

表 3-26　不同长度底板注浆锚索时巷道围岩最大位移统计表　　单位：mm

锚索规格	顶板下沉量	底鼓量	左帮移近量	右帮移近量
5.3 m	85	175	165	160
6.3 m	80	85	145	115
8.3 m	75	80	135	105

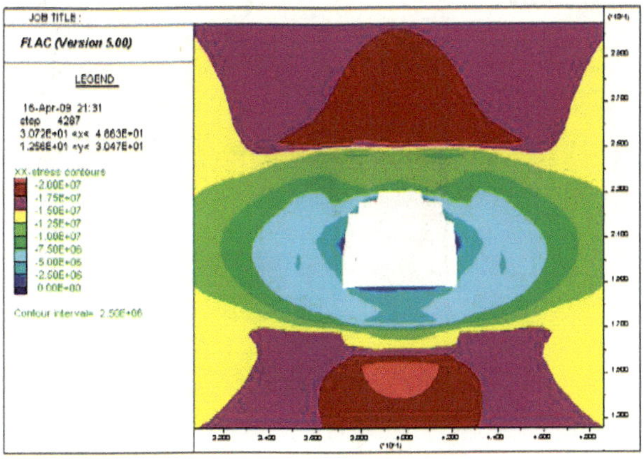

图 3-103　布设 6.3 m 锚索时巷道围岩水平应力分布图

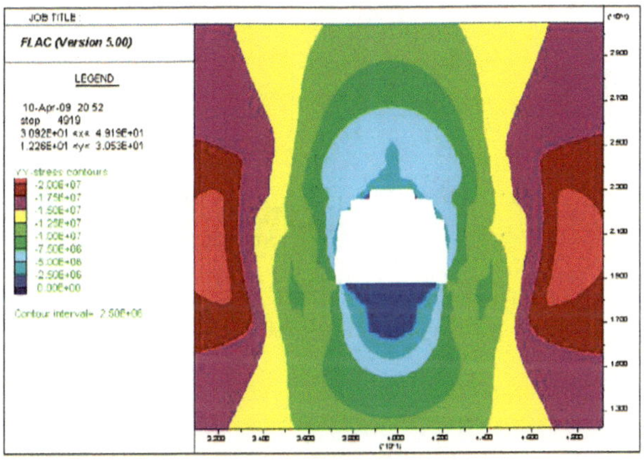

图 3-104　布设 6.3 m 锚索时巷道围岩竖直应力分布图

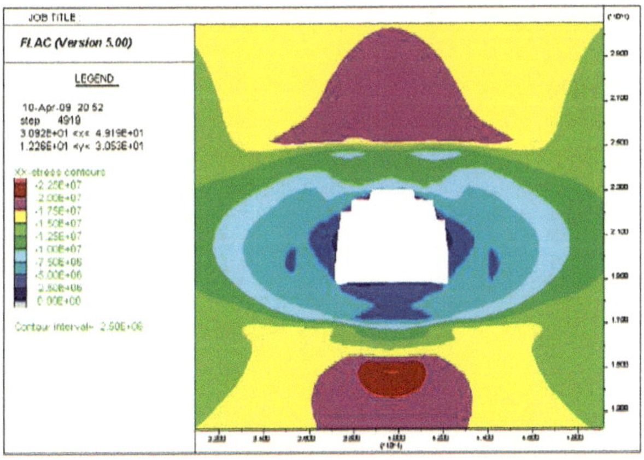

图 3-105　布设 8.3 m 锚索时巷道围岩水平应力分布图

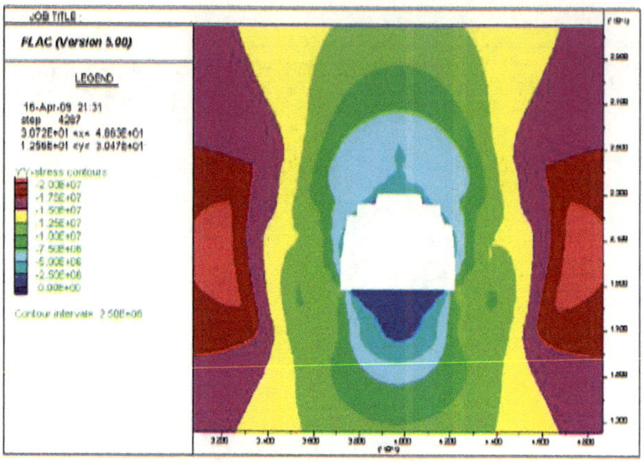

图 3-106　布设 8.3 m 锚索时巷道围岩竖直应力分布图

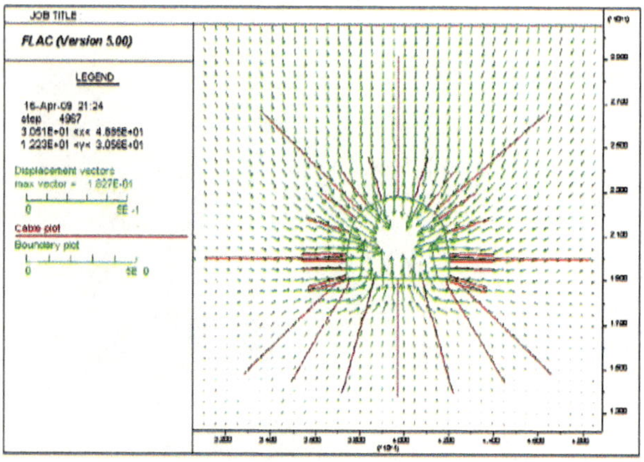

图 3-107　布设 5.3 m 锚索时巷道围岩位移趋势图

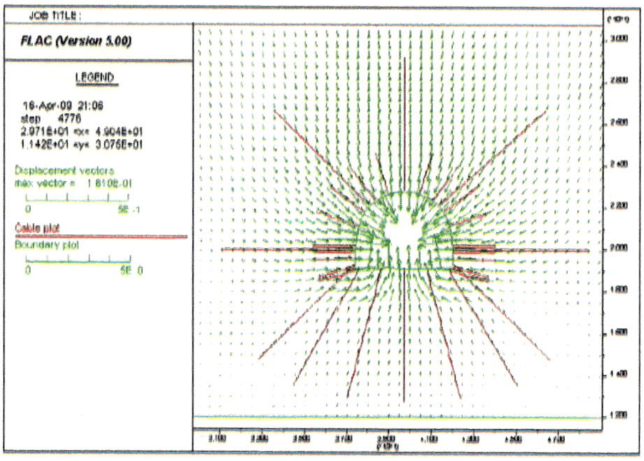

图 3-108　布设 6.3 m 锚索时巷道围岩位移趋势图

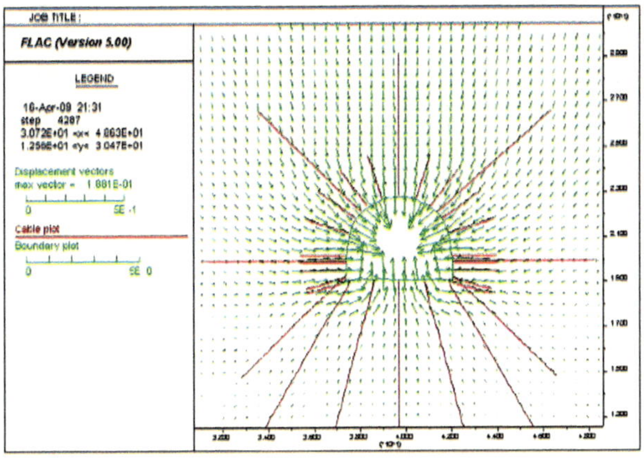

图 3-109　布设 8.3 m 锚索时巷道围岩位移趋势图

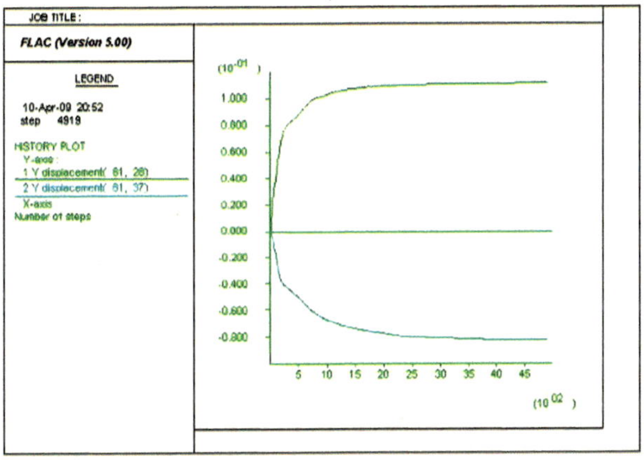

图 3-110　布设 5.3 m 锚索时巷道顶、底板位移曲线

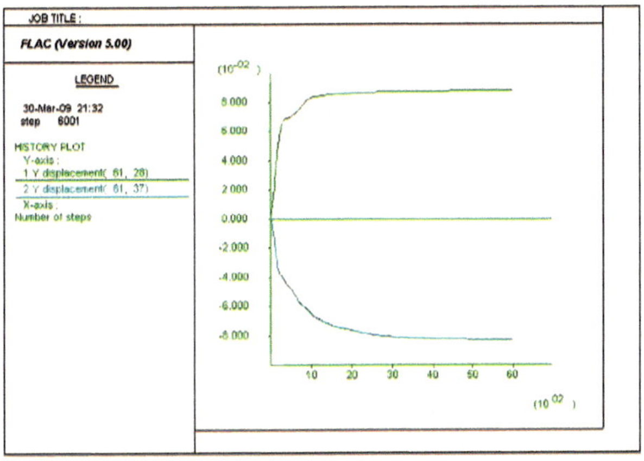

图 3-111　布设 6.3 m 锚索时巷道顶、底板位移曲线

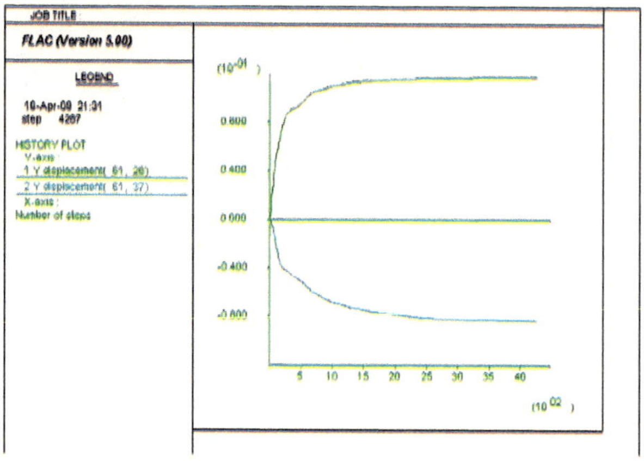

图 3-112　布设 8.3 m 锚索时巷道顶、底板位移曲线

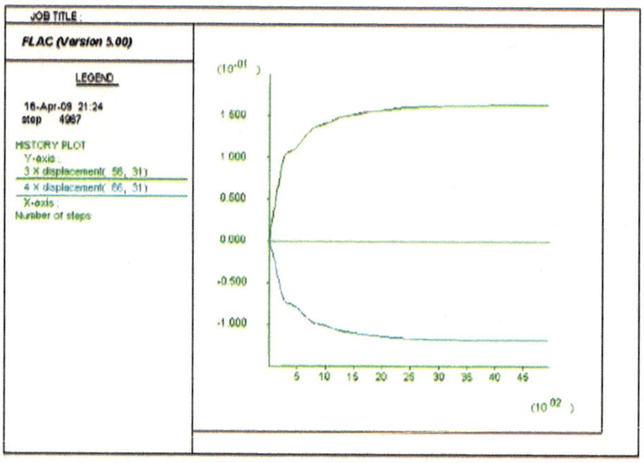

图 3-113　布设 5.3 m 锚索巷道两帮位移曲线

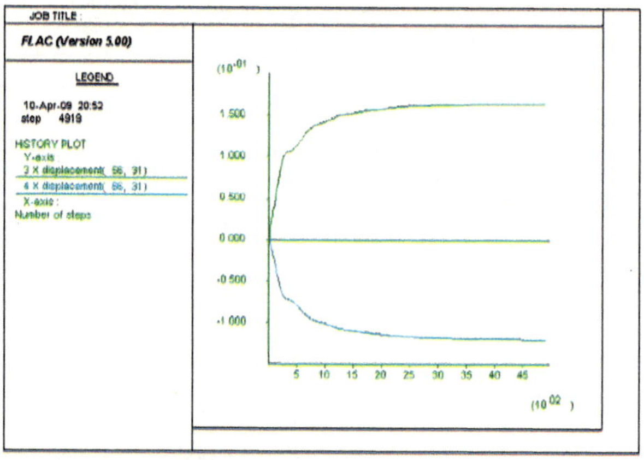

图 3-114　布设 6.3 m 锚索时巷道两帮位移曲线

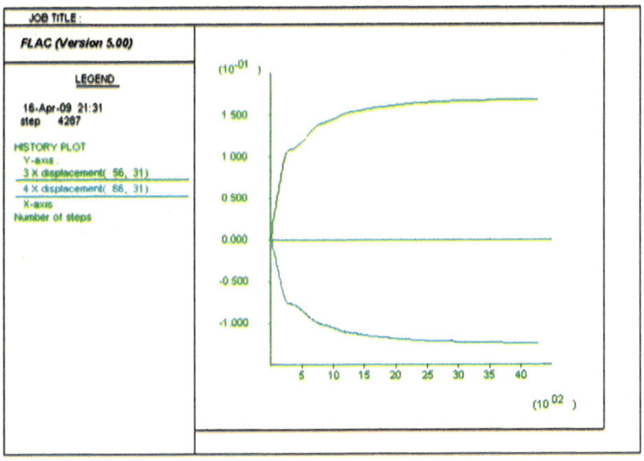

图 3-115　布设 8.3 m 锚索时巷道两帮位移曲线

分析巷道围岩位移图 3-107 至图 3-115 和表 3-26 可知：

巷道顶板、两帮和底板采取补强措施后，顶板、两帮和底板围岩向巷道挤压流动得到遏制，顶板、两帮和底板的补强，底鼓量大幅度减小，说明在加强顶板与两帮支护的同时，采区注浆锚索加固底板措施，能够有效地治理巷道底鼓，维护巷道的稳定。

综上所述，将上述 4 种加固修复方案与原支护方案条件下巷道围岩的最大位移量进行对比，得到如表 3-27 所示结果。

表 3-27　四种修复方案与原支护条件下巷道围岩最大位移统计对比　　单位：mm

方案	顶板下沉量	底鼓量	左帮移近量	右帮移近量
原先支护	115	725	220	230
方案 1	115	605	250	255
方案 2	105	450	170	175
方案 3	85	385	160	135
方案 4	80	85	145	115

分析表 3-27 可知：方案 4 取得的围岩变形控制效果最佳，因此，采用方案 4 对该巷道进行修复加固。

3.4.4　戊四采区轨道下山整体修复效果

根据上述数值模拟计算分析的结果，确定采用方案 4 对戊四采区轨道下山进行修复试验，试验段巷道长 120 m。实施过程如下：

① 先行挑顶扩帮（局部变形不明显地方可以不扩）：巷道变形严重、不能满足正常需要的地段进行挑顶、扩帮，将巷道断面扩大至比原设计断面大 150～200 mm；扩大断面为了预留变形量。

② 初喷 30 mm：待巷道断面刷大后喷射混凝土，初喷厚度为 30 mm，以防止围岩因风化

而破碎，维护扩修后巷道围岩的整体性和强度。

③ 对顶板、两帮进行锚杆、锚索加固：从顶部开始施工全断面锚杆，顶部安装 3 根锚索，两帮各 2 根锚索；巷道帮角各安装 2 根注浆锚杆。

④ 巷道底板加固：首先清理底板鼓出碎石，并沿竖直巷道轴线方向开挖底板槽，作为施工底板注浆锚索的准备，地板槽深 600 mm、宽 800 mm；底板槽施工完成后施工底板注浆锚索并预紧；再插入注浆锚杆并封孔注浆；最后张拉锚索到设计预紧力。完成锚索预紧后，进行底板回填垫平。

⑤ 复喷混凝土 120 mm：完成底板锚索施工后进行巷道顶板、两帮混凝土复喷，围岩破碎地段巷道在施工锚杆时应挂网。

⑥ 帮角各 2 根注浆锚杆注浆加固：完成复喷后进行帮角注浆锚杆的注浆作业，以进一步加固围岩。

⑦ 清理巷道修复施工中的各种碎渣，成巷。

巷道的修复由外向内进行，并做好组织管理工作和围岩监控工作，确保施工作业安全，并尽可能减少修复施工对生产的干扰。

(1) 注浆前矿压观测结果与分析

巷道注浆前共设置了 2 个测站观测巷道围岩移动规律，主要观测内容包括两帮移近量、顶底位移，左帮移近量，右帮移近量。对 2 个测站的观测数据进行处理，得出相应围岩变形量曲线和变形速度曲线，如图 3-116 和图 3-117 所示。

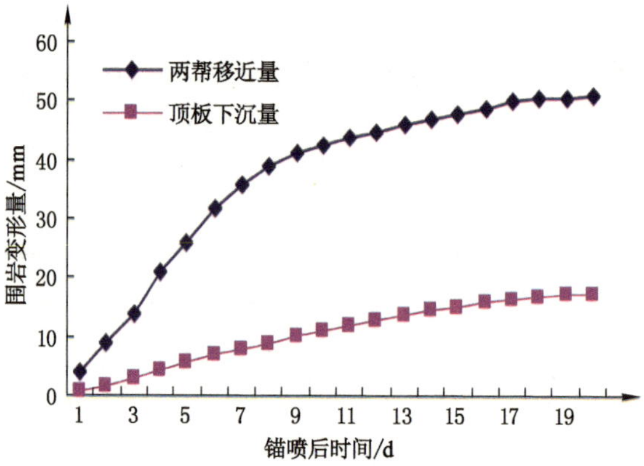

图 3-116　锚喷后巷道表面位移曲线

巷道表面位移是反映巷道围岩稳定状态的综合指标。该巷道修复治理底鼓监测内容是巷道表面位移和顶板离层检测。在锚喷施工结束 20 d 内每天观测 1 次。围岩移近量与时间的关系曲线如图 3-116 所示，巷道在锚喷后的 10 d 以内，顶底板移近量和两帮相对移近量相对比较大，巷道表面位移急剧增大；10 d 以后，围岩移近速度变慢，巷道表面位移缓慢增加；20 d 以后，围岩处于稳定状态，但巷道仍有较小的变形量，主要是由于巷道围岩具有蠕变特性，而且围岩周围存在裂隙，而且松散，较破碎，虽然经过锚固，但是围岩仍保持一定的变形速度。巷道顶板下沉量和两帮移近量都比较小，巷道两帮移近量主要在松散破碎的帮部，岩性比较好的帮部不大；巷道顶底最大移近量为 15 mm，两帮最大移近量为 48 mm。

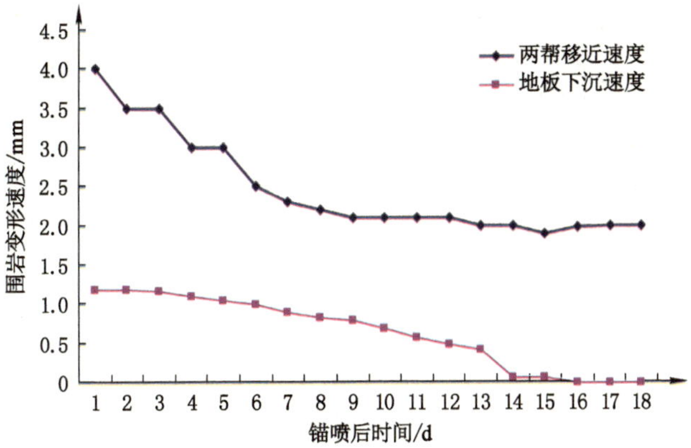

图 3-117 锚喷后巷道表面变形速度曲线

围岩移动速度是反映巷道围岩稳定状况的另一个重要指标，该巷道返修段锚喷后一段时间变形速度如图 3-117 所示。由图 3-116 和图 3-117 可以看出：巷道表面位移随支护后时间的延长，位移量变大，变形速度逐渐减小，但是总的收敛量不大。顶底板相对移近量和两帮相对移近量变化趋势相同，但顶、底板相对移近量明显大于两帮相对移近量，这与底板未进行处理有关，说明超高强锚杆、高预应力锚索有效控制了巷道扩容变形。鉴于巷道返修时有大部分地方尤其是帮部的围岩松散，在锚喷后的 20 天后对围岩进行注浆，加固围岩，改善岩性。

(2) 注浆后矿压观测结果与分析

对注浆后各测站观测数据进行汇总、平均、分析，得到一组能反映注浆后巷道返修段普遍变形情况的数据。注浆后巷道围岩变形规律如图 3-118 和图 3-119 所示。

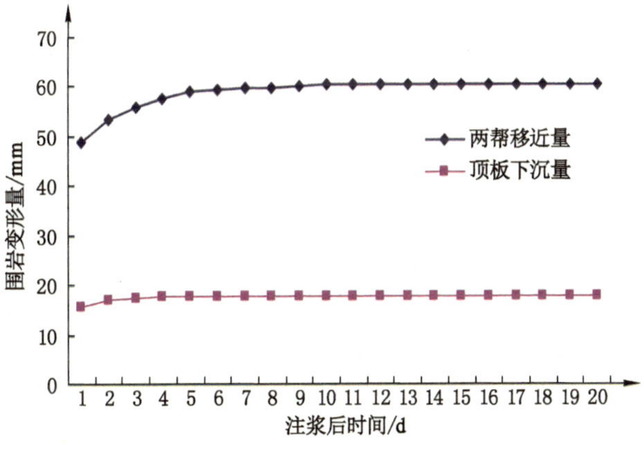

图 3-118 注浆后巷道表面位移曲线

分析图 3-118 可知：巷道在顶帮注浆后的一周内，顶、底板移近量和两帮相对移近量相对比较大，但是并不明显；一周后，围岩处于稳定状态，围岩移近速度变慢，巷道表面位移几乎维持不变。总体来看，注浆后巷道顶板下沉量和两帮移近量都比较小，巷道两帮移近量主要位于松散破碎的帮部，岩性比较好的帮部不大；巷道顶板最大移近量为 5 mm，两帮最

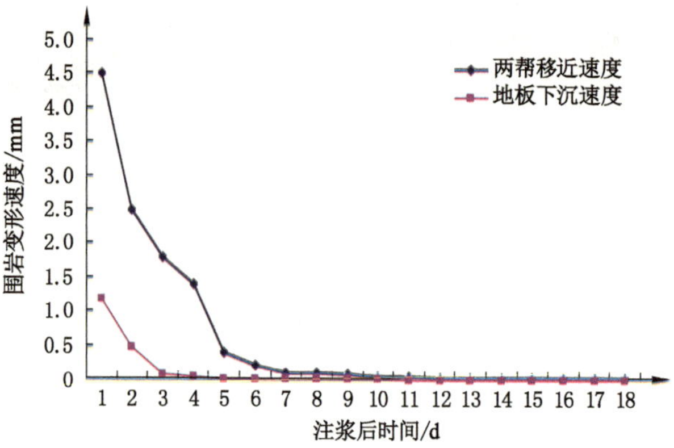

图 3-119　注浆后巷道围岩变形速度曲线

大移近量为 12 mm。分析图 3-119 可知：顶帮注浆后，巷道表面位移速度明显减小，一周以后，变形速度几乎为零，巷道围岩稳定。

由此可见：对巷道围岩进行注浆，加固围岩，改善岩性，围岩变形明显减小，注浆控制围岩变形效果良好。

(3) 底板锚注后矿压观测结果与分析

从底板锚注开始到锚注结束一段时间后，对围岩表面位移进行了为期两个月的观测。对各测站观测数据进行汇总、平均、分析，得到巷道围岩变形规律，如图 3-120 和图 3-121 所示。

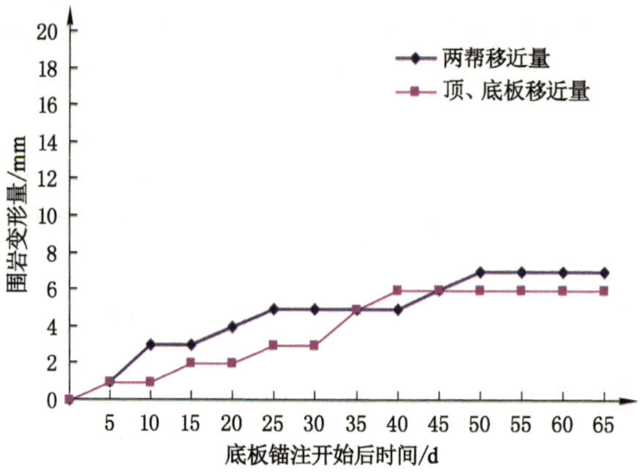

图 3-120　底板锚注后巷道表面位移曲线

分析图 3-120 可知：巷道在底板锚注后的一个月内，顶、底板移近量和两帮相对移近量有一定数值，但不明显，主要是顶帮锚注后围岩已达到一定的稳定程度，已经能有效控制围岩的变形了。一个月后，底板注浆基本完成，巷道围岩稳定性进一步加强，围岩表面位移进一步减小，特别是顶、底板移近量几乎维持不变。两个月观测到巷道顶、底板最大移近量为 6 mm，两帮最大移近量为 7 mm。

分析图 3-121 可知：底板锚注后，巷道表面位移速度明显减小，一个月后，变形速度几乎为零，由于底板注入浆液的固结作用及底板锚索的锚固作用，底板巷道围岩更加稳定。

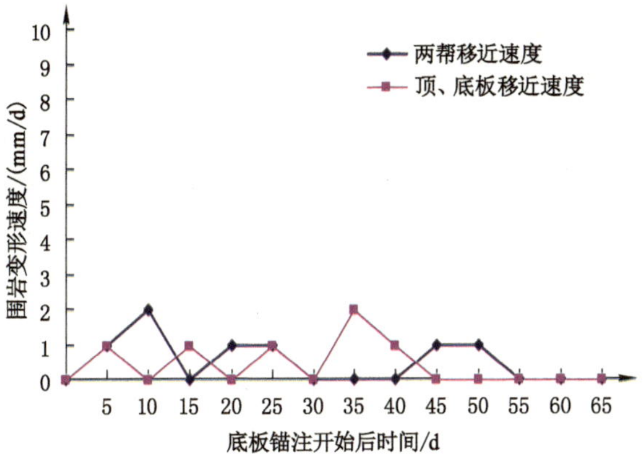

图 3-121 底板锚注后巷道表面位移速度曲线

因此，对巷道底板围岩进行注浆、施工锚索，能有效加固围岩，改善破碎底板岩性；施工锚索的同时给底板围岩施加主动作用力，控制底板底鼓；底板锚注控制围岩变形效果良好。

经过现场修复试验和矿压观测，结果表明该断层隔裂区轨道上山修复是成功的，并具有以下特点：

① 巷道围岩注浆效果良好。岩体裂隙发育，围岩较为破碎，现场观测左帮个别孔注浆量达到 20 袋水泥，由于该处层理、节理发育，围岩破碎，注浆以后围岩的强度得到显著提高。

② 底板锚注效果良好，底板采用深浅孔注浆，对破碎底板的注浆是一种有效方法，浅孔注浆能有效固结表层围岩，为深孔注浆奠定基础；同时施工底板锚索能给底板施加主动作用力，进而更加有效控制底鼓。

③ 现场观测结果表明：巷道变形得到了控制，巷道底鼓速度趋于收敛，待底板锚注后，变形量几乎维持不变。其支护效果明显好于单纯全断面锚杆支护。

④ 巷道顶板下沉量较小，顶板岩体强度高，而左帮较右帮岩性破碎，故左帮收敛量较大，通过注浆收敛量变小。

4 高应力巷道爆破卸压辅助支护机理与应用

随着矿井开采深度的增加，地应力的影响逐渐增大，由此导致井下巷道支护难、维护难的问题日益突出，严重影响矿山的安全开采。我国原岩应力量测表明 600～1 000 m 深的最大原岩应力已高达 30～45 MPa。若以 2.5 倍的应力集中系数计算开挖效应，则开挖空间周边围岩的切向应力将高达 75～115 MPa，这个应力范围已接近或达到某些矿岩的单轴极限抗压强度。因此深部巷道面临的最大问题是高地应力条件下巷道稳定性维护问题。

为了降低巷道围岩的应力水平，国内外技术人员采用切缝卸压法、钻孔卸压法、注液软化法、掘巷卸压法、爆破卸压法等进行卸压。实施卸压法的目的是改变巷道围岩的应力状态，使巷道处于低应力区，从而降低围岩应力对巷道变形的影响，促使巷道能够保持较长时间的稳定。爆破卸压法是在巷道浅部围岩中钻孔爆破，在巷道附近形成人工应力弱化带。该方法能大幅度降低支护成本且工艺简单，可与煤巷掘进共用设备和动力，爆破工作还可与掘进循环同时进行，因而不影响巷道的掘进速度。因此，该方法具有操作方便、适用性强等优点。

4.1 爆破卸压辅助巷道支护机理

爆破卸压既不同于预裂爆破，又不同于一般的松动爆破，是在巷道开挖后形成的静态应力场中充分利用爆炸冲击波、应力波的超动态作用、动态作用和爆生气体的准静态作用来达到卸压效果的。它是围岩弱化法的一种，即通过爆炸对围岩结构进行改造，降低设计部位的岩体刚度（变形模量、弹性模量等），同时释放能量，使围岩内部的能量分布状态得到调整，支撑应力峰值向深部转移，应力场得到改善，从而达到预防高地应力破坏的目的[48]。

根据炸药在岩体内埋深的不同，爆破分为内部作用和外部作用。爆破卸压多数采用深孔爆破，炮孔深度多数为 5～10 m，有的甚至达到 20 m，但装药量一般都比较少，通常不超过 0.25 kg/m^3。爆破作用通常不会波及卸压区域巷道、地下硐室围岩的表面，也就是说，爆破卸压不会引起巷道表面围岩的破坏，属于典型的内部爆破作用。因此，应按照岩石爆破的内部作用讨论高应力巷道的爆破卸压机理。

4.1.1 岩石爆破的内部作用

当炸药在无限大岩体中起爆后，岩石将发生如下破碎过程：强大的冲击波压力迫使炮孔周围的岩石迅速受压破碎，在瞬间形成压缩破碎和初始裂隙；由岩石不均匀破坏引起的环向拉应力及岩体中积聚的弹性能释放形成的径向拉应力使岩石中的裂隙扩展，进一步引起岩石的破裂，包括初始裂隙的扩展和二次裂隙的形成；爆生气体的膨胀使岩石中的裂隙贯穿，加速了破碎过程，增大了碎胀体积。岩石爆破过程在炮孔周围的空间中可分为三个区域，如图 4-1 所示。

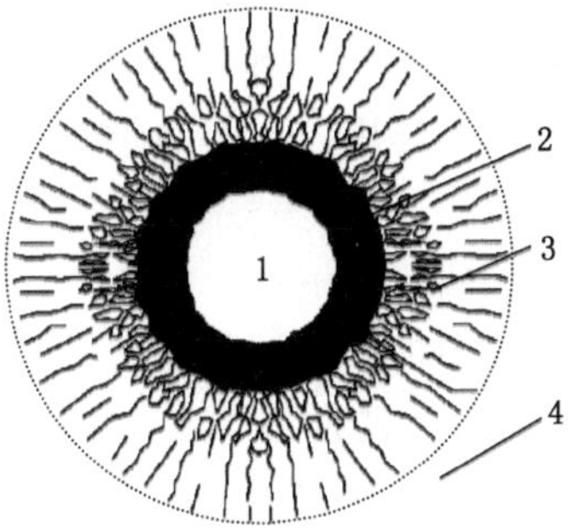

1—空腔；2—压缩区；3—裂隙区；4—震动区。

图 4-1 岩石爆破的内部作用示意图

（1）压缩区

炸药爆炸后，爆轰波和高温、高压爆炸气体迅速膨胀，瞬间作用在孔壁上激起冲击波，其压力高达几万兆帕、温度达 3 000 ℃以上，远远超过岩石的动态抗压强度，致使炮孔周围的岩石呈现塑性状态，造成几十毫米范围内的岩石熔融，之后随着温度的急剧下降，将岩石粉碎成细微颗粒，将原来的炮孔扩大成空腔（图 4-1 中 1 区）。如果所处围岩为塑性岩石，则近区岩石会被压缩成致密的、坚固的硬壳空腔，称为压缩区（图 4-1 中 2 区）。由于压缩区处于坚固岩石的约束条件下，大多数岩石的动态抗压强度都很大，因此冲击波的大部分能量消耗于岩石的塑性变形、粉碎和加热等，致使冲击波的能量急剧下降，其波振面的压力很快就下降到不足以粉碎岩石，所以压缩区半径很小，一般约为药包半径的几倍。

（2）裂隙区

当冲击波通过压缩区后继续向外层岩石传播，随着冲击波作用范围的扩大，岩石单位面积上的能流密度逐渐降低，此时冲击波衰减为压缩应力波，其强度已低于岩石的动态抗压强度，不能直接压碎岩石。但是，它可以使粉碎区外层的岩石遭到强烈的径向压缩，使岩石的质点产生径向位移，因此导致外围岩石产生切向拉伸应力，如果这种切向拉伸应力超过了岩石的动态抗拉强度，就会在岩体中产生径向裂隙。当切向拉伸应力衰减到低于岩石的动态抗拉强度时，裂隙便停止向前扩展。

在冲击波作用的同时，爆轰气体也作用在药室周围的岩壁上，在岩体中形成准静态应力场。在应力波形成的径向裂隙尖端上，由气体压力引起的应力集中导致径向裂隙向前延伸。这些最初由应力波引起之后又被爆轰气体扩大和延伸了的径向裂隙呈现内密外稀的分布规律，即邻近粉碎区的裂隙较密，而远离粉碎区的裂隙较稀疏。

当压缩应力波通过粉碎区外围岩石时，该区岩石便会受到强烈压缩，储存一部分弹性变形能，当应力波通过后，岩石中储存的应力随即释放，便会产生与压缩应力波作用相反的向心拉伸应力，使岩石质点产生反向径向移动，当径向拉伸应力超过岩石的抗拉强度时，则在岩石中出现环向裂隙。粉碎区外层岩石区域径向裂隙和环向裂隙相互交错，该区域岩石被割裂成块、裂隙发育，故称为裂隙区（或破裂区）（图 4-1 中 3 区），其破裂半径一般为药包半径的 70～120 倍。

（3）震动区

裂隙区以外的岩体中，由应力波引起的应力状态和爆轰气体压力建立起的准静应力场均不足以使岩石破坏,只能引起岩石质点做弹性振动,直到弹性振动波的能量被岩石完全吸收为止,这个区域称为弹性震动区(图 4-1 中 4 区)。

综上所述,在整个岩石爆破的内部作用过程中,起主要作用的四种破坏模式是:

① 冲击波对炮孔周围岩石的压碎作用;

② 径向裂隙作用;

③ 卸载引起的的岩石内部环状裂隙作用;

④ 爆炸气体形成的准静态应力场扩展岩石裂隙作用。

由上述四种破坏模式在岩石内部形成的三个区域中,只有压缩区与裂隙区岩石发生了破坏,震动区岩石只发生弹性振动,岩石本身并未破坏。因此,对爆破卸压而言,起主要作用的区域是压缩区与裂隙区,因为这两个区域的岩石在爆炸作用下压缩破碎并产生大量裂隙,形成了一条破碎带。爆破破碎带在高地应力巷道浅部围岩中的形成,通过重构应力场分布和促使能量耗散,使围岩系统由储能结构向耗能结构转化。这种力学状态的重构具体表现为:压缩-裂隙复合区引发的应变路径偏移导致应力峰值向深部转移,同时破碎带内的能量耗散率提升约 40%～60%。为此,需基于应力一应变演化规律及能量再分配特征,建立爆破卸压的主动调控模型,揭示高应力巷道中岩体破碎与应力场协同调整的互馈机制。下面就从应力场重构和能量分布的角度来分析爆破卸压机理。

4.1.2 爆破卸压机理

4.1.2.1 爆破卸压时岩柱的应力-应变关系曲线及能量分析[49]

根据卸压前后岩体应力、应变条件的不同,可将爆破卸压分为三种状态,即临界卸压状态、亚临界卸压状态及超临界卸压状态,如图 4-2 所示。卸压后最终的应力-应变平衡状态取决于卸压系数曲线与局部岩体刚度曲线交点的位置。如果交点位于应力-应变包络线内[图 4-2(b)],则爆破卸压效果较差。如果交点位于包络线以外[图 4-2(c)],则卸压效果非常明显,围岩内部多余的能量将得到释放,岩体中储存的应变能也会相应减少,卸压后的岩体将沿残余强度曲线达到平衡状态。

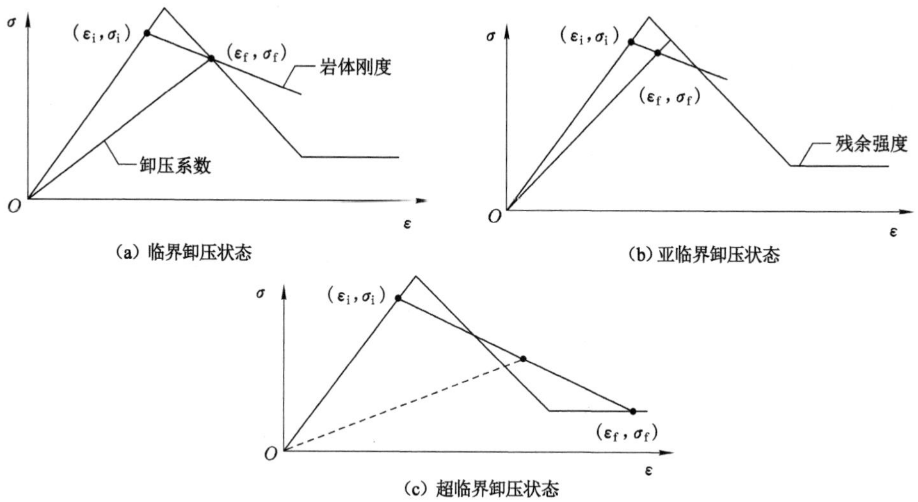

图 4-2 爆破卸压状态示意图

爆破卸压是在巷道开挖后形成的静态应力场中，充分利用爆炸冲击波、应力波的超动态作用、动态作用和爆生气体的准静态作用来达到卸压效果的。因此，它是地应力静态荷载与岩石内部爆破动态荷载共同作用的结果。

在一定地应力水平下实施岩石内部爆破，即施加爆炸动载可以根据岩柱的应力-应变关系曲线来处理，如图 4-3 所示。由图 4-3(a)可以看出：爆破后应力波沿炮孔向四周发散传播。当产生的应力足够大时，在岩柱中形成的裂隙就会一直朝炮孔方向扩展，最终在炮孔连线方向上形成贯通裂隙。形成贯通裂隙时的功当量可由设在岩柱中间的薄岩压水力囊瞬时受压测得，如图 4-3(b)所示。图 4-3(c)为炮孔位置上下方岩石的应力-应变关系曲线示意图。

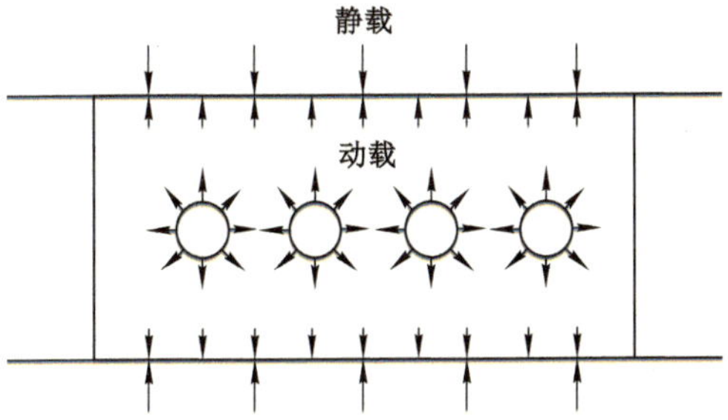

(a) 岩柱爆破卸压时的受力状态示意图

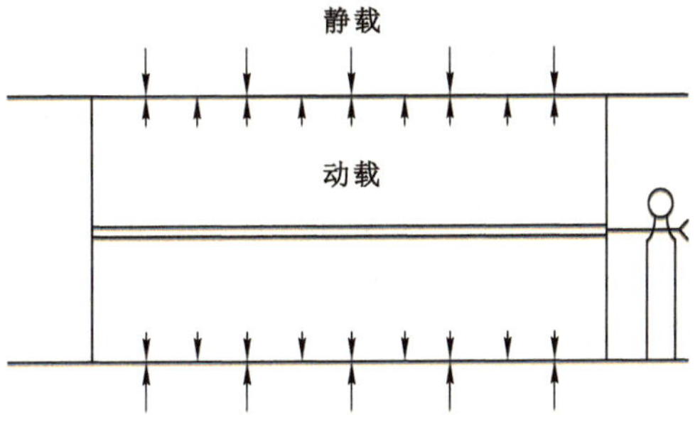

(b) 爆破功当量测量示意图

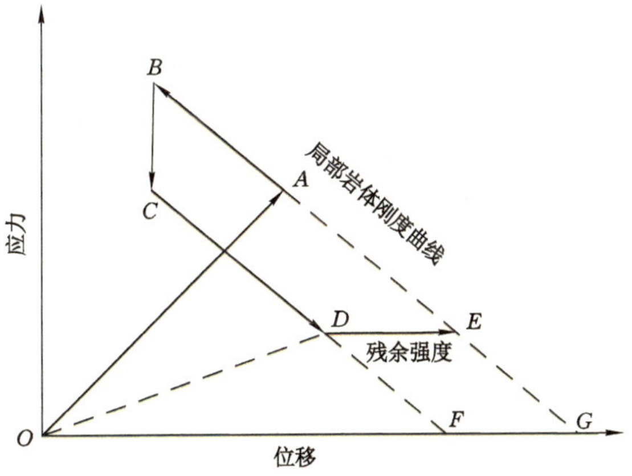

(c) 爆破卸压时岩柱应力-应变关系曲线

图 4-3　岩柱爆破卸压示意图

由图 4-3(c)可以分析爆破卸压时岩柱的应力、应变发展过程：

① 卸压前，岩柱具有静态应力-应变关系，此时岩柱状态可由图中 A 点表示，此时弹性模量为 E_1。

② 爆破卸压后应力波沿径向发散传播，炮孔周围岩体的应力瞬时增大，大小可参照岩压水力囊所测数据。此时，岩柱内部产生的压力会迫使炮孔位置上下方岩体沿 AB 线(局部岩体刚度曲线)分离。

③ 当爆炸应力波经过后岩柱随即破裂，类似岩压水力囊破裂，此时应力将会迅速下降到 C 点，下降幅值为由爆炸引起的应力增量的大小。随着炮孔位置上下方岩体的重新聚合，应力将进一步降低，此时破裂岩柱的弹性模量降为 E_2，即图中 D 点。但此时岩柱并未达到平衡，应变将会继续沿残余强度曲线发展，直至同局部岩体刚度曲线相交于 E 点。

④ 如果此时不是进行爆破卸压，而是进行巷道开挖，那么岩柱将继续沿 DF 方向进行卸压，直至降为 0。当到达 F 点时，岩体并未达到平衡状态，此时应变将继续沿 FG 方向发展，直至炮孔位置上下方岩体在 G 点收敛，即同局部岩体刚度曲线相交才能达到新的平衡。

由以上分析可得 E 点和 G 点越接近，卸压爆破效果越明显，但是此刻巷帮表面围岩受爆炸而破坏的风险也会大幅度增加。所以，在不破坏巷道表面围岩完整性的情况下需要设计合理的卸压方案以尽量缩短 EG 长度。

从开挖到爆破卸压过程中巷道浅部围岩的应力-应变发展历程也是巷道内部能量不断调整的过程。巷道开挖后围岩的能量重新进行分布，其能量平衡方程为：

$$W_t + U_m = U_c + W_r \tag{4-1}$$

式中 W_t——势能改变量；

U_m——开挖岩体储存的应变能；

U_c——巷道开挖后围岩重新积聚的应变能；

W_r——释放的能量。

在无支护条件下释放的能量包括开挖岩体储存的应变能 U_m 和地震能 W_k（引发岩体震动的能量）。进行爆破卸压后，式(4-1)变成：

$$W_t + U_{m1} + W_e = U_c + U_{m2} + W_f + W_k \tag{4-2}$$

式中 U_{m1}——卸压前开挖岩体储存的应变能；

U_{m2}——卸压后开挖岩体储存的应变能；

W_e——爆炸能；

W_f——岩石破裂所消耗的能量。

爆破卸压过程中的各种能量组成如图 4-4 所示。

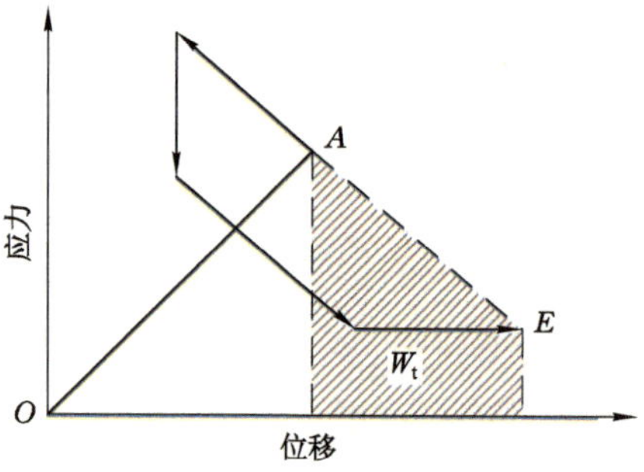

(a) 势能净改变量

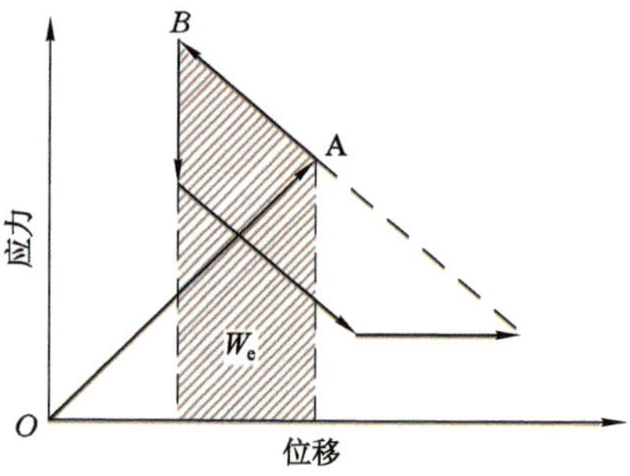

(b) 分离岩体的爆炸能

图 4-4 爆破卸压过程中的各种能量[19]

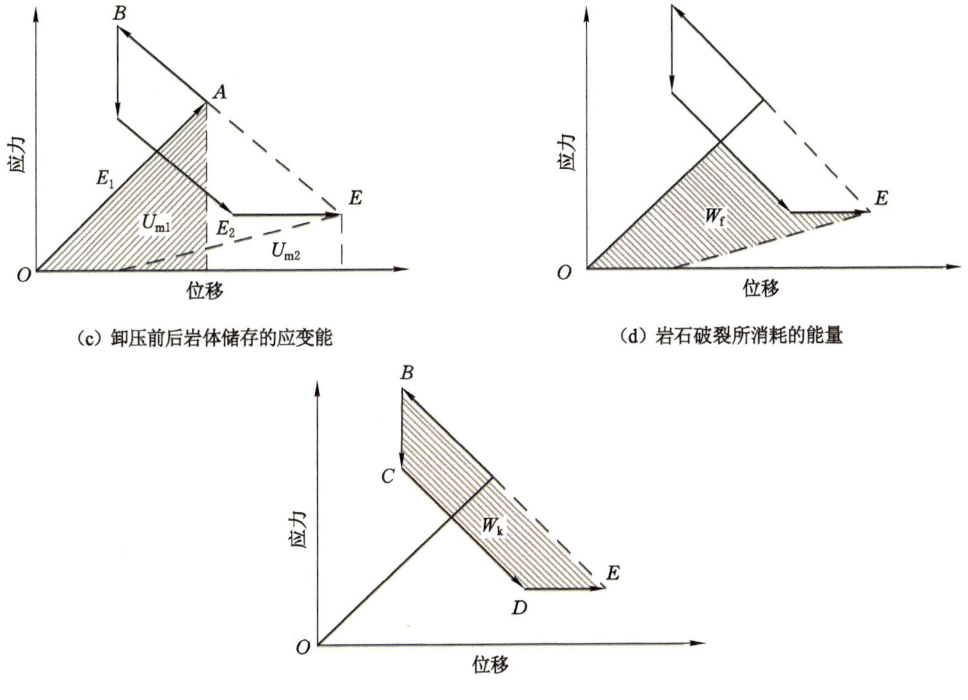

(c) 卸压前后岩体储存的应变能

(d) 岩石破裂所消耗的能量

(e) 释放的地震能

图 4-4 （续）

图 4-4(a)中 AE 线以下区域为势能净变化量。图 4-4(b)中 AB 线以下区域为分离炮孔位置上下方岩体的爆炸能。因为其他爆炸能(如加热膨胀气体的能量)所占比例太少，所以此处并未考虑，但是这并不影响最终的能量平衡。图 4-4(c)为卸压前后岩体储存的应变能。岩体破裂所消耗的能量为应力-应变包络线以下区域减去残留在开挖岩体中的应变能，如图 4-4(d)所示。释放的地震能为应力-应变包络线以外区域，包括两个部分：由爆炸引起的炮孔位置上下方岩体之间震动的部分，以及岩体势能的改变引起震动的部分，如图 4-4(e)所示。

由式(4-2)可知：为保证巷道围岩稳定，应使围岩积聚应变能 W_c 不超过围岩允许限度 $[W_c]$。当公式左边为常数时，为了使 W_c 达到最小值，必然要增大 U_{m2}、W_k、W_f。增大 U_{m2}、W_k 意味着降低爆炸效率，增加卸压成本及卸压难度；增大 W_f，是指在一定的范围内加大围岩的变形和破坏，同时又必须保证围岩稳定。

爆破卸压法的力学原理是在巷道支承应力区内进行爆破，连通裂隙构成一条变形模量降低数倍的软化带，使支承应力向围岩深部转移，达到使巷道浅部岩层处于应力降低区的目的。其本质内涵为：爆破卸压有利于释放应力，改善巷道受力状态，使高强应力向纵深转移，在围岩深部形成大范围的破碎、裂隙区域，以增大 W_f，达到减小围岩积聚能 W_c 的目的，从而保证巷道稳定。

总之，从爆破卸压后岩柱的应力-应变发展轨迹可以看出：E 点和 G 点越接近，卸压爆破效果就越明显；从爆破卸压的能量角度分析，只有增大 W_f 才能减小围岩积聚能 W_c，从而将围岩中多余的能量释放掉，保证巷道的稳定。

4.1.2.2 爆破卸压作用机理

由前文分析可知爆破卸压会导致巷道内部围岩的应力-应变关系及能量分布状态发生改变。巷道开挖前原岩应力为：

$$\sigma = \gamma H \tag{4-3}$$

在巷道开挖瞬间，巷道帮部的围岩壁面 $\sigma_\theta = k\gamma H = (2\sim3)\gamma H$（切向应力），$\sigma_r = 0$（径向应力），即巷道周边将产生应力集中，如图 4-5 所示。

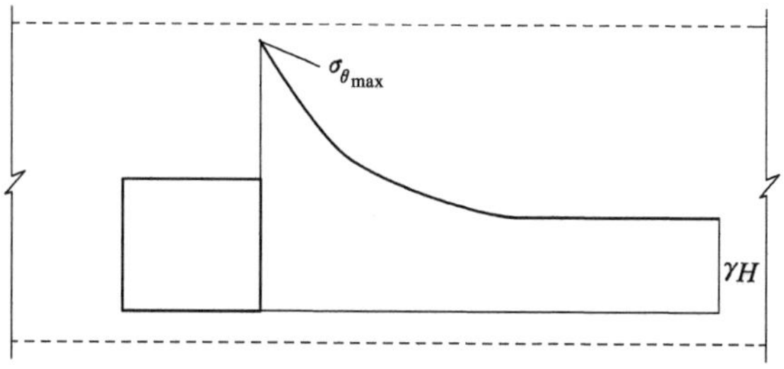

图 4-5 巷道开挖初期 σ_θ 分布图[50]

但是由于巷道壁面围岩的节理及裂隙遭到开挖及爆破震动的影响，近区围岩已成为破裂岩体，承载能力大幅度降低，根本不能承受决定巷帮围岩破坏的 σ_θ 的作用，所以迫使支承应力 σ_θ 的峰值向围岩深部转移。在 $\sigma_{\theta\max}$ 转移的过程中，巷道帮部围岩不断遭到破坏，抗压能力进一步降低，$\sigma_{\theta\max}$ 又进一步向围岩深部转移，最终 $\sigma_{\theta\max}$ 调整到距巷道表面不远处，$\sigma_{\theta\max}$ 的位置为塑性区与弹性区的分界点，此时巷帮围岩应力仍处于较高水平，应力集中现象明显（图 4-6）。

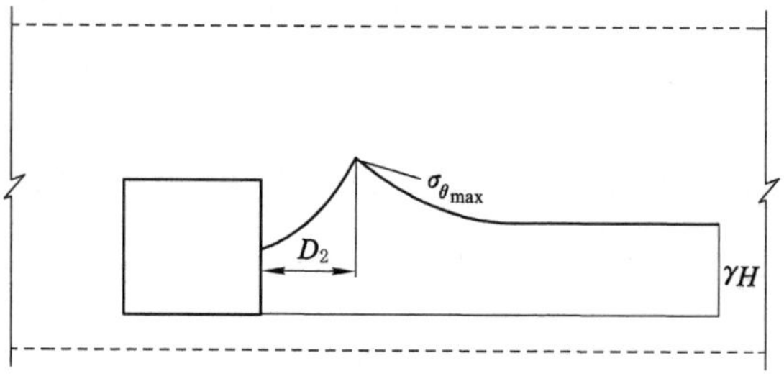

图 4-6 巷道无支护稳定阶段 σ_θ 分布图（D_2 为 $\sigma_{\theta\max}$ 距巷帮表面距离）[50]

为了解决由于巷道开挖造成的巷道帮部应力集中问题，在巷帮一侧采取爆破卸压措施。炮孔布置在巷帮距底板 L_1 位置处，炮孔间距为 L_2，炮孔深度为 L_3。图 4-7 为卸压巷道局部炮孔布置图，图 4-8 为卸压巷道局部俯视图（A-A' 剖面），图 4-9 为卸压巷道局部横断面图（B-B' 剖面）。

由图 4-8 可知：在巷道帮部围岩支承压力区进行深孔爆破卸压时，爆破连通裂隙会构成一条变形模量大幅度降低的爆破裂隙带。爆破裂隙带是指在柱状装药长度与相当爆破裂隙圈半径之和的范围内，由爆破内部作用形成的压碎区和裂隙区岩体所构成的条带，由于该条带岩体变形模量很小，可称为软化带，还因为该条带岩体应力降低，也称为卸压带，卸

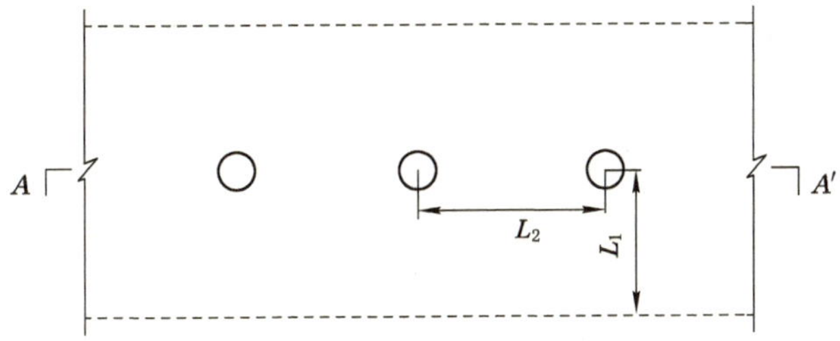

图 4-7　卸压巷道局部炮孔布置图

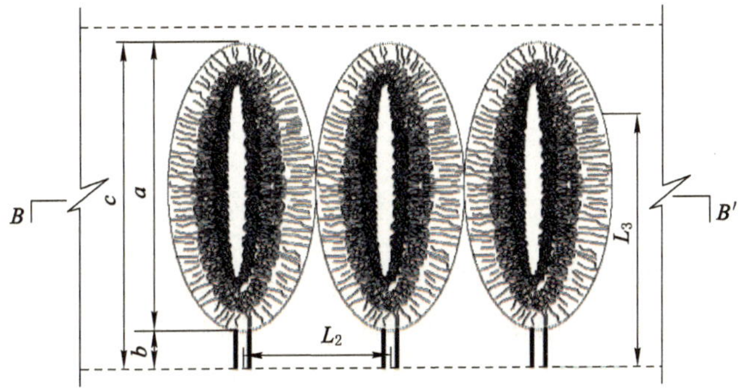

图 4-8　卸压巷道局部俯视图(A-A'剖面)

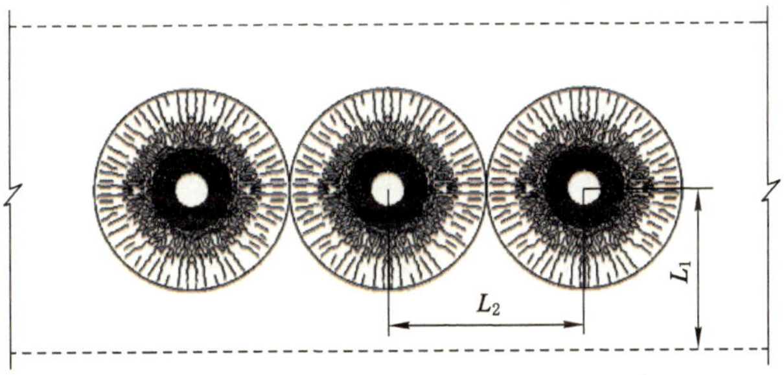

图 4-9　卸压巷道局部纵断面图(B-B'剖面)

压带宽度为图 4-8 中 a。爆炸裂隙带内边缘至巷道表面之间的岩体称为巷帮岩柱[51]，岩柱宽度为图 4-8 中 b。于是可知卸压深度 c 为 a 与 b 之和。

因为卸压前 $\sigma_{\theta\max}$ 至巷道壁面间的支承应力是按碎裂岩体承载能力分布的，爆破卸压后由于该软化带的存在，围岩的承载能力遭到人为降低，巷道周边的应力峰值必然会向围岩深部进一步转移。同时由于爆破产生的松动圈存在受压致密过程，在一定时间内，使巷道在支承应力作用下产生的受压变形量直接被爆破产生的松动圈吸收，从而减少巷道表面围岩的变形量。

设计爆破卸压方案时，岩柱宽度 b 必须取值合理，太小则容易造成巷道表面围岩破坏，太大则帮部的应力集中现象过于突出，卸压效果不明显。根据岩柱宽度 b 和卸压深度 c 可以将巷帮卸压方式分为以下四种类型：

① 当 $b<D_1$（D_1 为爆炸影响距离）时，爆炸作用能够直接冲击巷道表面岩壁，此时爆炸将由内部作用变为外部作用，极易破坏巷道表面围岩，导致巷道破坏失稳，因此这种卸压类型不可取。

② 当 $D_1<b<D_2$ 且 $c<D_2$ 时，$\sigma_{\theta\max}$位于卸压带范围之外，如图 4-10 所示。

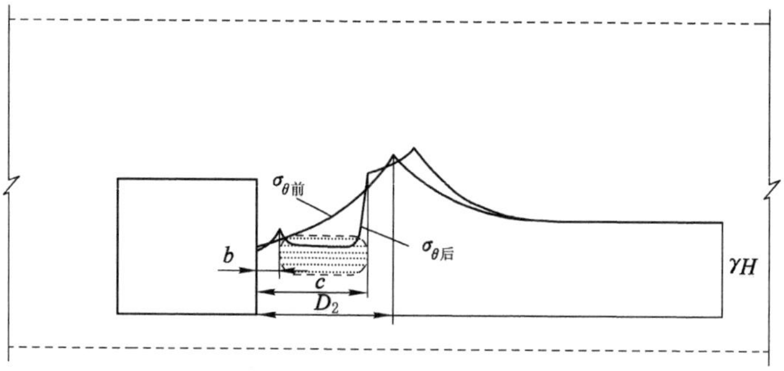

图 4-10　第二类爆破卸压 σ_θ 分布图

该卸压类型爆炸作用不能到达巷道表面围岩，为岩石爆破的内部作用。此时卸压带位于岩柱区域，并在巷帮围岩内部形成 3 个应力峰值，自巷道表面向围岩深部形成的 3 个应力峰值依次为：a. 在爆破卸压带内边缘，由于卸压带围岩遭到不同程度弱化，势必会在卸压带内边缘将少部分应力转移到强度稍高的岩柱上，此时应力峰值随即形成，在爆破卸压带内边缘形成的应力峰值称为第一应力峰值；b. 在爆破卸压带外边缘，由于此处卸压带外边缘外侧的岩石强度远大于卸压带处围岩的强度，所以卸压带处的应力大部分转移到卸压带外边缘的深部围岩处，随即在卸压带外边缘再次形成峰值，在爆破卸压带外边缘形成的应力峰值称为第二应力峰值；c. 随着卸压带处应力往围岩深部继续转移，第二应力峰值以外区域围岩的应力也会持续增大，导致岩体承受不了 σ_θ 的作用，造成围岩破坏，迫使 $\sigma_{\theta\max}$向围岩深部继续转移，直至围岩应力趋于稳定状态，此时卸压前 $\sigma_{\theta\max}$转移至围岩深部，重新形成新的应力峰值 $\sigma'_{\theta\max}$。该卸压过程中 3 个应力峰值由小到大依次为第一应力峰值、第二应力峰值、$\sigma'_{\theta\max}$。

尽管爆破卸压后在巷帮位置处形成了大范围的卸压区域，卸压带处围岩应力大幅度降低，但是在巷帮形成的 3 个应力峰值中有 2 个位于岩柱区域，由于卸压带卸除掉的应力都转移至卸压带边缘的围岩处，巷帮岩柱两端的应力集中现象更加突出，卸压后形成的 $\sigma'_{\theta\max}$高于卸压前 $\sigma_{\theta\max}$，同时第二应力峰值与 $\sigma'_{\theta\max}$之间还存在一段高应力区域，所以巷帮的应力环境从整体上来说不仅没有改善，相反还有恶化的可能。所以该类型卸压的效果不理想。

③ 当 $D_1<b<D_2$ 且 $c>D_2$ 时，$\sigma_{\theta\max}$位于卸压带区域，如图 4-11 所示。

围岩内部 $\sigma_{\theta\max}$附近应力被大幅度消减，$\sigma'_{\theta\max}$消失，因此围岩内部形成双应力峰值，自巷道表面向围岩深部形成的 2 个应力峰值依次为：a. 在爆破卸压带内边缘的第一应力峰值，位于巷帮岩柱内；b. 在爆破卸压带外边缘的第二应力峰值，位于卸压前的弹性区内。

此时岩柱区域的第一应力峰值虽然有小幅度上升，但远小于卸压前 $\sigma_{\theta\max}$，而且只在巷帮更远处形成小于卸压前 $\sigma_{\theta\max}$的第二应力峰值。这种卸压类型大幅度降低了 $\sigma_{\theta\max}$，很好地解决了巷帮应力集中问题，爆破卸压效果最好。

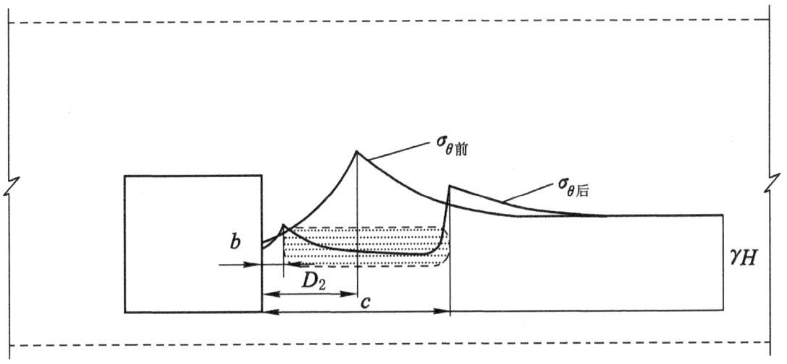

图 4-11 第三类爆破卸压 σ_θ 分布图

④ 当 $b>D_2$ 时，卸压区域位于卸压前 $\sigma_{\theta\max}$ 之外，如图 4-12 所示。

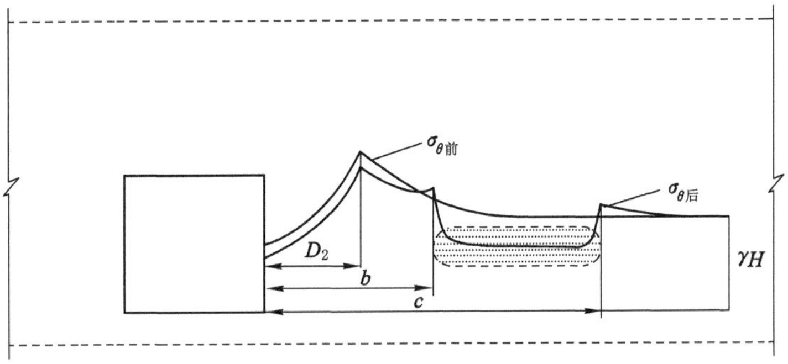

图 4-12 第四类爆破卸压 σ_θ 分布图

此时巷帮的 $\sigma_{\theta\max}$ 只出现小幅度下降，卸压后同样形成三应力峰值，自巷道表面向围岩深部形成的 3 个应力峰值依次为：a. 在 $\sigma_{\theta\max}$ 附近，由爆破卸压对 $\sigma_{\theta\max}$ 的消弱形成的 $\sigma'_{\theta\max}$；b. $\sigma'_{\theta\max}$ 过后围岩应力逐渐降低，当到达卸压带内边缘时形成第一应力峰值；c. 在爆破卸压带外边缘形成第二应力峰值。该类型形成的 3 个应力峰值由小到大依次为第二应力峰值、第一应力峰值、$\sigma'_{\theta\max}$。

爆破卸压后，$\sigma'_{\theta\max}$ 位置与 $\sigma_{\theta\max}$ 相比不会产生太大变化，峰值下降幅度较小，且 $\sigma'_{\theta\max}$ 与第一应力峰值之间存在一段高应力平台，所以巷帮围岩的应力环境并未改善，而且随着 b 的增大爆破卸压效果越来越差。所以，这种类型卸压效果并不理想。

综合分析，上述四种类型爆破卸压中第三种卸压类型（$D_1<b<D_2$，$c>D_2$）的爆破卸压效果最好，此时卸压带包含 $\sigma_{\theta\max}$，能够大幅度降低巷帮围岩应力，消除应力集中现象，显著改善巷道的应力状态，为支护提供良好的条件。

4.1.3 岩石爆破的内部作用破坏范围

由 4.1.2 节分析可知爆破后产生的卸压带对巷帮应力环境的改变起关键作用。卸压带的位置与尺寸决定卸压效果，因此需要从理论上确定卸压带，即压缩区与裂隙区的范围，以探索卸压效果与爆破参数之间的关系。

在实际工程中，爆破卸压一般采取深孔柱状装药方式，因此本部分重点分析采取柱状装药时岩石内部爆破破坏范围。

4.1.3.1 柱状药包的爆炸荷载

在不耦合装药条件下，岩石中的柱状药包爆炸后，向岩石施加强冲击荷载，按声学近似原理有：

$$P = \frac{1}{2}P_0 K^{-2\gamma} l_e n \tag{4-4}$$

$$P_0 = \frac{1}{1+\gamma}\rho_0 v^2 \tag{4-5}$$

式中 P——透射入岩石中的冲击波初始压力，MPa；

P_0——炸药的爆轰压力，MPa；

K——装药不耦合系数；

l_e——轴向装药系数；

n——炸药爆炸产物膨胀碰撞炮孔壁时的压力增大系数，一般取 $n=10$；

ρ_0——炸药密度，kg/m^3；

v——炸药爆速，m/s；

γ——爆轰产物的膨胀绝热指数，一般取 $\gamma=3$。

岩石中的透射冲击波不断向外传播而衰减，最后变成应力波。岩石中任一点引起的径向应力和切向应力可表示为：

$$\sigma_r = P\bar{r}^{-\alpha} \tag{4-6}$$

$$\sigma_\theta = -f\sigma_r \tag{4-7}$$

式中 σ_r——岩石中某一点的径向应力，MPa；

σ_θ——岩石中某一点的切向应力，MPa；

$\bar{r}$——比距离，$\bar{r}=r/r_b$；

r——计算点到装药中心的距离，m；

r_b——炮孔半径，m；

α——荷载传播衰减指数，$\alpha=2\pm\frac{\mu_d}{1-\mu_d}=2\pm f$，正、负号分别对应冲击波区和应力波区；

μ_d——岩石的动态泊松比，$\mu_d=0.8\mu$；

f——侧向应力系数，$f=\frac{\mu_d}{1-\mu_d}$。

如果将此问题看成平面应变问题，则进一步还可求得：

$$\sigma_z = \mu_d(\sigma_r+\sigma_\theta) = \mu_d(1-f)\sigma_r \tag{4-8}$$

式中 σ_z——轴向应力，MPa。

4.1.3.2 爆炸荷载作用下岩石的破坏准则

外荷载作用下材料的破坏准则取决于材料的性质和实际的受力状态。岩石属于脆性材料，抗拉强度明显低于抗压强度。工程爆破中，岩石呈拉压混合三向应力状态，并且研究表明：岩石爆破中的压碎区由岩石受压所致，而裂隙区是受拉破坏的结果。

岩石中任一点的应力强度 σ_i 为：

$$\sigma_i = \frac{1}{\sqrt{2}}[(\sigma_r - \sigma_\theta)^2 + (\sigma_\theta - \sigma_z) + (\sigma_z - \sigma_r)^2]^{\frac{1}{2}} \tag{4-9}$$

将式(4-6)、式(4-7)、式(4-8)代入式(4-9)，整理得：

$$\sigma_i = \frac{1}{\sqrt{2}}\sigma_r[(1+f)^2 - 2\mu_d(1-f)^2(1-\mu_d) + (1+f^2)]^{\frac{1}{2}} \tag{4-10}$$

根据 Mises 准则，如果 σ_i 满足式(4-8)、式(4-9)，则岩石破坏。

$$\sigma_i \geqslant \sigma_0 \tag{4-11}$$

$$\sigma_0 = \begin{cases} \sigma_{cd}（压碎圈） \\ \sigma_{td}（裂隙圈） \end{cases} \tag{4-12}$$

式中 σ_0——岩石单轴受力条件下的破坏强度，MPa。

σ_{cd}——岩石的单轴动态抗压强度，MPa。

σ_{td}——岩石的单轴动态抗拉强度，MPa。

岩石的动态抗压强度随加载应变率的提高而增大，但是不同岩石对应变的敏感程度不同。研究表明，岩石动态抗压强度与静态抗压强度之间的关系可近似表示为：

$$\sigma_{cd} = \sigma_c \dot{\varepsilon}^{\frac{1}{3}} \tag{4-13}$$

式中 σ_c——岩石的单轴静态抗压强度，MPa。

$\dot{\varepsilon}$——加载应变率，s^{-1}，工程爆破中，岩石的加载率 $\dot{\varepsilon}$ 在 $10^0 \sim 10^4\ s^{-1}$ 之间。在压缩圈内，加载率较高，可取 $\dot{\varepsilon}=10^2 \sim 10^4\ s^{-1}$；在压碎圈外，加载率进一步降低，可取 $\dot{\varepsilon}=10^0 \sim 10^3\ s^{-1}$。

岩石的动态抗拉强度随加载应变率的变化很小，在岩石工程爆破的加载应变率范围内可以取

$$\sigma_{td} = \sigma_t \tag{4-14}$$

式中 σ_t——岩石的单轴静态抗拉强度，MPa。

4.1.3.3 压碎圈半径与裂隙圈半径计算

柱状不耦合装药条件下，炸药爆炸后将在岩石炮孔周围形成压碎圈，利用式(4-4)、式(4-5)、式(4-10)至式(4-12)，可得到压碎圈半径：

$$R_1 = \left(\frac{\rho_0 v^2 nK^{-2\gamma} l_e B}{8\sqrt{2}\sigma_{cd}}\right)^{\frac{1}{\alpha}} r_b \tag{4-15}$$

式中，$B=[(1+f)^2+(1+f^2)-2\mu_d(1-\mu_d)(1-f)^2]^{\frac{1}{2}}$。

$\alpha=2+\frac{\mu_d}{1-\mu_d}$。

压碎圈之外便是裂隙圈。根据式(4-10)至式(4-12)，在二者的分界面上有：

$$\sigma_R = \sigma_r |_{r=R_1} = \frac{\sqrt{2}\sigma_{cd}}{B} \tag{4-16}$$

式中 σ_R——压碎圈与裂隙圈分界面上的径向应力，MPa。

在压碎圈之外爆炸荷载以应力波的形式继续向外传播，衰减指数为：

$$\beta = 2 - \frac{\mu_d}{1-\mu_d} \tag{4-17}$$

这里将应力波衰减指数改写为 β，目的是与压碎圈中的冲击波衰减指数相区别。

于是，利用式(4-10)至式(4-12)及式(4-17)，可得到岩石中裂隙圈半径 R_2：

$$R_2=\left(\frac{\sigma_R B}{\sqrt{2}\sigma_{td}}\right)^{\frac{1}{\beta}}R_1 \tag{4-18}$$

将式(4-15)代入式(4-18)得到不耦合装药条件下的裂隙圈半径：

$$R_2=\left(\frac{\sigma_R B}{\sqrt{2}\sigma_{td}}\right)^{\frac{1}{\beta}}\left(\frac{\rho_0 v^2 nK^{-2\gamma}l_e B}{8\sqrt{2}\sigma_{cd}}\right)^{\frac{1}{\alpha}}r_b \tag{4-19}$$

4.1.4 爆破卸压效果影响因素的选取依据

由爆破卸压机理可知：巷道围岩内部爆破效果，即围岩爆破过程中形成的卸压带的尺寸、位置及弱化程度，直接影响卸压质量，而爆破卸压效果与爆破参数密切相关，因此，爆破参数的选择至关重要。合理的爆破参数不但能取得理想的卸压效果，而且能够大幅度降低施工成本，缩短施工周期，充分保证设备与人员安全。

除了岩石参数以外，影响爆破卸压效果的爆破参数还有炮孔深度、炮孔直径、装药方式、抵抗线、装药量、炮孔间距、炸药类型及起爆方式等。只有各爆破参数之间匹配合理，再加上详尽的技术措施和严格科学的施工组织管理，才能满足维护巷道稳定的要求，进而确保矿山的安全生产。

4.1.4.1 炮孔深度

炮孔深度是煤矿井下爆破卸压设计时最基本的技术参数之一。由前节分析可知：炮孔深度不但要满足最小埋深要求，而且还要贯穿应力集中区，只有这样才能获得理想的卸压效果。

一般来说，影响炮孔深度的主要因素包括岩石的坚硬程度、钻眼机械、工作面产量(或循环作业方式)和所用炸药的爆炸威力等，同时还要便于施工组织和管理，在选择炮孔深度时应综合考虑这些因素，才能获得较高的钻眼效率和良好的爆破卸压效果。

实践表明：若采用普通的气腿式凿岩机(如常用的7655型和YT-24型)，在相同的岩石和施工条件下，采用同一根钎子钻眼，每增加1 m炮眼深度，钻眼速度就下降4%～10%，且随着钻眼深度和钎子质量的增加，钎杆与眼壁间的摩擦阻力就会增大，能量消耗也会越来越多，钻眼速度衰减就越快，不利于提高钻眼效率。但是，如果炮孔深度太浅，爆生气体能量从孔口处溢出的概率就会增大，这样既浪费了炸药，又不利于表面围岩的稳定，而且爆炸发生在围岩浅部，不能获得理想的卸压效果。工程实际中，炮眼深度大多数为5～10 m。

4.1.4.2 炮孔直径

炮孔直径直接影响钻眼效率、钻孔数量、炸药单耗及爆破卸压效果。孔径及装药直径增大时，可减少布孔数量，使药包爆炸能量相对集中，充分扩大裂隙区的范围，增大卸压范围。但过大的炮孔直径会造成打钻工作量的增加；相应增大的装药量不但会影响裂纹扩展，使原生裂隙闭合，而且会影响巷道表面围岩的稳定性。

因此，应根据巷道的岩性、尽可能形成更大范围的贯通裂隙的要求以及打钻设备的能力、炸药性能等加以综合分析和选择。研究表明：裂隙区的范围随炮孔直径的增大而增大，但并不呈线性关系，裂隙区增大的速度随着炮孔直径的增大逐渐减小。

因此，仅靠增大炮孔直径的方法提高裂隙区的范围是有限的，而且打过大的钻孔既耗费时间，又增加了打钻的难度，封孔时也不能取得理想的效果，容易出现“打枪”现象。但是当炮孔较小时，由式(4-19)可知所形成的裂隙区半径就会减小，不能达到理想的卸压效果。而且，炮孔较小时装药比较困难，特别是在破碎的岩层中。

工程实践中，钻孔机械确定后，钻孔直径选择的余地不是很大。炮孔直径大多数在50～90 mm之间。

4.1.4.3　装药方式

按炮眼直径与药卷直径是否相同，装药方式分为耦合装药和不耦合装药。卸压爆破是利用爆破的内部作用在岩体中形成空腔和裂隙区，以释放岩体中的应力。不耦合装药通常以空气作为炸药与岩体之间的介质，装药爆炸后，高温高压的爆轰产物向外膨胀，首先对装药周围的空气产生强烈的压缩，在空气中形成一个强冲击波，冲击波过后在冲击波的波阵面和爆轰产物之间形成一个压力、温度都很高的薄压缩空气层。爆轰产物在膨胀阶段的压力分布如图 4-13 所示。

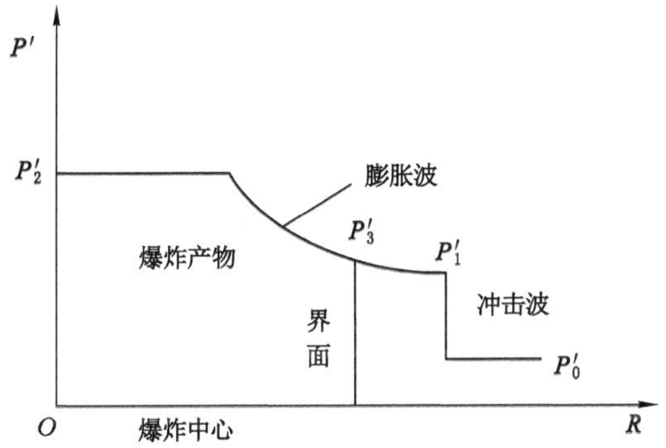

P'_0—未经扰动的空气压力；P'_1—空气冲击波阵面上的压力；P'_2—爆轰波的压力；P'_3—爆轰产物和空气界面处的压力。

图 4-13　爆轰产物膨胀阶段的压力分布图[52]

当空气冲击波到达孔壁时，由于岩石的波阻抗远大于空气的波阻抗，空气冲击波在炮孔壁上发生反射，同时会在岩石中产生一个透射冲击波，此时作用在炮孔壁上的压力(投射冲击波的压力)为入射冲击波压力的2～8倍。相同药包直径时，随着不耦合系数的增大，透射冲击波的峰值压力逐渐减小，如图 4-14 所示。

如果透射爆炸冲击波的压力超过岩石的动态抗压极限，就会形成压碎区，但是由于间隙中的空气削弱了爆炸波到达岩石时的峰值压力，因此同耦合装药相比，在装药直径相同的条件下，不耦合系数越大，压碎区的厚度越小。由于反射空气冲击波的作用，高压空气层的压力得以进一步升高，但气体质点运动速度降低。冲击波在空气中传播时，随着传播距离的增大，冲击波峰值压力迅速下降，压缩区拉长。不耦合装药时，相同孔径条件下，随着不耦合系数的增大，正压区作用时间逐渐延长，孔壁受正压力作用的时间也逐渐增加，如图 4-15 所示。

在不耦合装药条件下，破碎区环向拉应力峰值随不耦合系数的增大而减小，因此由环

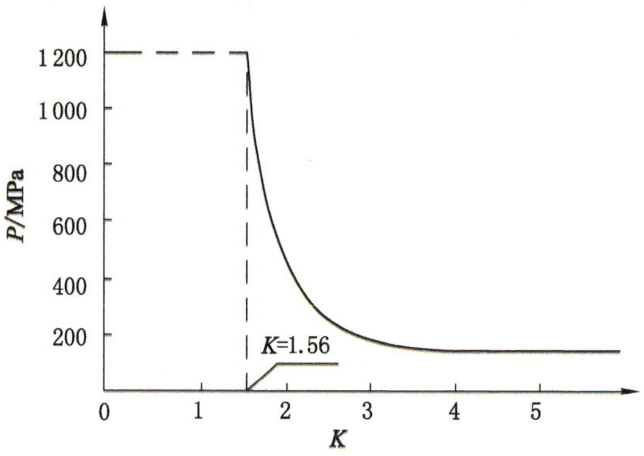

图 4-14 不耦合系数与孔壁冲击压力的关系曲线[52]

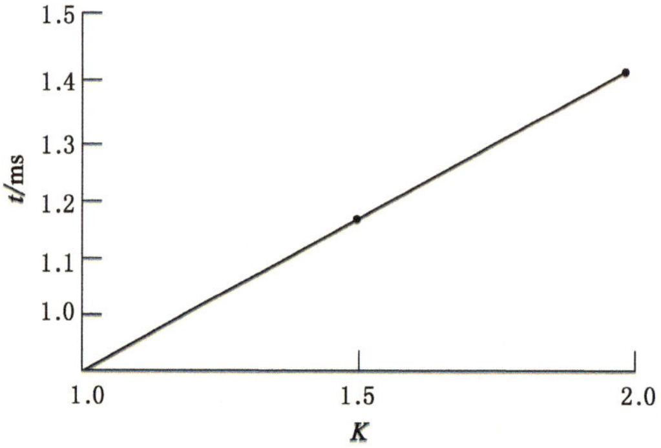

图 4-15 正压作用时间 t 与不耦合系数 K 的关系曲线[52]

向拉应力所激发的径向裂纹数量也会随不耦合系数的增大而减少。

由图 4-15 可以看出：随着不耦合系数的增大，作用在孔壁上的环向拉应力的时间逐渐延长，因此径向裂纹的长度得以进一步增大。但是还有另一个因素影响着裂纹的扩张长度，即炮孔内爆生气体的压力。显然随着不耦合系数的增大，更多压力很小的空气混入爆生气体，使得炮孔中气体的总压力降低很多，因此，寻求最优的不耦合系数，使环向拉应力与爆炸气体压力共同决定的破碎区的裂纹（特别是主要的沿径向的裂纹）总长度尽量延长，使之达到最优爆破效果，一直是工程爆破实践的目标。

炸药爆炸后产生的爆炸能量主要分为两大部分：爆炸冲击波能量和爆生气体膨胀能量。前者主要消耗在引起岩石质点移动和岩石变形上；后者主要消耗在形成爆炸空腔、破碎岩块的抛掷和空气冲击波上。不耦合装药爆破主要靠间隔介质来实现能量的转移，使得以前一部分过度浪费在粉碎区的爆炸能量被充分利用，转化成破碎区“有用”的能量，从而达到预期的破岩效果。

在爆破工程中采用空气间隔不耦合装药时，稀疏波对爆轰产物及空气冲击波的影响相对较小，因此可以认为爆轰产物与空气冲击波之间的空气压缩层在冲击波到达炮孔壁时二者同为正压区，不分离。在冲击波到达炮孔壁过程中，爆轰产物不断对周围空气层做功。

空气层消耗了爆轰产物的能量，降低了冲击波到达炮孔壁时的初始压力，避免了炮孔壁周围岩石的过度破碎。空气层储存的能量在以后爆生气体静压作用时会再次释放出来，因此在这个过程中空气层起到了“储能”作用。

随着不耦合系数的增大，空气层储存的能量越来越多，爆生气体的静压能量也逐渐增加。但是由上述分析可知：如果爆轰产物的能量过多消耗在周围空气层中，虽然粉碎区的半径有所减小，但是将影响裂隙区裂纹的形成和发展，对以后的静压作用也会产生不利影响。因此，当采用合理的不耦合系数时，结构中的间隔空气层可以减少爆炸能量对粉碎区的过度消耗，并将其中一部分能量转化成对原来裂隙区的作用，使得冲击波与爆生气体的能量得到充分利用，能够显著增大裂隙区的范围及裂纹的长度，大幅度增大卸压软化带的范围，显著改善爆破卸压效果。

4.1.4.4 抵抗线

爆破卸压中药包埋深需保证爆炸只发生在巷道围岩内部，爆破的卸压作用应不使巷道浅部围岩遭到破坏，即要保证巷道围岩的完整性。而这个目标的实现，与爆破选取的抵抗线的大小密切相关。

由式(4-20)可得到最小抵抗线 $W_{\min}$。

$$W_{\min} = \sqrt{\frac{2}{(M/2)^2 + 1}} W_0 \tag{4-20}$$

式中 W_0——最优抵抗线，$W_0 = Sr_b(P_1/\sigma_t)^6$；

S——构造系数，层理发育岩石 $S=2$；

M——炮眼密集系数；

P_1——孔内静压，$P_1 = P^*(r_0/r_b)^6$；

P^*——炸药爆压，$P^* = \rho_0 V^2/8$；

r_0——药卷半径。

其他参数同上。

但是爆破卸压时不能为了保证爆炸不破坏巷道表面围岩就一味增大抵抗线，因为抵抗线过大时，卸压区域位于巷帮 $\sigma_{\theta\max}$ 之外，根据前面分析可知这种类型卸压效果并不理想，而且随着抵抗线的增大，卸压效果会越来越差。所以需根据数值模拟分析确定合理的抵抗线。

4.1.4.5 装药量

文献[53]的研究表明：在其他爆破条件保持不变的情况下，爆落下来的介质体积总是与爆破装药量成正比，即爆破装药量越大，爆落下来的介质体积就越大，反之越小。这种装药量与爆落介质体积成正比的变化关系称为药量计算的体积原理，可用式(4-21)表示。

$$Q = JV \tag{4-21}$$

式中 Q——药包质量，kg；

J——在一定爆破条件和特定效果要求下的单位用药量系数，kg/m^3；

V——设计爆落的介质体积，m^3。

由式(4-21)可知：无论采用何种类型爆破，如需计算药包的药量，只需确定 J 和 V。因而，在设计各种类型爆破（减弱松动、松动、加强松动、标准抛掷、减弱抛掷或加强抛掷爆破等)时,各种形状药包药量的计算实际上就是如何确定 V 值和一定爆破条件及特定效果要求下的 J 值。

卸压爆破作为一种特殊爆破,其炸药消耗量按标准爆破炸药消耗量的 1/3 估算。但是在实际应用时,其炸药用量还需根据爆破现场的实际情况,在工程类比、现场试爆的基础上确定。

4.1.4.6 炮孔间距

假设两个相邻炮孔的炮孔参数、装药参数和起爆方式完全相同,如果不使一个炮孔的爆破卸压效果,包括已加固、硬化的岩石区域和已形成的爆扩空腔被相邻炮孔的爆破作用破坏,那么两个相邻炮孔之间的最小间距 L_2(图 4-8)应该为裂隙区半径 R_2 的 2 倍,即

$$L_2 \geqslant 2R_2 \tag{4-22}$$

炮孔间距只有在满足式(4-22)时,在两个炮孔中产生的爆炸应力波才不会因"碰头"而相互削弱形成裂隙区[51]。但是炮孔间距也不能过大,过大的炮孔间距会消弱爆破卸压的效果,达不到预期卸压目的,因此,需要用数值模拟方法确定合理的炮孔间距。

4.1.4.7 炸药类型

爆破卸压应该选择低爆速、高爆力的炸药,因为爆破卸压要求在围岩内部产生尽可能多的裂隙,增加裂隙的数量和长度,如果爆速过高、作用时间过短,就会使很大一部分爆炸能量消耗在压碎区上,从而不利于裂隙区的形成。此外,为了预防在高瓦斯煤层中进行爆破卸压时可能存在的危险,炸药还需具有如下特点:

① 能量要有一定的限制,其爆热、爆温都要求低一点,爆炸后不致引起矿井大气的局部高温,降低瓦斯、煤尘的发火率。

② 应具有较高的起爆敏感度和较好的传爆能力,以保证其爆炸的完全性和传爆的稳定性,这样可使爆炸产物中未反应的炽热颗粒大大减少,从而提高安全性。

③ 组分中不能含有金属粉末,以防爆炸后生成高温固体颗粒。

煤矿常用炸药的参数见表 4-1。

表 4-1 煤矿常用的炸药参数

性能	3 号煤矿铵梯炸药	二级煤矿许用水胶炸药	三级煤矿许用水胶炸药	二级煤矿许用乳化炸药	三级煤矿许用乳化炸药
爆速/(m/s)	3 262	4 018	3 500	3 600	4 500
爆热/(J/g)	3 061	2 930	2 280	2 860	3 100
爆力/mL	≥240	≥300	≥350	≥220	≥301
猛度/mm	≥10	≥16	≥15	≥20	≥19
殉爆/cm	≥4	≥10	≥8	≥11	≥10

综上所述,在高瓦斯煤层中应选用爆速、爆热、爆温低,爆力高,且传爆好,安全性能佳的炸药。

4.1.4.8 起爆方式

根据起爆点在炮眼中位置的不同,柱状装药的起爆方式分为正向起爆与反向起爆。正向起爆是指起爆点在炮眼孔口位置,反向起爆是指起爆点在炮眼孔底位置,起爆方式不同,

爆炸应力波传播的方向便不同，从而使巷道围岩结构的破坏存在差异。

采用正向起爆时[图 4-16(a)]，爆炸应力波的传播方向是从孔口向孔底传播的，对孔口方向作用相对较小，从而避免爆破“冲炮”的发生和巷道的破坏。当采用反向起爆时[图 4-16(b)]，由于封孔段相比岩体为结构弱面，炸药爆炸瞬间应力波将集中向结构弱面作用，即向封孔段作用，从而造成封孔段不安全，容易发生“冲炮”现象。即使不“冲炮”，也会使岩体产生向工作面方向的运动，破坏巷道结构。

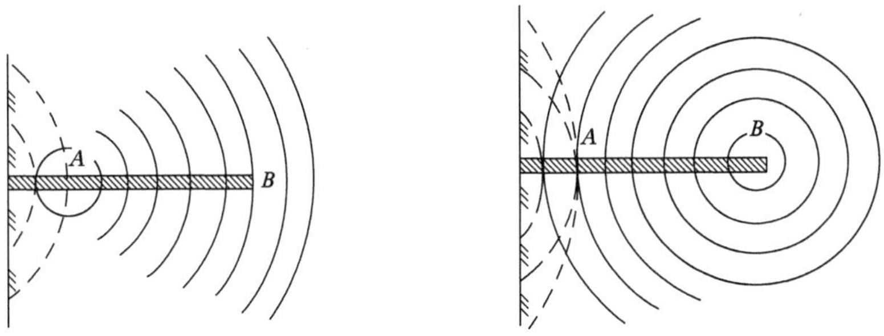

(a) 正向起爆　　(b) 反向起爆

图 4-16　炸药爆炸时应力波传播示意图

因此，卸压爆破时宜采用正向起爆方式。

综上所述，在不考虑岩石参数影响的情况下，钻孔参数、炸药参数中涉及的 8 个参数中可以确定 2 个参数，即炸药类型为三级煤矿许用水胶炸药和起爆方式为正向起爆。其余参数对爆破卸压效果究竟有什么样的影响，需通过数值模拟和现场实测进行研究。

4.2 爆破卸压效果与爆破参数之间关系研究

由 4.1 节的分析可知：只有各爆破参数之间匹配合理，才能设计出合理的爆破卸压方案。采用数值模拟可以定量模拟各种爆破因素，详细研究爆破参数与爆破卸压效果之间的关系，科学指导爆破卸压现场实践。在爆破卸压效果模拟实践中，主要采用有限元分析软件 ANSYS 来实现。ANSYS 是融结构、热、流体、电磁、声学于一体的大型通用有限元分析软件，被广泛用于核工业、铁道、石油化工、航空航天、土木工程、矿业工程、水利等一般工业及科学研究。

在使用 ANSYS 进行巷道爆破卸压数值模拟研究中，巷道岩石选取的单元类型为混凝土单元 SOLID65。SOLID65 单元用于含钢筋或不含钢筋的三维实体模型。该实体模型具有拉裂与压碎的性能，能预示脆性材料的破坏，因此可以用来模拟地质材料(岩石等)。在地下工程应用方面，可用单元的实体性能来模拟岩石，用加筋性能来模拟预应力锚杆与锚索的作用。

4.2.1 基本假设与数值模拟模型

巷道所处的实际环境十分复杂，采用数值模拟软件研究爆破卸压效果与包括巷道围岩性质、炮孔间距、装药量、炮孔深度等相关因素之间的关系，不可能完全与工程实际情况相同，因此需要对数值模拟的模型进行适当简化。基本假设为：

① 巷道埋深为 800 m，可将地下应力场看作均匀荷载；

② 由于巷道较长，远大于其跨度，可以作为平面应变问题处理；

③ 将巷道围岩看作各向同性的连续均匀介质；

④ 略去变形速度、温度等因素对应力、应变的影响，也略去回弹、蠕变等时间效应。

基于上述假设，为了研究爆破卸压后巷道的受力变形规律，数值模拟过程中，模型各向尺寸均大于 5 倍巷道半径。建模时，爆孔与巷道均对称布置，各炮孔的爆破参数都相同，因此根据对称性均取 1/2 计算模型，模型宽×高为 15 m×20 m，厚度根据模拟方案确定。巷道断面形状为矩形，巷道尺寸为 4 m×3 m，因此$\frac{1}{2}$巷道尺寸为 2 m×3 m。岩石单元类型为 SOLID65 单元。

炮孔垂直于巷帮，布置在巷道帮部距底板 1.5 m 处，沿巷道走向均匀布置。由爆炸空腔、粉碎区与裂隙区形成的弱化带按式(4-15)和式(4-19)计算，爆破后形成的粉碎区与裂隙区均为椭球体。所建立的数值模拟模型如图 4-17 所示。

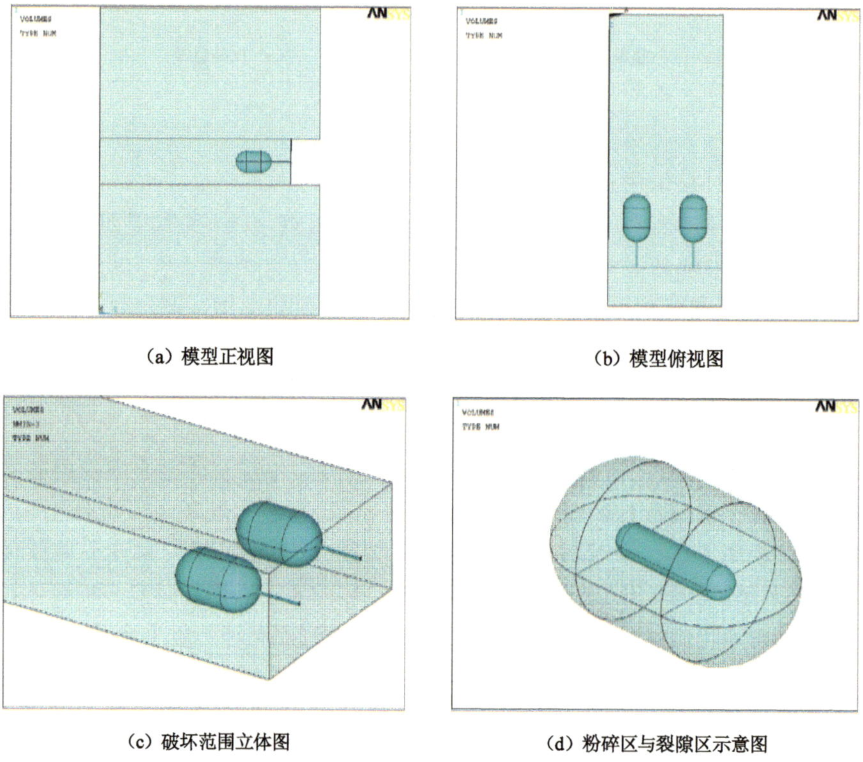

(a) 模型正视图　(b) 模型俯视图

(c) 破坏范围立体图　(d) 粉碎区与裂隙区示意图

图 4-17　数值模拟模型示意图

4.2.2　边界条件与数值模拟参数

计算区域的边界条件可分为位移边界条件、速度边界条件、应力边界条件三类。数值模拟过程中对数值模型边界按应力边界条件和位移边界条件进行施加：模型左右、前后边界为单约束边界，施加水平方向的位移约束，铅垂自由，即只允许边界节点沿垂直方向移动;模型底部为全约束边界,边界节点水平位移和垂直位移均为零;模型顶部为应力边界,根据模型埋深和海姆假设,施加荷载为上覆岩层自重应力。

数值模拟的工程背景为某深部矿井丁 5-6-26041 采面顺槽,通过数值模拟计算来寻求不同爆破参数下的爆破卸压效果。所用炸药参数:密度为 1 000 kg/m^3,爆轰速度为 3 500 m/s。数值模拟巷道围岩物理力学参数详见表 4-2。

表 4-2　爆破卸压巷道围岩物理力学参数

位置	岩性	E/GPa	μ	ρ/(kg/m^3)	C/MPa	φ/(°)
顶板	砂岩	15.5	0.26	2 450	3.6	25
两帮	煤	7.4	0.23	2 210	2.5	20
底板	泥岩	5.3	0.21	2 420	2.2	20
粉碎区	煤	0.8	0.25	2 210	1.5	16
裂隙区	煤	1.48	0.24	2 210	1.9	18
炮泥	黏土	0.7	0.28	2 130	1.2	15

4.2.3　数值模拟方案

数值模拟思路:在对爆破卸压有影响的参数中,通过确定其中一部分爆破参数,调整另一部分爆破参数,来研究爆破卸压参数对卸压效果的影响。在岩石性质一定的条件下,爆破卸压选用三级煤矿许用水胶炸药柱状装药和正向起爆。而炮孔深度、炮孔直径、不耦合系数、装药量、炮孔间距等其他参数,需通过数值模拟来研究它们的改变对爆破卸压效果的影响,方案中各爆破参数的取值均为煤矿井下爆破施工时常用的数值。数值模拟方案见表 4-3。

表 4-3　数值模拟方案

方案	炮孔深度/m	炮孔直径/mm	不耦合系数	装药长度/m	炮孔间距/m
一	4、5、6、7、8	50	1.2	2	3
二	4	40、50、60、70、80	1.2	2	3
三	4	70	1.1、1.2、1.3、1.4、1.5	2	3
四	7	50	1.2	1、2、3、4、5	3
五	4	50	1.2	2	2、3、4、5、6

① 方案一:研究在炮孔直径、不耦合系数、装药长度及炮孔间距相同的情况下,炮孔深度对爆破卸压效果的影响。

② 方案二:研究在炮孔深度、不耦合系数、装药长度及炮孔间距相同的情况下,炮孔直径对爆破卸压效果的影响。

③ 方案三:研究在炮孔深度、炮孔直径、装药长度及炮孔间距相同的情况下,不耦合系数对爆破卸压效果的影响。

④ 方案四:确定炮孔直径、不耦合系数及装药方式时,装药量由装药长度决定,因此可以用装药长度表示装药量。

因此该方案研究炮孔深度、炮孔直径、不耦合系数及炮孔间距相同的情况下，装药量(即装药长度)对爆破卸压效果的影响。

⑤ 方案五：研究炮孔深度、炮孔直径、不耦合系数及装药长度相同的情况下，炮孔间距对爆破卸压效果的影响。

为了便于分析比较，对数值模拟的方案、参数进行编号，形成不同的模型，数值模拟模型编号详见表 4-4。

表 4-4　数值模拟模型编号

序号	模型编号	编号含义
1	A4、A5、A6、A7、A8	A 为方案一，4～8 为炮孔深度，单位为 m
2	B40、B50、B60、B70、B80	B 为方案二，40～80 为炮孔直径，单位为 mm
3	C1.1、C1.2、C1.3、C1.4、C1.5	C 为方案三，1.1～1.5 为不耦合系数
4	D1、D2、D3、D4、D5	D 为方案四，1～5 为装药长度，单位为 m
5	E2、E3、E4、E5、E6	E 为方案五，2～6 为炮孔间距，单位为 m

4.2.4　数值模拟结果分析

通过爆破卸压前后巷道帮部 σ_θ、σ_r 及表面围岩变形的对比，绘制不同卸压参数时巷道围岩的应力图和位移图，分析各数据的变化规律，从而确定各爆破参数与爆破卸压效果之间的内在联系，达到指导现场爆破卸压施工的目的。

根据表 4-3 的模拟方案，数值模拟计算过程中共取 5 个因素，每个因素模拟 5 个水平，总共 25 个数值模型。每个模型提取 σ_θ、σ_r 及围岩表面位移 3 个数据，每个数据取 65 个监测点。下面以 A4 模型为例对各个参数对爆破卸压效果的影响进行分析。

4.2.4.1　爆破卸压对巷道围岩稳定性的影响

图 4-18 为爆破卸压实施前后巷帮应力分布图。

分析图 4-18 可知：

① 爆破卸压前，在塑性区($r<2.0$ m)内，巷帮围岩切向应力 σ_θ 随着 r 的增大逐渐增大；在弹塑性分界处($r=2.0$ m)达到最大值，$\sigma_{\theta\max}$ 为 39.54 MPa；在塑性区($r>2.0$ m)之外，σ_θ 随着 r 的增大逐渐减小并趋于稳定，最终达到原岩应力 22.61 MPa。总的来说，σ_θ 在塑性区内变化剧烈，在弹性区内变化平缓。

爆破卸压后由于 A4 模型为第 3 种卸压类型，不存在 $\sigma'_{\theta\max}$，所以切向应力 σ_θ 分布表现出双峰值特征，应力分布曲线呈马鞍形，即在巷帮岩柱部位($r<1.0$ m)，与卸压前曲线持平或略高；在卸压带内边缘($r=1.0$ m)达到第一应力峰值，最大值为 27.48 MPa；在爆破卸压带部位(1.0 m$<r<$4.8 m)，σ_θ 远低于卸压前曲线；在爆破卸压带外边缘($r=4.8$ m)达到第二应力峰值，最大值为 31.07 MPa，高于未卸压时的 26.31 MPa；在卸压带外边缘外侧($r>4.8$ m)，σ_θ 要高于卸压前曲线，但是仍小于卸压前 $\sigma_{\theta\max}$，且随着 r 的增大逐渐减小，最后降至原岩应力。

由此可知卸压带处应力卸除效果明显，且卸压带处卸除的应力极少部分转移到前方巷帮岩柱，大部分转移到深部围岩。

② 爆破卸压前，巷帮围岩径向应力 σ_r 随着 r 的增大从巷道壁面逐渐增大，在 $r=2.8$ m 处

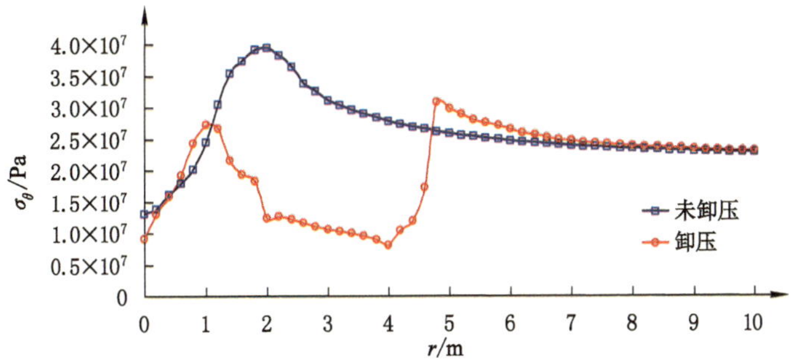

(a) 爆破卸压实施前后巷帮σ_θ分布图

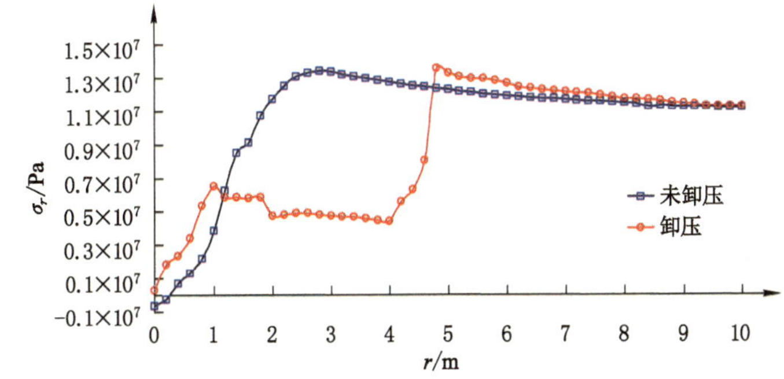

(b) 爆破卸压实施前后巷帮σ_r分布图

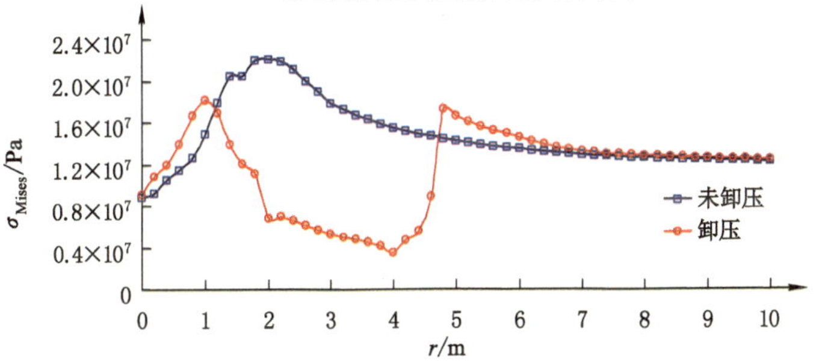

(c) 爆破卸压实施前后巷帮σ_{Mises}分布图

图 4-18 爆破卸压实施前后巷帮应力分布图
(r 为距巷道帮部壁面的距离)

达到最大值,为 13.45 MPa;在 2.8 m 之外,σ_r 随着 r 的增大变化已不明显。

爆破卸压后,径向应力 σ_r 同样表现为双峰值特征,即在巷帮岩柱部位($r<1.0$ m)比卸压前曲线略高,在卸压带内边缘($r=1.0$ m)达到第一应力峰值,最大值为 6.57 MPa,高于卸压前的 3.91 MPa;在爆破卸压带部位(1.0 m$<r<$4.8 m),σ_r 远低于卸压前曲线;在爆破卸压带外边缘($r=4.8$ m)达到第二应力峰值,最大值为 13.60 MPa,略高于卸压前的 12.38 MPa;在卸压带外边缘之外($r>4.8$ m),σ_θ 要高于卸压前曲线,且随着 r 的增大 σ_r 逐渐减小并趋于稳定。

③ 爆破卸压前,巷帮壁面 Mises 应力为 8.84 MPa,塑性区($r<2.0$ m)内,巷帮 Mises 应力随着 r 的增大逐渐增大;在弹塑性分界处($r=2.0$ m)达到最大值,为 22.09 MPa;在塑性区($r>$2.0 m)之外,Mises 应力随着 r 的增大逐渐减小并稳定于 12.07 MPa。因此巷道在 Mises 应力峰值($r=2.0$ m)处稳定性最差,即危险性最高。总的来说,Mises 应力与 σ_θ 变化规律类似,即

在塑性区内变化剧烈，在弹性区内变化平缓。

爆破卸压后，由于弹性核区的存在，Mises 应力分布也表现出双峰值特征，应力分布曲线呈马鞍形，即在巷帮岩柱部位($r<1.0$ m)，比卸压前略高；在卸压带内边缘($r=1.0$ m)达到第一应力峰值，最大值为 18.22 MPa；在爆破卸压带部位($1.0\ \text{m}<r<4.8$ m)，Mises 应力远低于卸压前曲线的；在爆破卸压带外边缘($r=4.8$ m)达到第二应力峰值，最大值为 17.37 MPa；在卸压带外边缘之外($r>4.8$ m)，Mises 应力高于卸压前曲线的，但仍小于卸压前的应力峰值，且随着 r 的增大 Mises 应力逐渐减小，最后稳定于 12.07 MPa。

由此可知卸压前岩柱区域危险性较小，即使卸压后此区域的危险性稍微增大，但是并不影响巷道稳定；卸压前卸压区为巷道帮部最危险的部位，卸压后此处的危险性明显降到最低，应力环境得到大幅度改善；尽管在 $r>4.8$ m 处围岩的危险性有所增大，但增幅不大，且此处围岩位于巷帮深处，不会对巷道稳定性产生显著影响。

④ 由巷帮应力分析结果可知 σ_θ 远大于 σ_r，说明 σ_θ 对巷道帮部围岩变形起主要作用，即巷道帮部的 Mises 应力主要由 σ_θ 决定，因此 Mises 应力的分布规律与 σ_θ 类似，二者只需择一分析即可，但不是说可以忽略 σ_r，因为 σ_r 的降低同样有利于维护巷道的稳定。

⑤ 实施爆破卸压后，巷道帮部的应力集中带移至 4.8 m 左右，卸压带宽度达到 3.8 m，巷帮卸压效果明显。

图 4-19 为爆破卸压实施前后巷帮应力峰值对比图。

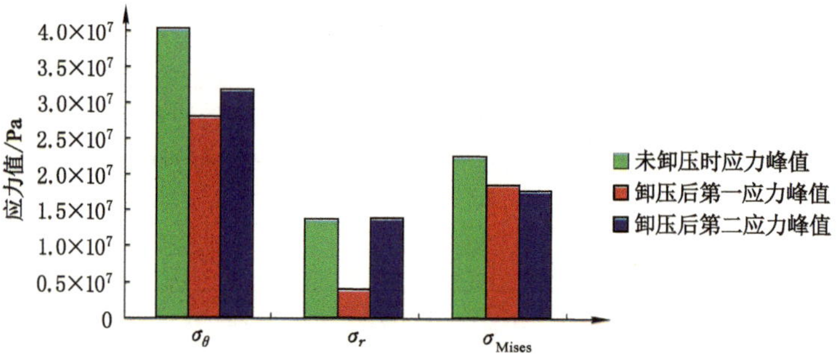

图 4-19 爆破卸压实施前后巷帮应力峰值对比图

分析图 4-19 可知：与爆破卸压前相比，卸压后 σ_θ 的第一应力峰值降低 30.51%、第二应力峰值降低 21.42%；σ_r 的第一应力峰值降低 70.96%、第二应力峰值升高 1.18%；σ_{Mises} 的第一应力峰值降低 17.55%、第二应力峰值降低 21.37%。

由此可知：爆破卸压后 σ_θ 与 σ_{Mises} 峰值均大幅度降低，巷帮应力集中现象明显减弱，只有 σ_r 的第二应力峰值有所升高，但对围岩破坏起主要作用的是 σ_θ，σ_r 的略微升高并不会对围岩稳定性产生显著影响，而 σ_θ 的大幅度降低却更有利于巷道的稳定。σ_θ 与 σ_r 的第二应力峰值均大于第一应力峰值，说明卸压带处应力极少部分转移到前方巷帮岩柱，大部分都转移到后方深部围岩，从而降低维护巷道稳定的难度。

图 4-20 为爆破卸压实施前后巷帮平均应力对比图。

分析图 4-20 可知：卸压后巷帮围岩的平均应力均发生大幅度下降。σ_θ 由 28.68 MPa 降至 14.81 MPa，降低 48.36%；σ_r 由 9.26 MPa 降至 4.84 MPa，降低 47.77%；σ_{Mises} 由 16.58 MPa 降至 8.96 MPa，降低 45.96%。对比发现爆破卸压后巷帮各应力降幅均接近 50%，卸压效果显

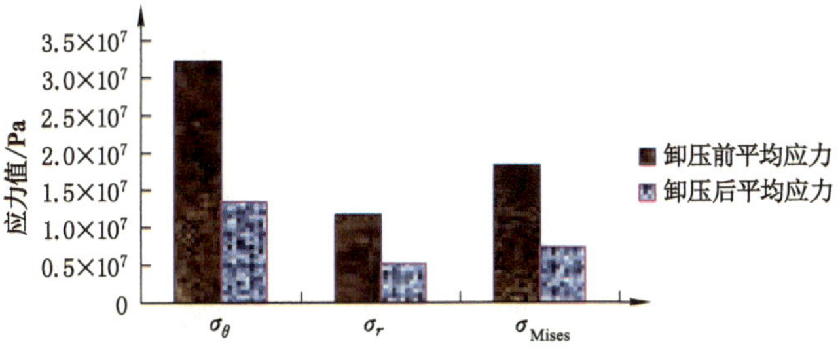

图 4-20 爆破卸压实施前后巷帮平均应力对比图

著。因此可以认为爆破卸压能够很好地解决巷帮高地应力问题。

由以上分析可知:只需要分析巷帮的应力峰值和平均应力的变化规律就完全可以判断巷帮应力环境和卸压效果。

图 4-21 为爆破卸压实施前后巷帮表面围岩位移图。

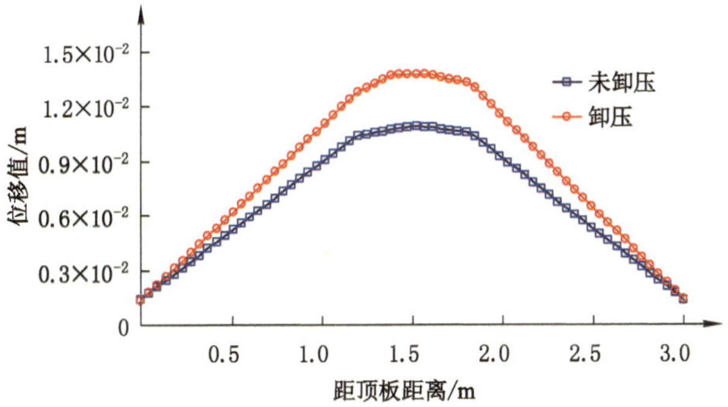

图 4-21 爆破卸压实施前后巷帮表面围岩位移图

分析图 4-21 可知:巷帮表面围岩变形呈现两端小中间大的类凸抛物线形,与工程实际相符。爆破卸压后巷帮表面围岩的平均变形由 6.87 mm 增大到 8.43 mm,涨幅为 22.73%。同卸压前相比,卸压后巷帮表面围岩位移不增反降。这种现象从表面上看不符合爆破卸压降低巷帮围岩变形的初衷,与工程实际矛盾,但实际上该结果是正确的。这是因为进行现场爆破卸压时,在围岩内部形成的爆炸空腔和爆破产生的松动圈,本身存在受压致密过程,在一定时间内可以使周围岩体受压变形量直接被爆炸空腔和爆破产生的松动圈吸收,而且实际工程中技术人员在卸压后会立即对巷道采用锚杆或 U 形钢进行支护,因此现场实测时巷道表面围岩的变形量会大幅度减小,这也是采取爆破卸压所期望的结果。

而数值模拟的收敛过程也是爆炸空腔以及爆破产生的松动圈压实压密过程,模拟结束时,现场卸压产生的预留变形量早已没有了,由于围岩内部存在大范围的弱化区域,且卸压后并未进行锚杆、锚索及 U 形钢支护,所以在地应力作用下巷帮表面围岩位移自然会增大。因此,数值模拟与现场实测结果截然相反。所以数值模拟的围岩变形越大,说明巷道内部围岩弱化程度越高,爆破卸压的效果也就越理想。

综上所述,爆破卸压后,巷道帮部围岩的应力等值线由卸压前的密集状态变为缓和状态,并朝纵深方向发展,卸压范围扩大。巷道帮部的应力集中带朝围岩深部转移,$\sigma_{\theta\max}$ 被大幅消减。巷帮各种应力的降幅均超过卸压前的一半，整个巷帮的能量分布状态得到调整，更加有利于维护巷道的稳定。由于爆破产生的卸压带的存在，巷帮表面围岩变形加大，说明巷道内部围岩弱化程度提高，爆破卸压效果比较明显，取得预期效果。

4.2.4.2 炮孔深度对爆破卸压效果的影响

鉴于4.2.4.1的分析，切向应力 σ_θ 与Mises应力分布规律基本相同，因此以下所有部分仅对 σ_θ 与 σ_r 进行分析。关于炮孔深度对爆破卸压效果的影响，选取方案一中A4～A8模型进行数值模拟，各模型具体参数详见表4-3。

图4-22为不同炮孔深度时巷帮应力分布规律。

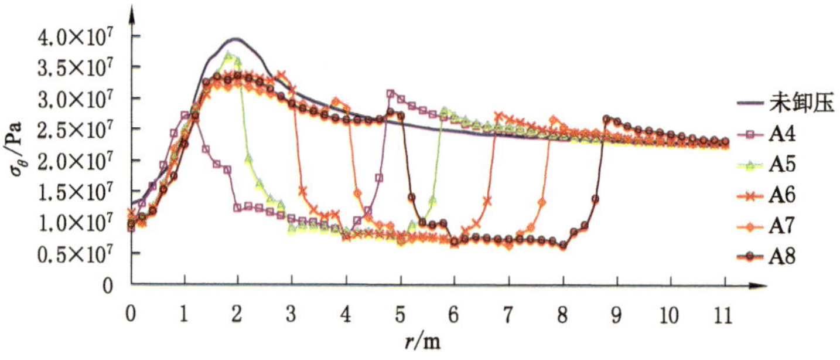

(a) 巷帮 σ_θ 应力分布曲线

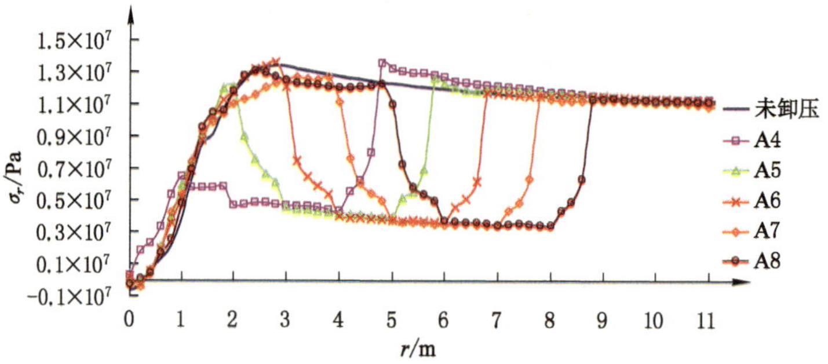

(b) 巷帮 σ_r 应力分布曲线

图4-22 不同卸压炮孔深度时巷帮应力分布曲线

A4为第三种卸压类型，A5～A8为第四种卸压类型。分析图4-22可知：当炮孔深度由4 m增至8 m时，卸压深度从4.8 m后移至8.8 m，但卸压带宽度并未改变，维持在3.8 m左右。巷帮各应力变化规律如下：

(1) σ_θ 的第一、二应力峰值均随着炮孔深度的增加逐渐后移，$\sigma'_{\theta max}$ 位置基本不变，维持在2.0 m附近。炮孔深度4 m时 σ_θ 的第一应力峰值为27.48 MPa，至5 m时达到最大值，增至36.17 MPa，随后逐渐降低，当炮孔深度为8 m时降至最低，为27.32 MPa。随着炮孔深度的增加，σ_θ 的第二应力峰值呈递减趋势，该峰值由炮孔深度4 m时的31.07 MPa降低到炮孔深度为8 m时的26.85 MPa；卸压后只有A5～A8形成了 $\sigma'_{\theta max}$，该峰值由炮孔深度为5 m时的37.07 MPa，一直降至6 m时的34.04 MPa、7 m时的32.59 MPa，直到炮孔深度为8 m时升至33.60 MPa。

(2) σ_r 的3个应力峰值的移动规律同 σ_θ 类似，第一、二应力峰值均随着炮孔深度的增加逐渐后移，$\sigma'_{r max}$ 位置基本不变，维持在2.8 m附近。炮孔深度为4 m时 σ_r 的第一应力峰值为 6.57 MPa，随着炮孔深度的增加该峰值逐渐增大，至炮孔深度为 6 m 时达到最大值，为 12.15 MPa，随后逐渐降低，当炮孔深度 8 m 时降至最小值 12.22 MPa；σ_r 的第二应力峰值随炮孔深度的增加逐渐减小，该峰值由炮孔深度为 4 m 时的 13.60 MPa 降低到炮孔深度为 8 m 时的 11.27 MPa；卸压后只有 A6～A8 形成了 σ'_{rmax}，该峰值由炮孔深度为 6 m 时的 13.67 MPa，降为 7 m 时的 12.77 MPa，至炮孔深度为 8 m 时又升为 13.06 MPa。

由此可见：随着炮孔深度的增加，卸压深度逐渐增大，但卸压带宽度基本不变。当炮孔深度增加时，卸压类型也由第三类卸压转变为第四类卸压。A5 模型的 σ_θ 第一应力峰值由 A4 的 27.48 MPa 增至 36.17 MPa，且 $\sigma'_{\theta max}$ 为 37.07 MPa，2 个峰值仅次于卸压前 $\sigma_{\theta max}$ 值 39.54 MPa，因此 A5 的巷帮应力集中现象最明显。当炮孔深度为 68 m 时，虽然 σ_θ 的 3 个应力峰值同 A5 相比均有所降低，但是 σ_θ 的第一应力峰值与 $\sigma'_{\theta max}$ 之间的高应力区域却逐渐变大，由炮孔深度为 6 m 时的 1 m 增至炮孔深度为 8 m 时的 3 m。所以，当炮孔深度由 6 m 增至 8 m 时，巷帮的高应力现象越来越明显。

所以，总体而言，A4 模型巷帮的应力环境最好。

图 4-23 为不同炮孔深度时巷帮 σ_θ 平均应力图，图 4-24 为不同炮孔深度时巷帮 σ_r 平均应力图。图 4-23 与图 4-24 提取的数据范围为炮孔深度为 8 m 时的卸压带外缘之内的平均应力，用以对比炮孔深度不同时巷帮围岩应力的变化规律。

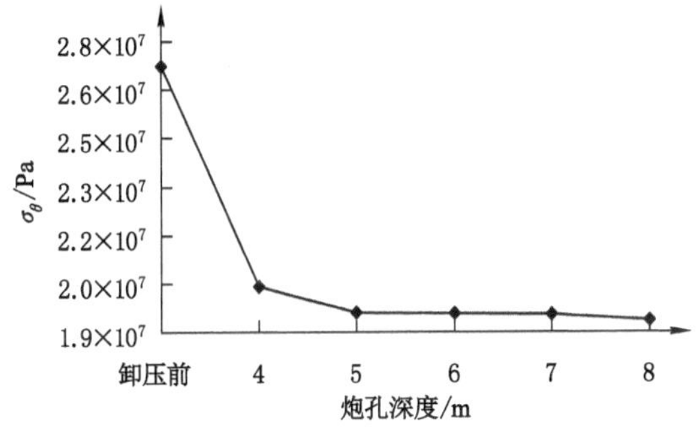

图 4-23　不同炮孔深度时巷帮 σ_θ 平均应力图

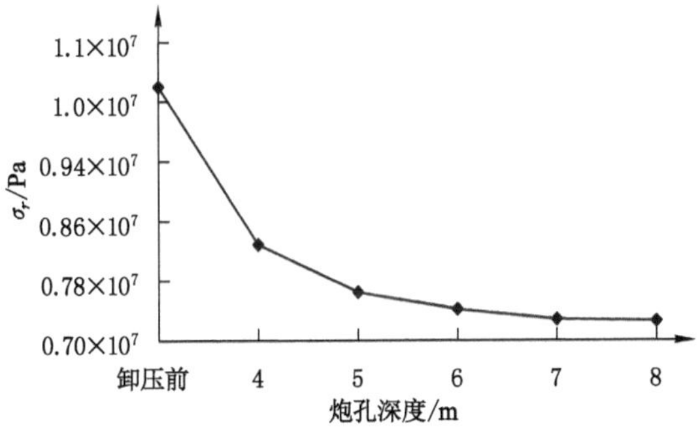

图 4-24　不同炮孔深度时巷帮 σ_r 平均应力图

分析图 4-23 与图 4-24 可知：随着炮孔深度的增加，巷帮围岩的应力水平逐渐降低。炮孔深度为 4～8 m 时，σ_θ 平均应力从 19.91 MPa 降至 18.86 MPa，同卸压前相比依次下降 25.59%、28.56%、28.69%、28.74%、29.52%；σ_r 平均应力从 8.28 MPa 降至 7.29 MPa，同卸压前相比依次下降 20.45%、26.55%、28.69%、30.04%、30.27%。

由此可见：随着炮孔深度的增加，巷帮围岩的应力集中现象逐渐减弱，但是当炮孔深度大于 5 m 时，继续增大炮孔深度，巷帮应力降低幅度将逐渐减小。

图 4-25、图 4-26 分别为不同炮孔深度时巷帮表面围岩位移图和巷帮表面围岩平均位移图。

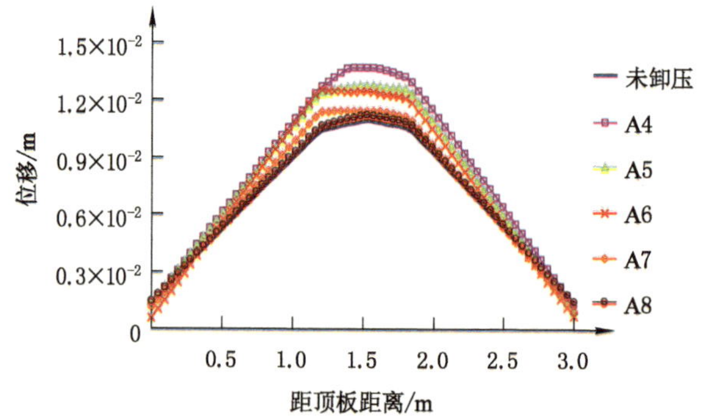

图 4-25　不同炮孔深度时巷帮表面围岩位移图

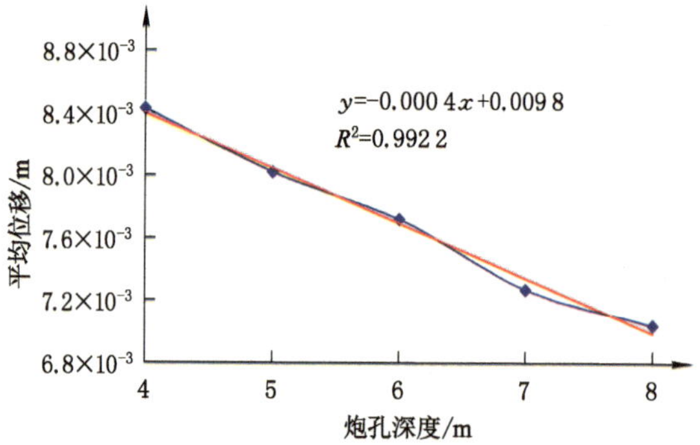

图 4-26　不同炮孔深度时巷帮表面围岩平均位移图

由图 4-25 和图 4-26 可知：巷帮表面围岩位移随炮孔深度的增加逐渐降低。炮孔深度从 4 m 增至 8 m 时，巷帮表面围岩位移从 8.43 mm 降为 7.05 mm，且与炮孔深度近似呈线性关系。这是因为爆破卸压带随炮孔深度的增加距巷帮壁面越来越远，对巷帮表面围岩的影响程度逐渐降低，巷帮岩柱的整体性随即增强，因此巷帮表面围岩位移呈下降趋势。所以，在不影响巷帮岩柱稳定性的情况下，炮孔深度越小，卸压带对巷帮表面围岩的影响程度越大。

由以上分析可知：① 应力方面：尽管随着炮孔深度的增加，围岩的应力水平逐渐降低，但是降幅较小，总的来说，A4 模型的巷帮应力环境最好，A5 模型的应力环境最差，A6 模型稍微改善，然后随着炮孔深度的增加，巷帮的应力环境越来越差。② 位移方面：在不影响巷帮岩柱稳定性的情况下，炮孔深度越小，卸压带对巷帮表面围岩的影响程度越大。所以可以得出：A4 的卸压效果最好，A5 卸压效果最差，A6 卸压效果稍微有所好转，然后随着炮孔深度的增加卸压效果越来越差。

综上所述，随着炮孔深度的增加，卸压深度逐渐增加，但卸压带宽度基本不变。巷帮围岩应力水平随着炮孔深度的增加逐渐降低，但降幅较小，同时卸压带前方的高应力区域范围逐渐增大，不利于围岩稳定。在爆炸不破坏巷帮岩柱的前提下，炮孔深度应以卸压带包含卸压前 $\sigma_{\theta\max}$ 为宜，只有这样才能有效消除巷帮应力集中。所以，在本模拟方案中确定卸压炮孔深度为 4 m。

4.2.4.3　炮孔直径对爆破卸压效果的影响

选取方案二中 B40～B80 模型进行数值模拟研究，各模型具体参数详见表 4-3。图 4-27 为不同炮孔直径卸压炮孔时巷帮应力分布规律。

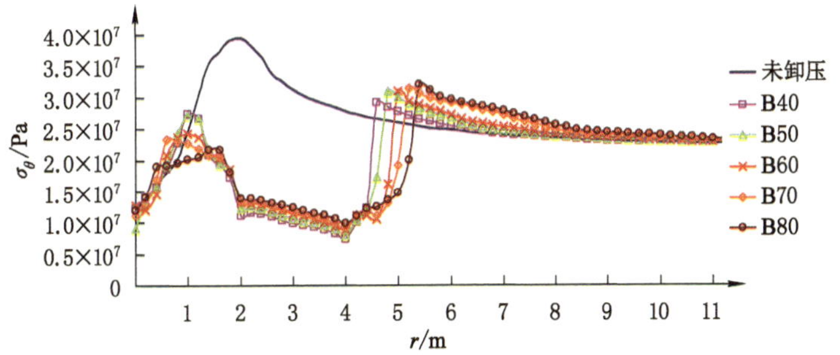

(a) σ_θ 分布图

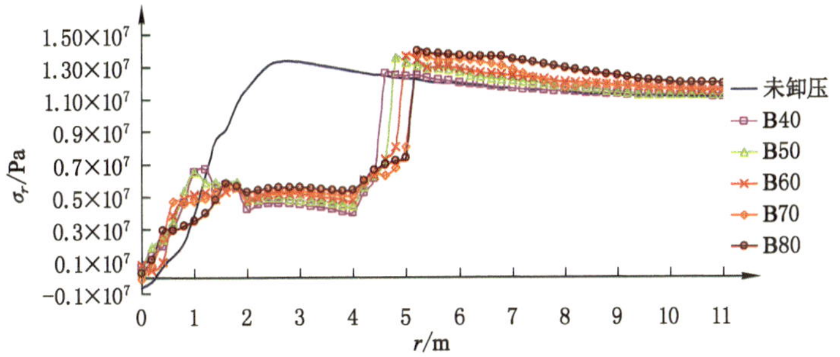

(b) σ_r 分布图

图 4-27　不同直径卸压炮孔时巷帮应力分布图

B40～B80 均为第三种卸压类型。分析图 4-27 可知：当炮孔直径从 40 mm 增大到 80 mm 时，卸压深度由 4.6 m 增至 5.2 m，卸压带宽度由 3.6 m 增至 4.5 m，卸压深度与卸压带宽度呈增大趋势。σ_θ 与 σ_r 的变化规律类似，综合分析巷帮各应力变化规律如下：

(1) 巷帮的第一应力峰值随着炮孔直径的增大顺次前移且逐渐降低，B40 至 B80 模型 σ_θ 的第一应力峰值依次为 27.59 MPa、27.48 MPa、24.37 MPa、23.48 MPa、19.76 MPa，σ_r 的第一应力峰值依次为 6.72 MPa、6.57 MPa、4.92 MPa、4.75 MPa、2.94 MPa，巷帮第一应力峰值下降明显。这是因为随着炮孔直径的增大，卸压带宽度逐渐增大，因此巷帮岩柱的宽度逐渐减小，造成该处弹性核区范围减小，因此第一应力峰值顺次前移并逐渐降低。

(2) 巷帮的第二应力峰值随着炮孔直径的增大顺次后延且呈递增趋势，B40 至 B80 模型 σ_θ 的第二应力峰值依次为 29.40 MPa、31.07 MPa、31.22 MPa、31.68 MPa、32.11 MPa，

σ_r 的第二应力峰值依次为 12.66 MPa、13.60 MPa、13.72 MPa、13.82 MPa、13.98 MPa，巷帮第二应力峰值增幅较小。这是因为随着卸压带宽度的增大，更多的应力转移到卸压带外缘，从而造成第二应力峰值的增大。同时，卸压深度的增大导致卸压带外缘往围岩深部发展，因此第二应力峰值顺次后延。

由此可知：随着炮孔直径的增大，巷帮岩柱部位的第一应力峰值逐渐降低，且下降明显，应力集中现象显著减轻；巷帮第二应力峰值虽然逐渐增大，但是增幅较小，且该峰值距巷帮壁面越来越远，因此对巷帮表面围岩的影响程度逐渐减弱。所以，随着炮孔直径的增大，巷帮应力环境逐步改善。

图 4-28 为不同炮孔直径时巷帮 σ_θ 平均应力图。图 4-29 为不同炮孔直径时巷帮 σ_r 平均应力图。图 4-28 和图 4-29 提取的数据范围为炮孔直径 80 mm 时的卸压带外缘之前的平均应力，用以对比炮孔直径不同时围岩应力的变化规律。

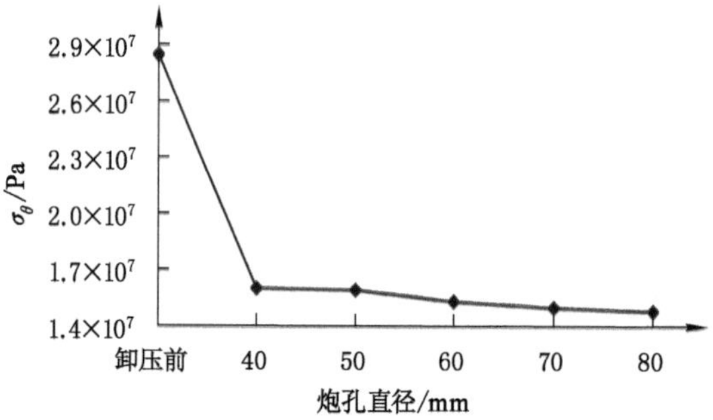

图 4-28　不同炮孔直径时巷帮 σ_θ 平均应力图

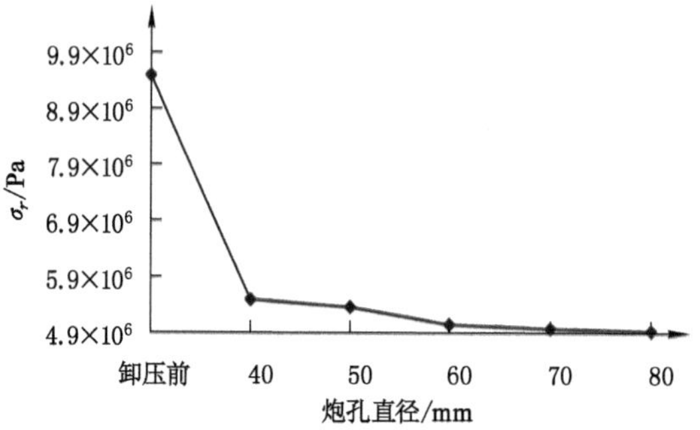

图 4-29　不同炮孔直径时巷帮 σ_r 平均应力图

分析图 4-28 和图 4-29 可知：炮孔直径从 40 mm 增大到 80 mm 时，σ_θ 平均应力从 16.04 MPa 降至 14.84 MPa，同卸压前相比依次下降 43.71%、44.06%、46.06%、47.27%、47.88%，；σ_r 平均应力从 5.50 MPa 降至 4.94 MPa，同卸压前相比依次下降 42.09%、43.40%、46.78%、47.55%、48.02%。可见：随着炮孔直径的增大，巷帮围岩的应力水平逐渐降低。

图 4-30、图 4-31 分别为不同炮孔直径时巷帮表面围岩位移图和巷帮表面围岩平均位移图。

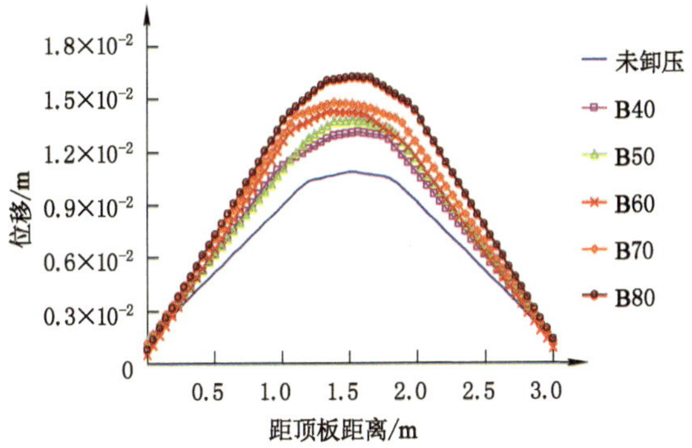

图 4-30　不同炮孔直径时巷帮表面围岩位移图

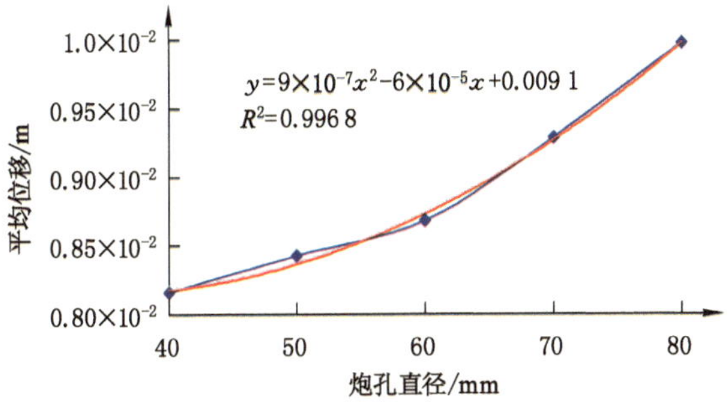

图 4-31　不同炮孔直径时巷帮表面围岩平均位移图

由图 4-30 可知：随着炮孔直径的增大，巷帮表面围岩位移逐渐增大，这是因为随着炮孔直径的增大，卸压带宽度越来越大，巷道帮部附近围岩的弱化程度逐渐升高，从而造成巷帮表面围岩位移值变大。

由图 4-31 可知：炮孔直径从 40 mm 增大到 80 mm 时，巷帮表面围岩位移从 8.16 mm 增大到 9.98 mm，且随炮孔直径的增大增速逐渐变大。这是因为不仅爆炸产生的卸压带有卸压效果，炮孔自身也可以弱化围岩，即具有钻孔卸压的作用，所以炮孔直径的增大，不仅造成爆破卸压范围的增大，也会造成由炮孔自身形成的弱化区域范围的增大，在地应力的作用下，巷帮表面围岩位移自然逐渐增大。这说明炮孔直径越大，巷帮围岩的弱化程度越高。

综上所述，随着卸压炮孔直径的增大，巷帮围岩的整体应力水平逐渐降低，虽然降幅较小，但是岩柱附近的应力集中水平却大幅度降低，应力集中现象明显减轻。随着炮孔直径的增大，巷帮的卸压深度与卸压带宽度呈增大趋势，巷帮表面围岩位移也逐渐增大，围岩的弱化程度变大。所以，在不影响巷帮稳定的情况下，炮孔直径越大，卸压效果越好。本模拟方案中，卸压炮孔直径取 80 mm 较为合理。

4.2.4.4　不耦合系数对爆破卸压效果的影响

选取方案三中的 C1.1～C1.5 模型进行数值模拟计算，各模型具体参数详见表 4-3。

图 4-32 为不同卸压炮孔不耦合系数时巷帮应力分布图。

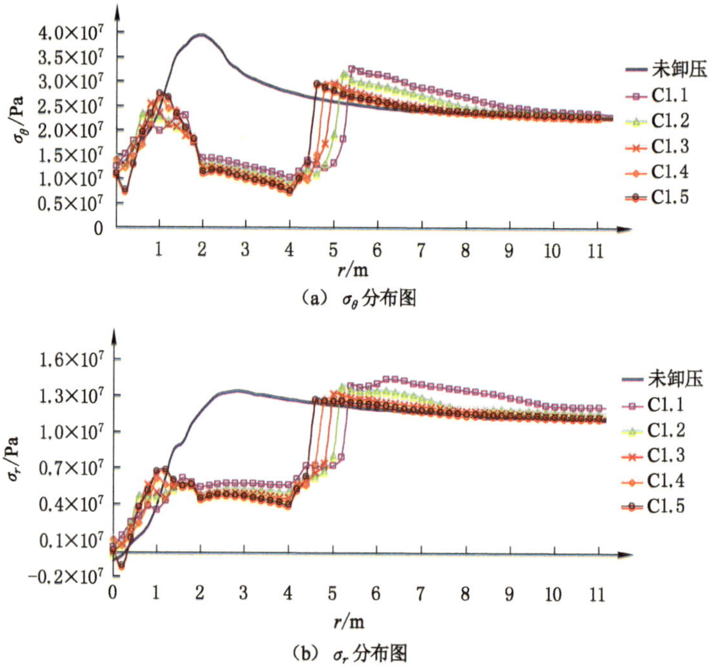

图 4-32　不同卸压炮孔不耦合系数时巷帮应力分布图

C1.1～C1.5 均为第三种卸压类型。分析图 4-32 可知：当不耦合系数从 1.1 增大到 1.5 时，卸压深度由 5.4 m 降至 4.6 m，卸压带宽度由 4.6 m 降至 3.8 m，卸压深度与卸压带宽度呈递减趋势。σ_θ 与 σ_r 的变化规律类似，综合分析巷帮各应力变化规律如下：

(1) 巷帮第一应力峰值随着炮孔不耦合系数的增大顺次后移且逐渐增大，C1.1 至 C1.5 模型 σ_θ 的第一应力峰值依次为 21.20 MPa、23.48 MPa、25.76 MPa、26.85 MPa、27.45 MPa，σ_r 的第一应力峰值依次为 3.91 MPa、4.75 MPa、5.75 MPa、6.23 MPa、6.82 MPa，增幅比较明显。

这是因为随着不耦合系数的增大，卸压带宽度减小，巷帮岩柱的宽度逐渐增大，造成该处弹性核区范围增大，因此第一应力峰值顺次后移且逐渐增大。

(2) 巷帮第二应力峰值随着炮孔不耦合系数的增大顺次前移且呈递减趋势，C1.1 至 C1.5 模型 σ_θ 的第二应力峰值依次为 32.84 MPa、31.68 MPa、29.78 MPa、29.64 MPa、29.52 MPa，σ_r 的第二应力峰值依次为 13.99 MPa、13.82 MPa、13.30 MPa、12.82 MPa、12.67 MPa，降幅较小。

这是因为随着卸压带宽度的减小，应力卸除量越来越小，从而导致更少的应力转移到卸压带外缘，造成第二应力峰值的降低。同时，随着卸压深度的减小，卸压带外缘向巷帮壁面移动，因此第二应力峰值顺次前移。

由此可见：随着炮孔不耦合系数的增大，巷帮岩柱部位的第一应力峰值逐渐增大，应力集中现象越来越明显；巷帮第二应力峰值虽然逐渐减小，但是降幅较小，且该峰值距巷帮壁面越来越近，因此对巷帮壁面的影响程度逐渐增强。所以，随着炮孔不耦合系数的增大，巷帮应力环境越来越差。

图 4-33、图 4-34 为不同炮孔不耦合系数时巷帮 σ_θ 平均应力图和巷帮 σ_r 平均应力图。图 4-33 与图 4-34 提取的数据范围为炮孔不耦合系数为 1.1 时的卸压带外缘之前的平均应力，用以对比炮孔不耦合系数不同时围岩应力的变化规律。

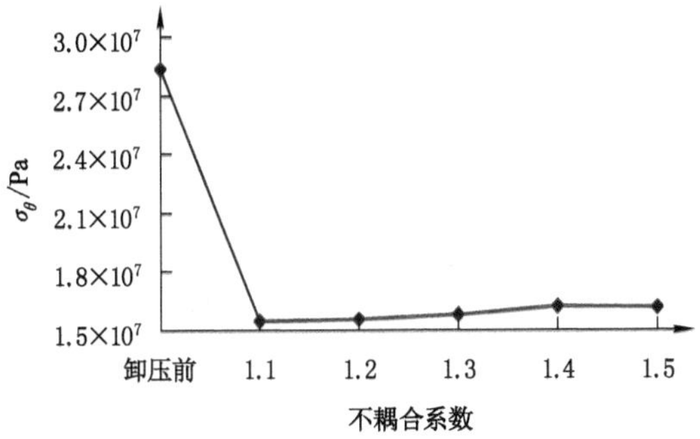

图 4-33　不同炮孔不耦合系数时巷帮 σ_θ 平均应力图

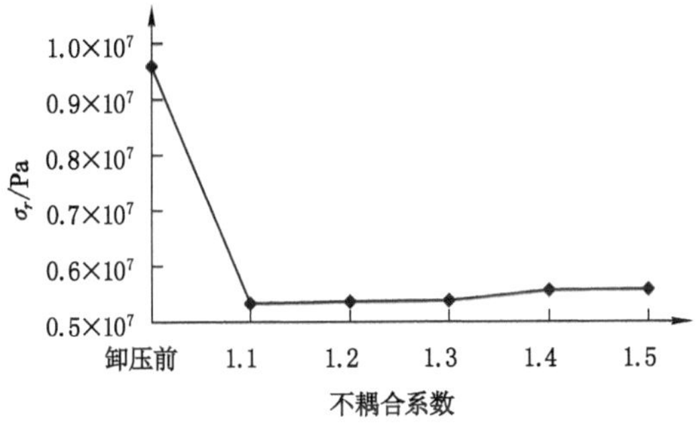

图 4-34　不同炮孔不耦合系数时巷帮 σ_r 平均应力图

分析图 4-33 与图 4-34 可知：随着炮孔不耦合系数的增大，围岩的应力水平总体呈增大趋势。炮孔不耦合系数从 1.1 增大到 1.5 时，σ_θ 平均值从 15.52 MPa 增至 16.22 MPa，同卸压前相比依次下降 45.31%、45.03%、44.16%、42.74%、42.87%；σ_r 平均值从 5.34 MPa 增至 5.58 MPa，同卸压前相比依次下降 44.35%、44.11%、43.84%、41.93%、41.87%。

图 4-35 和图 4-36 分别为不同卸压炮孔不耦合系数时巷帮表面围岩位移图和巷帮表面围岩平均位移图。

由图 4-35 可知：随着炮孔不耦合系数的增大，巷帮表面围岩位移逐渐降低，这是因为炮孔不耦合系数的增大造成卸压带宽度越来越小，巷道帮部附近围岩的整体性逐渐变强，由此导致巷帮表面围岩位移减小。

分析图 4-36 可知：炮孔不耦合系数从 1.1 增大到 1.5 时，巷帮表面围岩位移从 10.26 mm 降至 8.27 mm，且随炮孔不耦合系数的增大下降速度逐渐变小。这说明较小的不耦合系数有利于获得更好的爆破卸压效果。

需要指出的是，上述分析结果同实际卸压时有所出入，这是因为此处模拟只考虑了爆炸冲击波作用，并未考虑空气层的“储能”作用，因为这种作用使得一部分过度浪费在粉碎区的爆炸能量得到充分利用，转化为扩展裂隙区“有用”的能量，来达到我们预期的卸压效

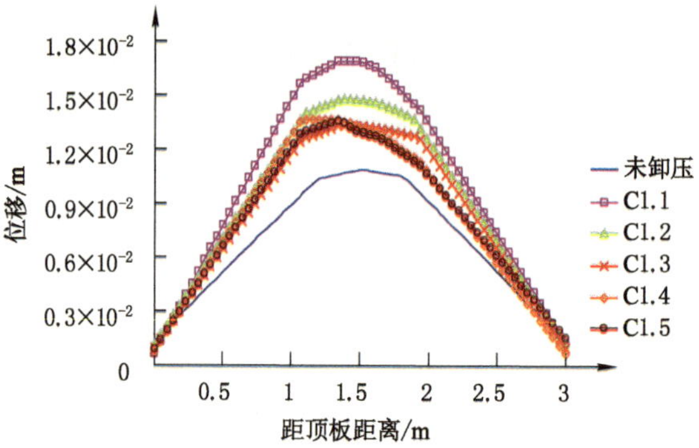

图 4-35　不同炮孔不耦合系数时巷帮表面围岩位移图

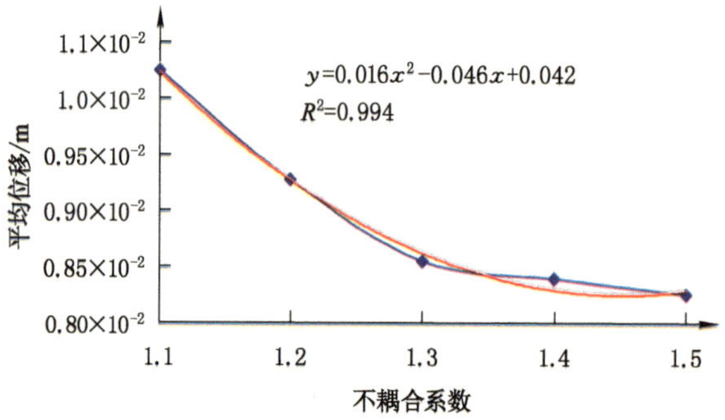

图 4-36　不同炮孔不耦合系数时巷帮表面围岩平均位移图

果。所以此处还存在局限性。

综上所述，随着炮孔不耦合系数的增大，巷帮围岩的整体应力水平逐渐增大，岩柱附近的应力集中水平不断升高，应力集中现象明显。巷帮卸压深度与卸压带宽度随着炮孔不耦合系数的增大逐渐减小，巷帮表面围岩位移逐渐降低，围岩的弱化程度降低。所以，随着炮孔不耦合系数的增大，巷帮爆破卸压效果越来越差。

4.2.4.5　装药量对爆破卸压效果的影响

选取方案四进行模拟分析。因为方案四中 D1～D5 模型的炮孔直径、不耦合系数均相等，所以通过装药长度的不同就可以区别不同的装药量。各模型具体参数详见表 4-3。

图 4-37 为不同炮孔装药长度巷帮应力分布图。

分析图 4-37 可知：D5 为第三种卸压类型，D1～D4 为第四种卸压类型。当炮孔装药长度由 1 m 增至 5 m 时，卸压深度保持 7.8 m 不变，卸压带宽度从 2.8 m 增至 6.8 m。综合分析巷帮各应力变化规律如下：

(1) σ_θ 的第一应力峰值随着装药量的增加逐渐前移，装药长度为 1 m 时 σ_θ 的第一应力峰值为 27.80 MPa，至装药长度为 4 m 时达到最大值，为 36.90 MPa，随后降低至装药长度为 5 m 时的 27.87 MPa；随着装药量的增加，σ_θ 的第二应力峰值呈递增趋势，由装药长度为 1 m 时的 26.51 MPa 增至装药长度为 5 m 时的 27.84 MPa，峰值位于 7.8 m 处，保持不变；卸压后只有 D1～D4 形成了 $\sigma'_{\theta\max}$，该峰值由装药长度 1 m 时的 33.16 MPa 降至装药长度为

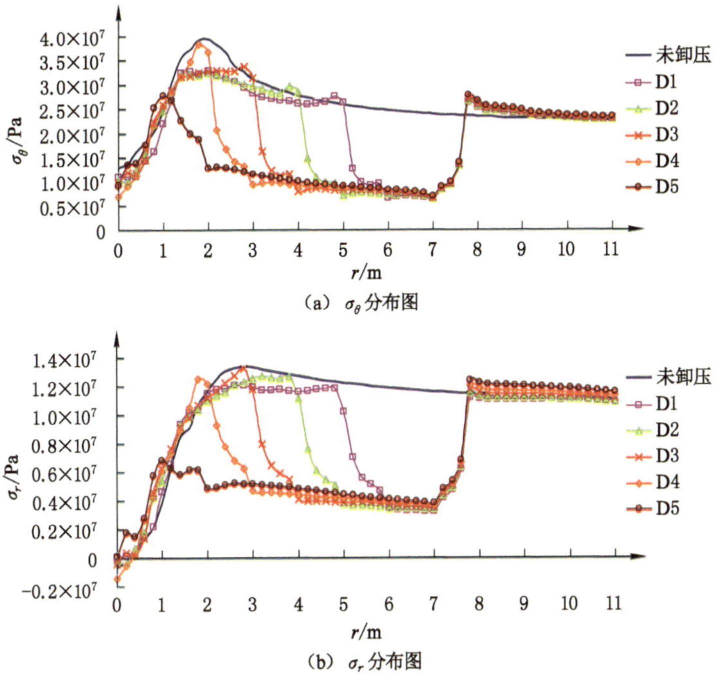

图 4-37　不同卸压炮孔装药长度时巷帮应力分布图

2 m 时的 32.59 MPa，随后逐渐增大，至装药长度为 4 m 时增大为 38.52 MPa，峰值位于 2 m 处，保持不变。

(2) σ_r 的 3 个应力峰值的移动规律同 σ_θ 类似，第一应力峰值均随装药量的增加逐渐前移，第二应力峰值位于 7.8 m 处，$\sigma'_{r\max}$ 维持在 2.8 m 附近保持不变。当炮孔装药长度为 1 m 时 σ_r 的第一应力峰值为 11.96 MPa，随后逐渐增大，至装药长度为 3 m 时达到最大值，为 12.82 MPa，随后逐渐降低，至装药长度为 5 m 时降至最小值 6.82 MPa；随着装药量的增加，σ_r 的第二应力峰值呈递增趋势，由装药长度为 1 m 时的 11.28 MPa 增至装药长度为 5 m 时的 12.46 MPa；卸压后只有 D1～D3 形成了 $\sigma'_{r\max}$，该峰值由装药长度为 1 m 时的 12.14 MPa 升至装药长度为 3 m 时的 13.32 MPa。

由此可知：随着装药量的增加，卸压深度基本不变，但是卸压带宽度逐渐增大。当装药量增加时，卸压类型也由第四类卸压转变为第三类卸压。σ_θ 第一应力峰值最大值为 D4 模型的 36.90 MPa，且最大 $\sigma'_{\theta\max}$ 也为 D4 模型的 38.52 MPa，两个峰值仅次于卸压前的 $\sigma_{\theta\max}$ 值 39.54 MPa，因此 D4 模型巷帮的应力集中现象最明显。当装药长度为 1～3 m 时，虽然 σ_θ 的 3 个应力峰值同 D4 模型相比均有所降低，但是 σ_θ 的第一应力峰值与 $\sigma'_{\theta\max}$ 之间的高应力区域随着装药长度的减小逐渐增大，由装药长度为 3 m 时的 1 m 增至装药长度为 1 m 时的 3 m。所以，D1～D3 模型巷帮的高应力现象比较明显，应力环境较差。因此总体而言，D5 模型巷帮的应力环境最好。

图 4-38、图 4-39 分别为不同炮孔装药长度时巷帮 σ_θ 平均应力图和巷帮 σ_r 平均应力图。

分析图 4-38 与图 4-39 可知：随着炮孔装药长度时的增加，围岩的应力水平逐渐降低。炮孔装药长度从 1 m 增大到 5 m 时，σ_θ 平均应力从 20.00 MPa 降至 12.43 MPa，同卸压前相比

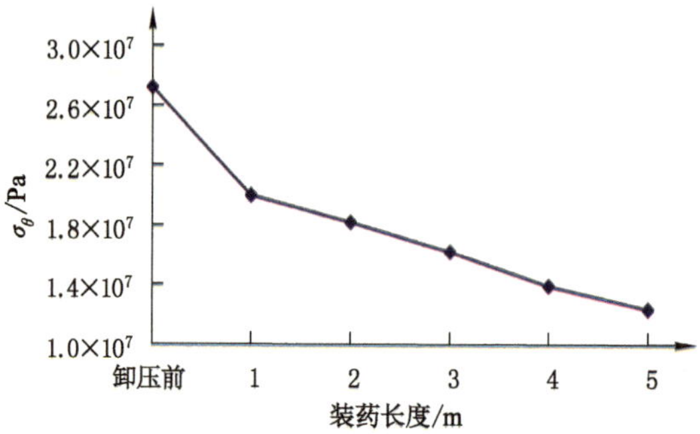

图 4-38　不同炮孔装药长度时巷帮 σ_θ 平均应力图

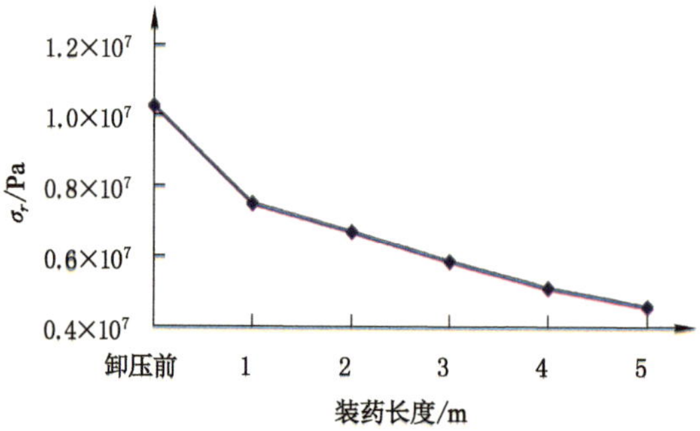

图 4-39　不同炮孔装药长度时巷帮 σ_r 平均应力图

依次降低 26.41%、32.87%、40.26%、48.53%、54.27%，降幅较大；σ_r 平均应力从 7.52 MPa 降至 4.61 MPa，同卸压前相比依次降低 26.85%、34.53%、42.96%、50.13%、55.18%，大大低于卸压前 10.29 MPa，降幅比较明显。

图 4-40、图 4-41 为不同卸压炮孔装药长度巷帮表面围岩位移图和巷帮表面围岩平均位移图。

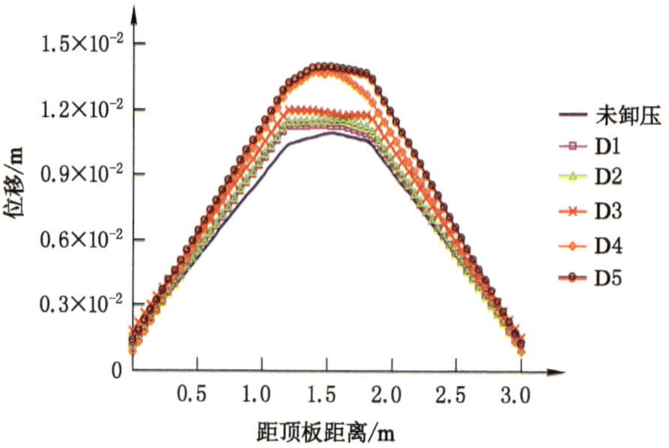

图 4-40　不同装药长度时巷帮表面围岩位移图

由图 4-40 和图 4-41 可知：随着装药量的增加，巷帮表面围岩位移逐渐增加。炮孔装药长度从 1 m 增大到 5 m 时，巷帮表面围岩位移从 7.19 mm 增大到 8.61 mm。这是因为装药

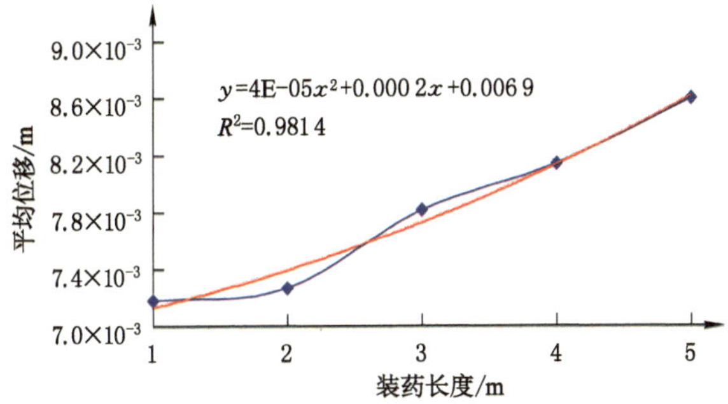

图 4-41 不同装药长度时巷帮表面围岩平均位移图

量的增加导致卸压带宽度逐渐增大，巷帮围岩的弱化区域大幅扩大，从而造成巷帮表面围岩位移的增加。

综上所述，随着装药量的增加，卸压深度基本不变，但卸压带宽度逐渐增大，巷帮表面围岩位移也逐渐增大。随着装药量的增加，围岩的应力水平明显下降，但是当装药量较少形成的卸压带不包含卸压前 $\sigma_{\theta\max}$ 时，卸压效果不理想；随着装药量的增加，当形成的卸压带包含卸压前 $\sigma_{\theta\max}$ 时，卸压效果显著，只有这样才能有效消除巷帮应力集中现象。所以，在本模拟方案中，炮孔装药长度为 5 m 时较为合理。

4.2.4.6 炮孔间距对爆破卸压效果的影响

选取方案中的 E2～E6 模型进行爆破卸压效果模拟计算与分析，各模型具体参数详见表 4-3。

图 4-42 为不同卸压炮孔间距时巷帮应力分布规律。

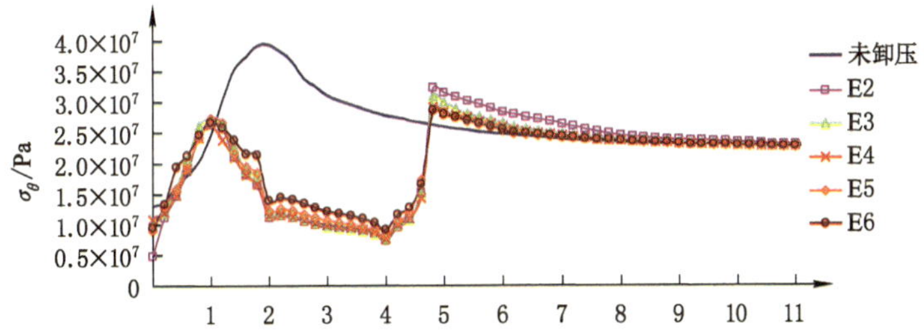

(a) σ_θ 分布图

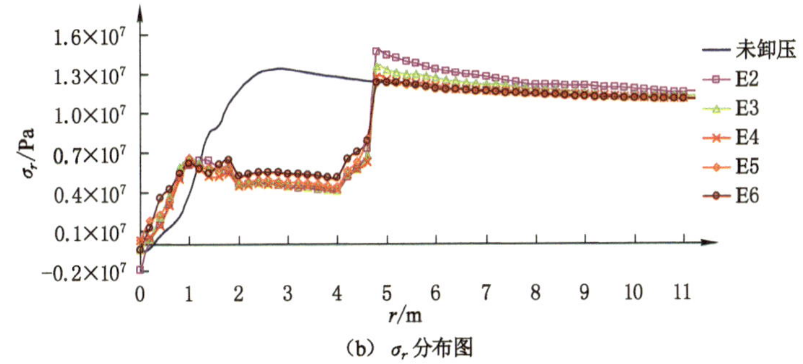

(b) σ_r 分布图

图 4-42 不同卸压炮孔间距时巷帮应力分布规律

E2～E6 均为第四种卸压类型。分析图 4-42 可知：当卸压炮孔间距由 2 m 增至 6 m 时，卸压深度与卸压带宽度分别为 4.8 m、3.8 m，保持不变。σ_θ 与 σ_r 的变化规律类似，综合分析巷帮各应力变化规律如下：

(1) 当炮孔间距增大时，巷帮第一应力峰值变化很小，位置不变，位于巷帮 1 m 处。E2 至 E6 模型 σ_θ 第一应力峰值依次为 26.53 MPa、27.48 MPa、26.60 MPa、27.63 MPa、26.75 MPa；σ_r 第一应力峰值依次为 6.12 MPa、6.57 MPa、6.27 MPa、6.64 MPa、6.22 MPa。

(2) 巷帮第二应力峰值随着炮孔间距的增大逐渐递减，位置仍保持不变，位于巷帮 4.8 m 处。E2 至 E6 模型 σ_θ 第二应力峰值依次为 32.46 MPa、31.07 MPa、29.30 MPa、28.88 MPa、28.76 MPa，σ_r 第二应力峰值依次为 14.72 MPa、13.60 MPa、12.77 MPa、12.45 MPa、12.28 MPa。

图 4-43、图 4-44 分别为不同炮孔间距时巷帮 σ_θ 平均应力图和巷帮 σ_r 平均应力图。

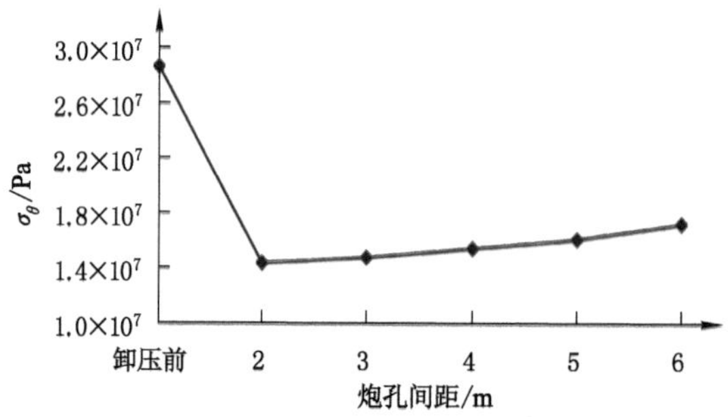

图 4-43　不同炮孔间距时巷帮 σ_θ 平均应力图

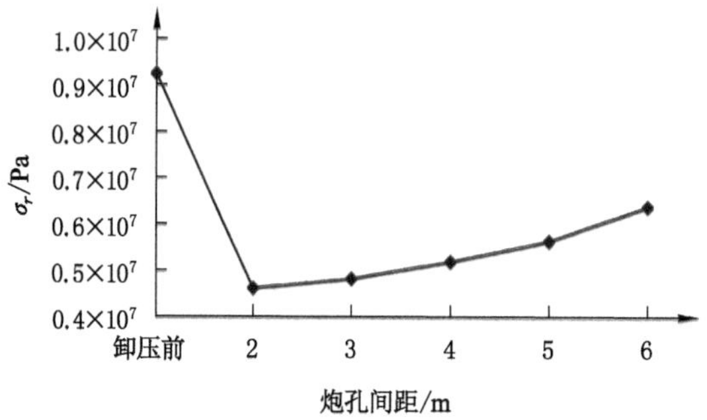

图 4-44　不同炮孔间距时巷帮 σ_r 平均应力图

由图 4-43 和图 4-44 可知：随着炮孔间距的增大，围岩的应力水平总体呈递增趋势，且增幅逐渐增大。炮孔间距从 2 m 增大到 6 m 时，σ_θ 平均值从 14.42 MPa 增至 17.25 MPa，同卸压前相比依次下降 49.71%、48.36%、45.96%、43.70%、39.85%；σ_r 平均值从 4.63 MPa 增至 6.39 MPa，同卸压前相比依次下降 50.05%、47.77%、43.77%、39.10%、30.98%。这是因为随着炮孔间距的增大，巷帮卸压带密度逐渐降低，围岩的整体性增强，因此巷帮围岩的应力水平递增。

由此可知：随着炮孔间距的增大，巷帮的高应力区域逐渐扩大，整体应力水平逐渐升高，且增幅明显。所以，随着炮孔间距的增大，巷帮应力环境逐渐恶化。

图 4-45、图 4-46 分别为不同炮孔间距巷帮表面围岩位移图和巷帮表面围岩平均位移图。

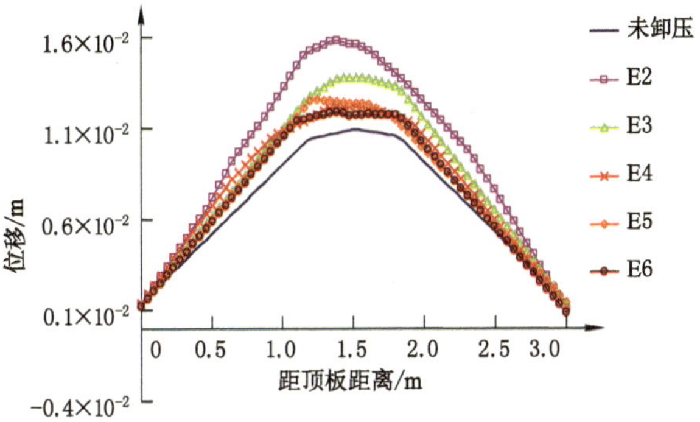

图 4-45 不同炮孔间距时巷帮表面围岩位移图

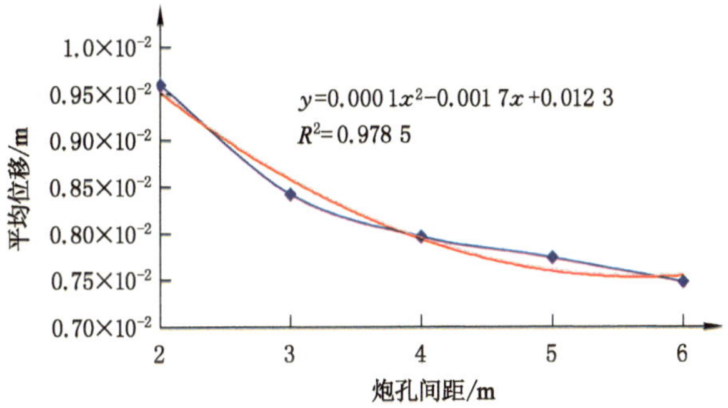

图 4-46 不同炮孔间距时巷帮表面围岩平均位移图

由图 4-45 与图 4-46 可知：随着炮孔间距的增大，巷帮表面围岩位移逐渐降低。炮孔间距从 2 m 增大到 6 m 时，巷帮表面围岩位移从 9.61 mm 降为 7.49 mm，且随着炮孔间距的增大下降速度逐渐变缓，这是巷帮围岩整体性逐渐增强造成的。

综上所述，随着炮孔间距的增大，巷帮围岩的整体应力水平逐渐提高，应力集中现象明显加重。随着炮孔间距的增大，巷帮的卸压深度与卸压带宽度保持不变，巷帮表面围岩位移逐渐减小。爆破卸压效果随炮孔间距的增大逐渐减弱。因此，卸压炮孔间距设定为 2 m 较为合理。

综上所述，在巷道围岩条件一定的条件下，采用数值模拟分析的方法，较为系统地研究分析了不同炮孔深度、炮孔直径、不耦合系数、装药量、炮孔间距等参数的变化对爆破卸压效果(巷帮应力状态、卸压带宽度等)的影响，得到以下主要结论：

① 爆破卸压后，巷帮的应力集中带向围岩深部转移，移至距巷道壁面 4.8 m 处，卸压带宽度达到 3.8 m。卸压带处应力卸除效果明显，且卸压带处卸除的应力极少部分转移到前方巷帮岩柱，大部分转移到后方深部围岩。卸压带使巷帮内部围岩弱化程度升高，巷帮表面围岩变形加大，由 6.87 mm 增至 8.43 mm，涨幅为 22.73%，爆破卸压效果明显。

② 随着炮孔深度的增加，巷帮围岩应力水平逐渐降低，σ_θ 平均应力降幅从炮孔深度 4 m 处的 25.59%增至炮孔深度 8 m 处的 29.52%；σ_r 平均降幅从炮孔深度 4 m 处的 20.45%增至炮孔深度 8 m 处的 30.04%。当炮孔深度大于 5 m 时，巷帮围岩应力集中现象越来越显著。

随炮孔深度的增加卸压深度逐渐增大，但卸压带宽度基本不变。当炮孔深度由 4 m 增至 8 m 时，卸压深度从 4.8 m 后移至 8.8 m，卸压带宽度维持在 3.8 m 左右；巷帮表面围岩位移随着炮孔深度的增大逐渐降低，炮孔深度由 4 m 增至 8 m 时，巷帮表面围岩位移从 8.43 mm 降为 7.05 mm，与炮孔深度近似呈线性关系。

在爆破不破坏巷帮岩柱的前提下，炮孔深度应以卸压带包含卸压前 $\sigma_{\theta max}$ 为宜，只有这样才能有效消除巷帮应力集中现象。模拟表明：在炮孔直径为 50 mm、不耦合系数为 1.2、装药长度为 2 m、炮孔间距为 3 m 的条件下，卸压炮孔深度定为 4 m 较为合理。

③ 随着炮孔直径的增大，巷帮围岩的整体应力水平逐渐降低，σ_θ 平均值降幅从炮孔直径为 40 mm 时的 43.71%增至炮孔直径为 80 mm 时的 47.88%；σ_r 平均值降幅从炮孔直径为 40 mm 时的 42.09%增至炮孔直径为 80 mm 时的 48.02%。虽然降幅较小，但是岩柱附近的应力集中水平却大幅度降低，应力集中现象明显减轻。

巷帮卸压深度与卸压带宽度随炮孔直径的增大呈增大趋势，围岩的弱化程度逐渐提高，巷帮表面围岩位移逐渐增大，由 8.16 mm 增大到 9.98 mm，且随炮孔直径的增大增速变快。

在不影响巷帮稳定的情况下，炮孔直径越大，卸压效果越好。在炮孔深度为 4 m、不耦合系数为 1.2、装药长度为 2 m、炮孔间距为 3 m 条件下，较为合理的炮孔直径为 80 mm。

④ 随着炮孔不耦合系数的增大，巷帮围岩的整体应力水平逐渐增大，σ_θ 平均应力降幅从不耦合系数为 1.1 时的 45.31%降至不耦合系数为 1.5 时的 42.87%；σ_r 平均值降幅从不耦合系数为 1.1 时的 44.35%降至不耦合系数为 1.5 时的 41.87%。岩柱附近的应力集中水平不断提高，应力集中现象明显。

巷帮卸压深度与卸压带宽度随着不耦合系数的增大逐渐减小，围岩的弱化程度逐渐降低，巷帮表面围岩位移变小，由 10.26 mm 降为 8.27 mm，且随不耦合系数的增大下降速度逐渐降低。

在炮孔深度为 4 m、炮孔直径为 50 mm、装药长度为 2 m、炮孔间距为 3 m 条件下，不耦合系数取 1.1 较为合理。

⑤ 随着装药量的增加，围岩的应力水平明显下降，炮孔装药长度从 1 m 增大到 5 m 时，σ_θ 平均值降幅从炮孔装药长度为 1 m 时的 26.41%增至炮孔装药长度为 5 m 时的 54.27%；σ_r 平均值降幅从炮孔装药长度为 1 m 时的 26.85%增至炮孔装药长度为 5 m 时的 55.18%，应力降幅比较明显。

当装药量较少形成的卸压带不包含卸压前 $\sigma_{\theta max}$ 时，卸压效果不理想；随着装药量的增加，当形成的卸压带包含卸压前 $\sigma_{\theta max}$ 时，卸压效果显著。在炮孔深度为 4 m、炮孔直径为 50 mm、不耦合系数为 1.2、炮孔间距为 3 m 条件下，炮孔装药长度为 2 m 较为合理。

⑥ 随着炮孔间距的增大，巷帮围岩的整体应力水平逐渐提高，σ_θ 平均值降幅从炮孔间距为 2 m 时的 49.71%降至炮孔间距为 6 m 时的 39.85%；σ_r 平均应力降幅从炮孔间距为 2 m 时的 50.05%降至炮孔间距为 6 m 时的 30.98%。应力集中现象明显加重。

爆破卸压效果随炮孔间距的增大逐渐减弱。模拟表明：在炮孔深度为 4 m、炮孔直径为

50 mm、不耦合系数为 1.2、炮孔装药长度为 2 m 的条件下，炮孔间距取 2 m 较为合理。

4.3 爆破卸压辅助支护技术应用与效果

4.3.1 工程概况

淮南矿业集团公司谢桥煤矿－720 m 西翼轨道石门设计净宽为 5.0 m，净高为 4.0 m，断面面积为 17.3 m^2，围岩松软、破碎、多泥质胶结、受高应力的反复作用，维护十分困难。经测定，巷道围岩的抗压强度为 32.6 MPa，抗拉强度为 1.75 MPa，抗剪强度为 3.6 MPa，摩擦角为 24°。围岩采用高密度 U29 型钢支架、工字钢支架、锚喷支架及联合等多种支护措施，效果都不好，返修率超过 30％，严重影响安全生产。2001 年 5 月进行巷调时，发现巷道底鼓量为 698 m，卧底量为 2 260 m^3，重新铺轨 698 m；混凝土水沟损 436 m；巷道变形 593 m，需改棚，局部拆刷架，其中变形最严重一段 160 m，该段巷道最大底鼓量为 1 220 mm，顶板下沉量为 650 mm，巷道两帮最大移近量为 530 mm，支架扭曲，棚腿崩落，大部分支架尖顶或压平帮顶内移达 1.2 m 以上，U 形棚扭曲变形，棚卡螺丝被崩断，混凝土喷层大面积脱落，其中一段巷修后仅 15 d 顶部即下沉 800 mm。而随着开采深度的逐渐增加，支护问题更加突出，经研究，提出采用爆炸卸压辅助支护方式进行治理。

4.3.2 卸压爆破参数与卸压效果

根据谢桥矿－720 m 西翼轨道石门的具体情况，卸压位置设计在巷道侧帮与基角处，即巷道两侧各布置 3 排炮孔，在每一侧，最上面一排炮孔布置地拱基线，第二排炮孔按一定排距布置在第一排的下方，这两排炮孔均垂直于岩壁，第三排炮孔布置在巷道基角处，方位为与垂直方向成 45°角。

将该巷道围岩的物理力学性质参数以及炸药爆炸参数作为基本参数，采用 ANSYS 数值模拟软件进行模拟计算，得到爆破卸压炸药安全埋置深度为 2.206 m，根据该段巷道的围岩特征，为确保巷道周边完好无损，设计炸药安全埋置深度为 3.0 m，巷道底部基角处炮眼深度比安全埋置深度略深些，卸压爆破中单孔装药量为 0.66 kg，炮眼间距为 1 200 mm、上部两排炮眼的排距为 800 mm，下部炮眼的排距为 700 mm，呈梅花形布置，底部炮眼倾角设计为 45°，实际施工只能达到 38°(图 4-47)。采用孔内正向连续装药，1～5 段毫秒延期电雷管，每次起爆 10 个孔，每段装药 2 个孔，每侧 1 个孔，以巷道中心线两侧对称，即单响起爆最大药量为 1.33 kg。

爆破器材选用 T-320 型水胶炸药，其爆速 D=4 400 m/s，密度 ρ=1.2 g/cm^3，药卷直径 d=17.5 mm，长度为 350 mm，炮孔直径为 42 mm。雷管选用 1～5 段毫秒延期电雷管，用 MFB-150 型发爆器起爆。

按上述方案实施卸压爆破后，对爆破卸压段和非卸压段巷道围岩的变形量进行了观测，得到了巷道围岩收敛变形曲线如图 4-48 和图 4-49 所示。

经过 160 d 的实地观测，巷道的净断面积由原来的 17.31 m^2 缩小到 17.295 m^2，其中水平收缩量为 8.5 mm，平均收敛速度为 0.053 mm/d；垂直收敛速度为 13.5 mm，平均收敛速度为 0.084 mm/d。由图 4-48 和图 4-49 可以看出：卸压爆破后的前 10 天，无论是水平收敛

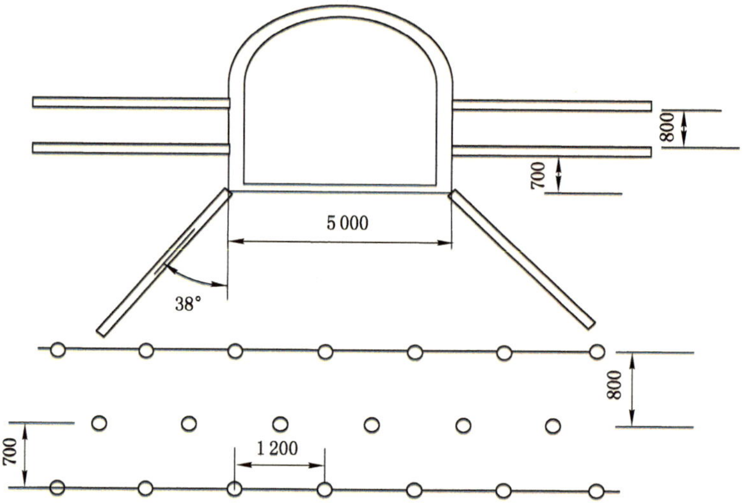

图 4-47　卸压爆破炮眼布置示意图

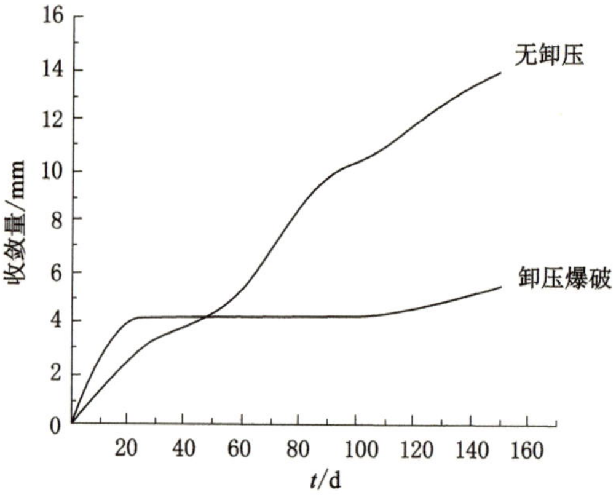

图 4-48　巷道围岩水平收敛曲线

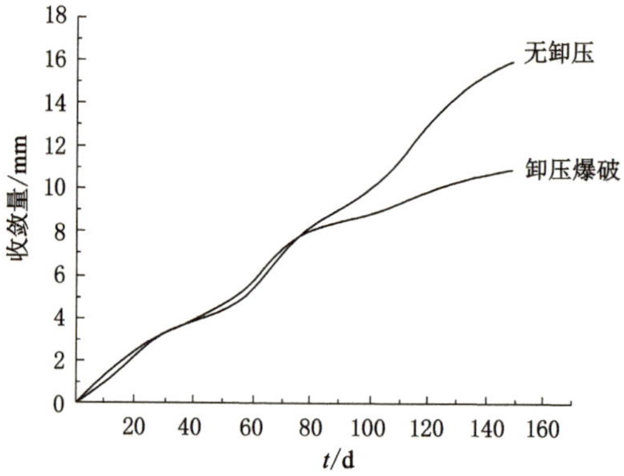

图 4-49　巷道围岩竖直收敛曲线

量还是垂直收敛量，试验段巷道均比无爆破卸压段略高，这说明爆破卸压会造成围岩短时间内产生较大变形。但是从长期发展来看，爆破卸压试验段巷道断面总的收敛量小于无卸压巷道。因此卸压爆破可以延长巷道在使用期间的维修周期。

该巷道爆破卸压结果表明：高应力软岩巷道深孔爆破卸压对控制巷道变形具有明显的作用，将深部围岩卸压和浅部围岩加强支护结合起来，成为一种协调治理深部围岩和浅部支护耦合应力的有效巷道辅助支护方法。

5 深部巷道围岩稳定性控制技术发展展望

煤炭在我国能源结构中仍然占据主导地位。随着我国煤炭产能逐年增加，矿井浅部煤炭资源已呈逐步枯竭状态，鹤壁、铜川、徐州、义马等矿区的浅部资源已经完全枯竭，所以我国煤炭开采正逐渐向深部发展，深部矿井煤炭资源也逐渐占据主导地位，且目前我国深部矿井占全国煤矿的一半以上，其主要分布在东北和华东，在这些地区，深部矿井煤炭开采已经逐渐趋于普遍化。截至 2015 年，我国煤矿开采深度超过 1 000 m 的矿井多达 60 座，比 2013 年(47 座)增加了 13 座，深部矿井数量不断增加，深部巷道掘进总长度逐年增加。与浅部巷道相比，深部巷道围岩典型的“三高”赋存环境与资源开采过程中受采动等因素的影响，巷道围岩出现非连续、非协调大变形，大范围失稳破坏等一系列工程响应问题，安全事故频发。为此，国内外专家学者对此进行了大量研究并取得了较大的进展，提出了一系列巷道围岩控制新技术和新理论，一定程度上改善了深部高应力巷道围岩的维护状况[55-56]。

随着深部开采环境的日趋复杂，包括高地应力、冲击地压、岩爆、地层突水、高地温等灾害，严重威胁矿井的安全生产，作为矿井生产重要工作通道和场所的深部巷道的稳定性控制也变得异常困难，巷道围岩大变形与严重破坏现象突出，围岩处于塑性工作状态，冒顶、片帮、底鼓等治理问题十分严重，维护费用成倍增加，严重影响矿井的安全高效生产。因此。传统的巷道支护理论与技术已经不能完全解决深部巷道稳定性控制所面临的问题。发展深部巷道围岩稳定性控制的理论与技术将是一项长期、艰巨且迫切的任务和挑战。

5.1 深部巷道围岩变形破坏机理

深部巷道围岩的应力状态和应力环境非常复杂，根据围岩产生大变形的机制，将巷道大变形分为以下三类[56]。

(1) 深部巷道围岩大变形

随着矿产资源开采深度的增加，煤岩体的应力水平增加，必然导致深部围岩“三高”现象显现，仅重力引起的原岩应力与地质构造运动产生的构造应力基本已超过岩体的单轴抗压强度，从而诱发巷道围岩产生大变形，大范围失稳破坏。因此，对深部大变形巷道而言，巷道埋藏深度与围岩变形量的增加是表象，本质控制因素是应力水平的提高和应力状态的改变。随着开采深度的增加，浅部围岩卸荷脆性破坏逐渐向深部围岩卸荷延性破坏转变，通常伴有大量的永久变形，具有较强的时间效应，表现为明显的流变效应，巷道围岩变形不能收敛，具有难以自稳、难以控制等特点。

(2) 软岩巷道围岩大变形

由于巷道围岩体自身的强度较低，在较低应力水平下或遇水条件下立即产生变形。何满潮院士根据理论分析和大量的工程实践，将软岩的变形力学机制归纳为 3 大类：① 物化膨胀类软岩；② 应力扩容类软岩；③ 结构变形类软岩。软岩巷道围岩的变形破坏特征可归纳为：巷道围岩破坏范围及变形量大，持续时间长，变形具有明显时间效应；受围岩中蒙脱石、高岭石等黏土矿物的影响，巷道遇水后变形加剧；围岩破坏主要表现为顶部压垮、肩部开裂、严重底鼓；在巷道断面及纵向长度方向上变形具有非均匀、非对称性；围岩变形随着巷道埋深的增大而增大，超过软化临界深度的巷道围岩变形急剧增加。

(3) 采动巷道围岩大变形

大规模的采掘活动等导致巷道周边围岩应力成倍增加，进而引起围岩产生大变形。采动对巷道围岩的影响是以原岩应力为基础的，采动巷道所处地理位置与用途决定了其服务期间必然受到其他扰动因素的影响，尤其是来自本工作面或邻近工作面超前支承压力的影响，巷道极易产生大变形，冒顶事故频发。采动巷道围岩大变形主要发生在回采工作面前方的增压区和后方采空区，并且帮部和顶底板的变形速率在采掘各个阶段有所差异。

随着矿井开采水平的不断延伸，上述大变形机理能否完全解释深部巷道的变形机制，还需要继续分析研究并不断完善。只有准确把握深部巷道的变形机理，才能为制定行之有效的深部巷道围岩稳定性控制措施提供依据。

5.2　深部巷道围岩稳定性控制理论

在巷道围岩控制方面，国内外众多学者提出了许多行之有效的理论，包括塌落拱理论、新奥法理论、能量支护理论、联合支护理论、围岩松动圈理论、轴变论理论、关键部位耦合支护理论、应力控制理论、主次承载区支护理论、围岩强度强化理论和内外承载结构理论。这些理论绝大多数在浅部矿井巷道支护实践中的应用被证明是正确的、行之有效的，但是到了深部矿井，上述理论的应用背景、环境条件以及基本假设所针对的条件都发生了重大的改变，因此，如果要沿用这些理论指导深部巷道的支护实践，就必须对上述理论对深部巷道的适应性问题进行深入研究。

基于能量分析的锚杆锚索协调支护理论[57]和深部煤矿巷道等强梁支护理论[58]是近年来科技工作者们在深部巷道支护理论研究方面所做的有益探索。有理由相信，深部巷道理论研究的探索在不久的将来一定会取得重大突破。

5.3　深部巷道围岩稳定性控制技术

实践表明，通过改善锚固区围岩的力学性能，影响巷道围岩应力分布状态，充分利用巷道围岩的自承能力，强调支护结构与围岩在强度、刚度上的耦合以及构成支护结构的各个主体在受力上的协调，是深部巷道支护技术发展的目标和方向。目前的国内外煤矿巷道主要是以锚杆、锚索支护技术为主，多种联合支护技术为辅的综合支护方式，归结起来主要分为以下三类支护技术[56]。

(1) 锚杆(索)为主、其他技术为辅的联合支护技术

锚杆(索)支护作为一种主动支护形式，由于经济、安全、技术方面的显著优点得到了广泛应用，是目前最普遍使用的一种支护方式。我国煤矿锚杆支护技术的发展主要经历了四个阶段：多个单独锚杆进行支护阶段、组合锚杆(索)进行支护阶段、预应力锚杆(索)进行支

护阶段以及强力锚杆(索)支护阶段,目前已基本形成适合我国煤矿开采条件的锚杆(索)支护成套技术体系。锚杆(索)支护的主要形式包括单体锚杆、锚网支护、锚喷支护、锚网喷支护、锚梁(带)支护、锚梁(带)网支护、锚梁(带)网锚索支护、锚杆(索)桁架支护、全锚索支护等。

目前,国内外专家主要从改善锚杆(索)自身力学性能,提高加工精度和实现支护构件之间强度与刚度等耦合程度着手,提高对巷道围岩的控制,并取得了许多可喜的成果。

针对千米深井高地应力、大变形特点,科技工作者们提出了全断面高预应力、高强度锚杆与锚索及注浆联合支护加固技术,研制了不同规格的锚索让压装置,可配套不同直径锚索支护系统,并在深部软岩巷道应用中取得了较好的效果。

针对深部软岩巷道大变形破坏特征,基于普通锚杆不能适应巷道围岩大变形破坏而被拉断失效的现象,研发了恒阻大变形锚杆,其恒阻范围内累计变形量最大值为500～1 000 mm,并在多个矿井的深部软岩巷道支护中成功应用,围岩变形控制效果良好。

也有学者建立了以高强让压锚杆与带肋锚索为核心的新型“高阻-让压”支护体系,对围岩初期的剧烈变形进行“让压”释放,对围岩后期缓慢发展的变形进行“高阻”限制,以保证围岩的长期稳定,并在实践中取得不错的效果。

(2) 锚注一体化联合支护技术

针对软弱、破碎松动范围很大的巷道围岩,普通锚杆锚固范围大多数处于巷道围岩的破碎区或者松动区,锚杆在锚固区无法形成坚实有效的着力基础,进而无法实现维护巷道围岩的稳定性,而锚注一体化联合技术有着独特的优势。注浆的作用是充填裂隙,将软弱松散破碎的围岩黏结,恢复围岩的完整结构,提高破裂区围岩的整体强度,隔绝空气,防止围岩风化。虽然注浆后的破裂围岩基本恢复了连续状态,但承载能力还是比较低,受采动及其他扰动影响时极易沿以前的破裂面重新破坏,工程中通常在巷道围岩注浆后还采用锚杆、锚索支护技术进行加固支护,对巷道周边围岩提供约束,抑制锚固区围压再次发生离层、裂隙张开、滑移等扩容性变形,保持锚固区围岩完整性,避免强度再降低。另外,巷道破碎区围岩的注浆为后续的锚杆(索)支护提供了锚固基础,提高锚固力;并促进锚杆(索)预应力与工作阻力能有效扩散到围岩中,提高支护效果。因此,深孔注浆是整个加固的基础,是保证加固效果的基本条件与前提。这也是锚注一体化支护技术得以广泛应用的关键。

目前,许多学者将该技术应用于深部巷道支护实践,不断改进和完善,并取得了长足的发展。例如有学者根据锚注支护形成的承压拱支护机理,提出了深部巷道的“应力恢复、围岩增强、固结修复和主动卸压”控制原则与“密集高强锚杆承压拱”、“厚层钢筋网喷层拱”、“滞后注浆加固拱”于一体的锚喷联合支护技术,为深部巷道围岩稳定性控制提供了新的选择。

(3) 支架联合支护技术

相比预应力锚杆支护,支架支护属于被动支护形式,直接作用于巷道围岩表面,通过限制围岩的变形而被动承受围岩的压力,但是当支架与锚杆(索)、注浆加固等主动支护构件组合起来时,可充分体现支架承载力大的优点,对维护巷道围岩的稳定性与保持围岩的完整性起重要作用。常用的支架形式有U形钢支架、工字钢支架、格栅钢支架和混凝土钢支架。

型钢支架支护作为一种被动支护方式,在软弱、破碎围岩支护实践中发挥着重要的作用,而且其安全性、有效性和及时性往往是锚杆(索)无法替代的。随着深部巷道支护难度的提升,如何更好地发挥支架支护的作用,也是科技工作者们一直致力研究的问题之一。

例如,针对深部软岩巷道破坏程度不同,且具有明显的流变大变形效应问题,有学者提出了适合软弱流变岩体的可缓冲渐变式双强壳体支护理念,根据巷道围岩的破坏模式和程度进行分层注浆加固,并在最外部架设可缩性 U 形钢支架,形成可变形缓冲层,这是将注浆技术与支架支护结合起来的新的技术,对控制深部巷道围岩松动区范围的效果明显。

也有学者采用锚、架、注组合承载壳原理支护技术,在长锚索主动支护的基础上,结合被动形式的 U 形钢棚支护,并在锚架之间进行注浆密实加固,形成大范围松散深度破坏巷道围岩的内部小范围锚架注组合承载壳,即在巷道围岩浅表区域形成一个具有一定厚度和一定强度的组合承载壳,有效维护巷道的长期稳定性。

综上所述,以锚杆、锚索、U 形支架和注浆为主体的巷道支护技术,随着深部开采实践经验的不断积累以及众多科技工作者辛勤的工作和不懈努力,必将有更多、更好的适合深部巷道工程特点的新支护出现并得以成功应用。

5.4 深部巷道围岩稳定性控制系统工程思想与方法论

纵观巷道支护的理论、方法和成果,人们关注的重点更多集中在巷道施工阶段和后期使用阶段,尤其是在巷道使用阶段投入的精力更多。从控制论的角度来讲,目前所有的关于巷道支护的理论和技术方法都属于事中控制和事后控制,也就是说,是在巷道开挖以后对巷道围岩的变形和破坏进行控制,因而也属于被动控制。由于巷道是处于复杂地层中的特殊工程结构,巷道的稳定与否受地质条件、地应力环境、施工方法、巷道自身断面大小、断面形式、支护方式等因素的影响。仅从巷道开挖后的受力状态考虑巷道的支护问题有一定的局限性和被动性,因此巷道支护的效果也往往不理想。如果继续以这种思想进行深部巷道的维护与控制,其难度会更大,效果可能也会更加不理想,因此需要从一个新的视角和高度重新审视深部巷道围岩稳定性控制问题,以期获得事半功倍的效果。

从系统工程的角度出发,巷道支护不再是开挖之后才进行的一项工作,而应该是贯穿地质勘测、巷道位址选择、断面形状设计、施工方法选择以及后期使用维护全过程的一个系统工程,其中每个阶段的工作都应该以保护、维持巷道围岩的完整性、稳定性为目标。只有这样,才能从根本上改变目前巷道支护工作面临的困境,才能提高巷道的支护质量和使用、维护效率。这就是深部巷道围岩稳定性控制系统工程思路方法论。

按照系统工程的思想,可将巷道支护分为三个阶段:设计阶段、施工阶段和使用与维护阶段(图 5-1),每个阶段的工作内容各不相同,但根本的目标却是一致的,就是从根本上降低巷道的支护难度,有利于巷道的稳定。由图 5-1 可知巷道支护系统工程思想的主要内容包括:

5.4.1 掌握详尽的地质勘察资料

井巷工程的特点是全部埋置在地下岩土体内,其安全、经济和正常使用,都与所处工程地质环境密切相关。由于巷道开挖破坏了岩土体的初始平衡条件,引起岩土体内应力重新分布,除少数地质条件特别优越,岩体强度能适应这种变化的应力条件外,围岩常常会产生

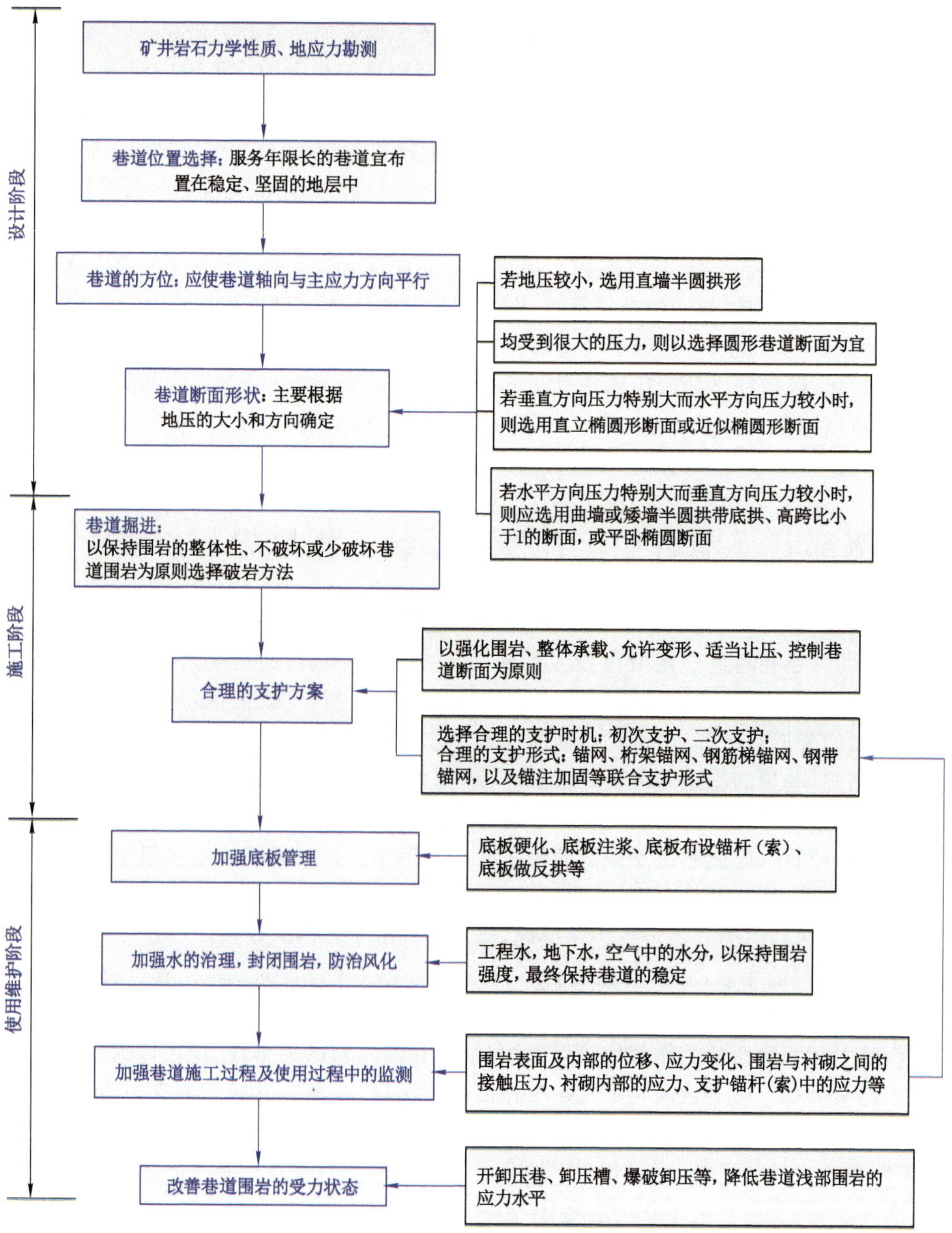

图 5-1　深部巷道支护技术系统示意图

各种形式的变形、破坏，特别严重者可以一直影响到地表。因此，在矿井建设初期，要深入细致地进行工程地质勘察，查清基本地质地形情况和岩体的基本工程特性，特别是工程地质条件、水文地质条件、地质构造情况、应力场状态以及主要岩层的岩性条件，获得需要的各种资料，最终对有关问题做出评价，并作为后期井巷工程布置、确定施工方案、编制施工措施的依据。

5.4.2　巷道位置选择与方位确定

在矿井总体布置设计阶段，应以经济合理、技术可行为原则进行总体优化，综合考虑巷道的选层定位，井点和车场水平标高的确定，以及巷道走向和开采的顺序的安排等问题。同时要注意以下几个问题：

(1) 主要巷道，如服务年限长、对生产影响大的巷道、断面尺寸大的硐室，应选择强度大、膨胀性小、地质构造和水文条件简单的层位和地区。如某矿－200 m 岩石大巷的两个交叉点，一个处于紫红色为主的杂色凝灰岩中，岩体比较完整，交叉点比较稳定；而另一个处于灰绿色为主的凝灰岩中，岩体较破碎，交岔点的破裂较严重。

(2) 主要巷道走向尽量与最大地应力方向平行而不要垂直，一般应绕避断层，尽量避免与断层、软弱夹层、节理方向平行或小夹角相交，若实在不能绕避，则应尽量使巷道的轴向与其走向呈 45°～65°夹角为宜。

(3) 尽量避免巷道在空间上重叠、密集交叉，硐室群的施工应视所处区位的工程地质等条件，优选最佳施工顺序。

(4) 应使主要巷道免受采动压力影响。实践证明：煤层开采以后，其底板岩石大巷围岩的压力明显提高，这是煤层底板岩石大巷破坏的主要原因。因此，应最好将巷道布置在应力降低区或原岩应力区内。如某矿将岩巷布置在距煤层 20～30 m 时，与采场上端煤柱上角水平线成 45°角范围内，受到的压力较小(图 5-2)。

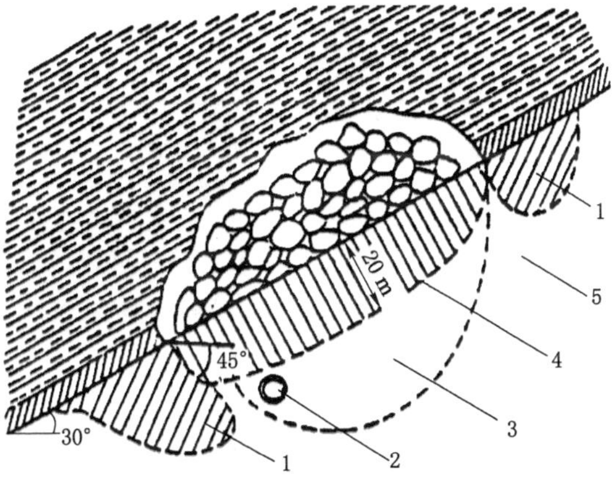

1—固定支承压力影响区；2—煤层底板岩石巷道；3—应力降低区；
4—移动支承压力有害影响区；5—原岩应力区。

图 5-2　煤层底板岩石巷道合理位置

5.4.3　合理的巷道断面形状的确定

巷道开挖后，破坏了岩体天然应力的平衡状态，巷道周边围岩失去原有支撑，就要向巷道空间松胀，改变了围岩的相对平衡关系，形成新的应力状态，这就是应力的重分布，直接影响巷道的稳定性。而应力的分布与巷道的断面形状密切相关，不同断面巷道围岩应力分布的规律是：顶、底板围岩容易出现拉应力；周边转角处存在很大的剪应力；巷道的高宽比对围岩应力分布的影响极大。因此，应主要根据地压的大小和方向来选择巷道断面形状。

若地压较小，选用直墙半圆拱形是合理的；巷道周围均受到很大的压力，则以选择圆形巷道断面为宜；若垂直方向压力特别大而水平压力较小时，则选用直立椭圆形断面或近似椭圆形断面是合理的；若水平方向压力特别大而垂直方向压力较小时，则应选用曲墙或矮墙半圆拱带底拱、高跨比小于1的断面，或平卧椭圆断面。

如某矿胶带输送机暗斜井，采用直墙半圆拱形断面，建成后不久即被压垮。暗斜井修复时，选用曲墙、半圆拱加底拱的近似圆形断面，如图5-3所示，永久支护为U形钢支架，克服了以往采用的直墙半圆拱形断面局部受力不均的缺点。

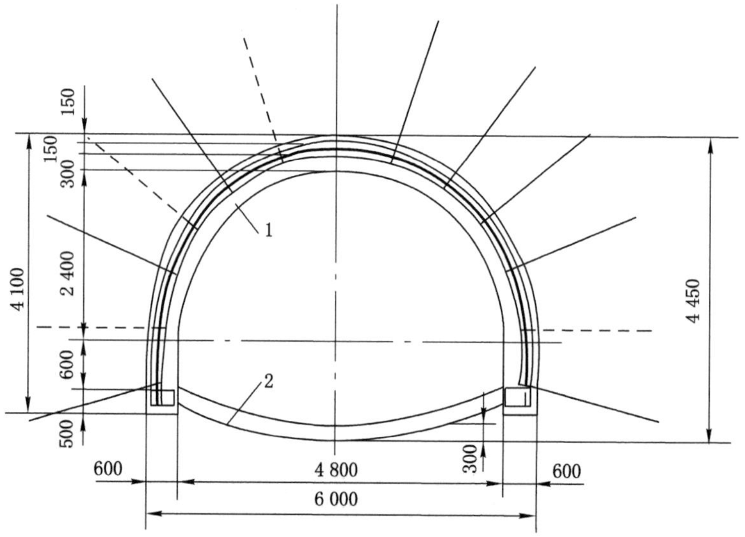

1—预留300 mm厚混凝土衬砌；2—混凝土块砌筑的底拱。

图5-3　某矿暗斜井试验巷道施工图

该暗井在修复后除经受正常静压考验外，还经受了三层煤的支承压力、五层煤的采动压力以及右侧反石门和溜煤眼掘进的动压影响，虽然局部巷道发生开裂和剥落，但是仍然能正常服务。

5.4.4　选择合理的破岩方法

松软岩层巷道掘进时，应以保持围岩的整体性和不破坏或少破坏巷道围岩为原则选择破岩方法。

若采用爆破方式破岩，应采用光面爆破技术，严格控制周边眼的装药量和一起起爆药量，采用合理的装药结构，尽可能降低爆破对围岩的破坏作用，以使围岩的整体性和自承能力受掘进的影响降低到最低限度。

实践表明：掘进机破岩能最大限度地保持巷道围岩的整体性和稳定性，是一种值得大力推广的破岩技术。

5.4.5　合理的支护方案确定

松软巷道围岩的支护应当以强化围岩、整体承载、允许变形、适当让压、控制巷道断面为原则，通过支护来加强巷道围岩的整体性，保持和提高巷道围岩的整体承载性能，通过支护来抵制压力、释放压力，控制巷道的整体变形，保证有足够的巷道断面满足生产需要。松软巷道围岩一般需要二次支护。

5.4.5.1 初始支护

根据围岩与支架共同作用原理，初始支护应选用刚度适宜、具有一定柔性或可缩性的支护结构。它既允许围岩有一定的移动变形，以释放压力，又能限制围岩发生大变形移动，抵制压力。实践证明U形金属可缩性支架基本符合上述要求，可用作初始支护。而锚喷支护允许围岩有一定变形，是一种更理想的初始支护方案。目前用于松软岩层巷道的锚喷网支护有以下几种：

(1) 锚网、桁架锚网、钢筋梯锚网、钢带锚网等。原则上不喷层，不进行二次支护。不严重底鼓的底板可仅用锚杆加固底帮角。

适用条件：① 厚煤层和急倾斜煤层的全煤回采巷道；② 埋藏较浅的软岩矿井回采巷道；③ 无膨胀性的较软岩回采巷道和准备巷道。

(2) 一次支护用锚喷网支护，二次支护用复喷混凝土或局部增加钢筋梯复喷。底板用全封闭的锚喷网支护，可用马蹄形、拱形断面。

适用条件：① 采区上下山、石门；② 压力不大的浅部矿井基本巷道；③ 煤层易风化、易发火的底鼓较严重的回采巷道。

(3) 一次支护锚喷网，二次支护锚喷网，二次支护的锚杆较一次支护稍长，数量减少。

适用条件：① 软岩矿井各类基本巷道；② 压力较大的软岩矿井采区上下山、石门等。

(4) 一次支护锚喷网，二次支护速凝水泥或速凝高水材料对围岩进行注浆加固。底板用注浆加固底帮角或全断面加固，应根据岩性和围岩具体情况来定。

适用条件：① 节理化破碎岩体各类巷道；② 松散性岩体各类巷道。

(5) 一次支护锚喷网，二次支护架后预留有变形充填层的全封闭钢架封闭支护(带弧度)，必须及时将钢架全喷混凝土封闭。

适用条件：① 高应力强膨胀软岩矿井各类基本巷道和准备巷道；② 井底车场巷道。

(6) 一次支护锚喷网，二次支护预留变形充填层的U形钢支架、半底拱全封闭。

适用条件：高应力强膨胀软岩各类基本巷道(包括井底车场巷道)。

(7) 一次支护锚喷网，二次支护预留壁后变形充填层的料石圆碹支护。

适用条件：非高应力、强膨胀软岩矿井的各类基本巷道。

(8) 一次支护锚喷网，二次支护预留变形充填层的弧板支护，圆形全封闭支护。

适用条件：高应力、强膨胀软岩矿井各类大断面基本巷道。由于弧板在支护中风阻最小，因此特别适用于风速高的总进、回风巷道。弧板支护是一种高强全机械化支护，目前支护机械手(弧板安装机)尚不很完善，有待进一步改进提高。

凡是在膨胀性围岩或破碎易冒落围岩中施工时，应先喷速凝混凝土，厚度为30～50 mm，及时封闭和保护围岩。然后再打锚杆眼，安设锚杆挂网，再喷一次混凝土将网覆盖厚30～40 mm。上述方案中的二次喷混凝土均属于一次支护范畴。

需要指出的是，在深部巷道支护中，如果采用锚杆支护，均应对锚杆施加一定的预紧力，以提高锚杆限制围岩变形的能力，从而提高锚杆支护的质量与支护效果。

5.4.5.2 二次支护

工程实践表明，对高应力、膨胀性软岩巷道采用一次支护往往难以成功。一次支护的根本作用是加固并提高围岩的整体性和自稳能力，同时允许围岩在保证巷道安全的条件下释压变形，以适应软岩的变形力学机制。在围岩变形稳定后，为了保证巷道较长时间稳定和服务期安全，应当给巷道围岩提供后期支护强度和刚度，这就是二次支护，同时起到安全储备的作用。

二次支护可采用锚喷支护，也可采用U形钢支护。二次支护的关键是支护的时机，工程实践表明：二次支护的最佳时机是在一次支护巷道围岩变形稳定（收敛）后进行，一般在开掘20～40 d、围岩变形速度小于0.05 mm/d、变形-时间关系曲线出现稳定平缓拐点之后进行。

5.4.5.3 联合支护

在非常松软破碎的岩层中仅使用某种单一的支护方法往往很难奏效，尤其是在围岩条件差的重要地段，如马头门、井底车场的重要硐室、主要运输巷道和通风大巷等更是如此。

实践表明：对于这种条件，联合支护，如注浆加固技术、大断面硐室锚索技术、U形钢可缩支架和弧板支架，高强预应力锚杆、锚索和U形钢支架支护技术等，是比较理想的支护方案，联合支护方法的成功应用，对于解决松软围岩支护难题和推动软岩支护技术的发展起到了积极作用。

5.4.6 巷道使用过程中的维护与管理

巷道破坏主要发生在使用阶段，巷道使用阶段的维护与管理，对延长巷道的服务年限至关重要。巷道使用过程中的维护与管理工作主要包括以下几个方面：

5.4.6.1 巷道底鼓的治理

研究表明：除了施工程序、巷道断面形状和巷道布置等不合理之外，底鼓是造成巷道破坏的重要原因。凡是在软岩中掘巷，若不治理底板就实施支护，其结果往往是底板先行严重鼓起，然后两帮失稳，最后顶板冒落，直至巷道全部破坏。因此在软岩巷道的支护实践中，必须对底板治理给予充分重视，它是保证软岩巷道支护效果的重要条件。

底板的治理要在查清底板岩层结构构造、岩性以及应力状态等情况的基础上，分析造成底鼓的原因，制定合理的方案和措施，对症治理。

目前，我国预防底鼓的措施一般是砌筑底拱，有的矿区则采用底板钻眼、松动爆破，然后注浆加固底板的方法预防底鼓，这种方法能降低围岩应力和提高围岩强度。若砌筑底拱，要注意底拱的安置时机，如果用圆碹或近似圆碹作二次支护，则以先底拱，后墙，最后砌拱的顺序施工，一次完成；若用锚喷支护作为初始支护，则可以在初始支护完成一段时间，底板应力得以充分释放之后再砌筑底拱，与二次支护同时完成较好。治底时，必须结合帮、底联合治理，不能各行其是。不论采用何种底拱结构，都必须使底拱两端压在墙下，与墙连成一个整体。

5.4.6.2 加强对水的治理

岩体中地下水的赋存与活动，既影响围岩的应力状态，又影响围岩的强度，进而影响巷道的稳定。实践证明:许多巷道只要是干燥的,即便通过软弱的或破碎的岩层时,围岩稳定性总是较好的或危害比较微弱,且易被克服,而存在地下水时,情况就要复杂得多。地下水的影响表现在静水压力作用、动水压力作用、对软弱岩体及软弱夹层的软化和泥化作用、对可溶性岩体的溶蚀作用及对滑动面的润滑作用等,水的存在会给施工造成很多困难。因此,必须加强巷道施工与后期使用过程中对水的治理工作。

煤矿井下巷道施工遇到的水主要包括岩层地下水、施工工程用水、空气水分三个部分。在施工中应分别加以处理。

(1) 地下岩层中赋存的水,水量大的可以提前打钻疏水;对于巷道水,应及时修建永久性水沟或用水管导引外流到永久性水沟;巷道低凹易积水处用小井集中后用风泵排入正式水沟。

(2) 工程水,应尽量减少工程用水,在膨胀岩中禁止用水冲洗岩面和钻孔,必须用干式凿岩、干式吸尘。

(3) 空气水分,巷道开挖后尽力及时用高强速凝防水喷射混凝土封闭岩面,及时隔离空气造成巷道围岩干湿交替。

井下巷道工作面处对水的处理是很复杂的,因此往往不被施工人员所重视,但是在软岩条件下,必须引起注意和采取措施处理。

5.4.6.3 加强巷道施工与使用过程中的监测

由于深部巷道处于复杂地质力学环境中,巷道施工与使用过程中的每一个环节都存在不确定性,因此巷道施工和使用过程中的监测就显得尤为重要。工程监测的主要目的是了解围岩的稳定性和支护结构的工作状态,为巷道支护、加固措施的制定提供依据。

巷道工程监测的主要内容包括围岩表面及内部的位移、应力变化、围岩与衬砌之间的接触压力、衬砌内部的应力、支护锚杆(索)中的应力等。在松软岩层巷道施工监测过程中,可用收敛计测量巷道的收敛变形;用水准仪测量顶板下沉量和底鼓量;用各种多点式位移计量测岩层内不同深度处的位移,从而可以算出位移速度。在这些信息中,又以位移量最容易准确量测并容易实现反馈。因此,位移量测应放在首位,其他量测可与位移观测配合进行,相互对照比较,综合分析观测结果,为支护方案的确定和支护参数的优化、修改设计参数和确定二次支护时间提供依据。

对于采用预应力锚杆、锚索支护的巷道,要有计划地检查锚杆预紧力的变化,并及时对锚杆螺母进行二次或多次紧固,以确保锚杆的支护效果。

地应力特别大的矿区,还应量测构造应力场,这对合理布置巷道,减轻地应力对巷道的作用具有重要的指导作用。

5.4.6.4 改善巷道围岩的应力状态

采深大,地应力高,是造成深部软岩巷道稳定性差、支护困难的根本原因。采取有效措施,减缓乃至消除巷道围岩的高地应力,是维护深部软岩巷道稳定的关键。

爆破卸压能够将作用于巷道周边的集中应力或高应力向围岩深部转移,从而减缓、降低巷道周边地应力的作用水平,是深部高应力软岩巷道支护以及使用与维护的一种有效的辅助手段。爆破卸压技术在国内外许多矿井的巷道支护中得到应用,并取得良好效果。当然这种技术仍有许多关键问题还没完全解决,但是无疑它为巷道使用与维护提供了有限保证，是一种可供选择的方法。

此外，开卸压槽、掘卸压巷道等也是改善巷道围岩应力环境的有效手段，在实践中也发挥了重要作用。

以上所述为巷道支护系统工程思想方法的全面内容，不仅可以用于对浅部新建矿井巷道支护工作的管理，更适用于对深部矿井巷道支护的全过程管理。从这个意义上来讲，需要将巷道支护的很多工作前移，而不是只在巷道开挖过程中以及投入运营后才去开展巷道支护工作，这种思想方法的应用，无疑会显著提升深部巷道支护的效率和质量。

参 考 文 献

[1] 张鑫. 2021 年中国智慧矿山行业市场现状分析，煤矿开采智能化市场空间广阔[EB/OL]. [2022-07-22]. https://www.huaon.com/channel/trend/821294.html.

[2] 中国煤炭工业协会. 2022 年中国煤炭工业经济运行报告[EB/OL]. [2023-07-23]. http://lwzb.stats.gov.cn/pub/lwzb/bztt/202306/W020230605413585081179.pdf.

[3] 罗林，2023 年 1-9 月中国煤炭行业产量规模及增长情况，前瞻数据库[EB/OL]. [2023-10-26]. https://d.qianzhan.com/xnews/detail/541/231026-6a4d3f7c.html.

[4] 王龙，郭浩天，马滈桉，快速掘进工艺下深部巷道合理空顶距研究[J] 煤炭技术，2023，42(9)：74-80.

[5] 侯恩科，谢晓深，王双明，等. 中深埋厚煤层开采地下水位动态变化规律及形成机制[J]. 煤炭学报，2021，46(5)：1404-1416.

[6] 高明忠，叶思琪，杨本高，等. 深部原位岩石力学研究进展[J]. 中国科学基金，2021，35(6)：895-903.

[7] 康红普，王金华，林健. 高预应力强力支护系统及其在深部巷道中的应用[J]. 煤炭学报，2007，32(12)：1233-1238.

[8] 孙广京，朱斯陶，姜福兴，等. 深井特厚煤层工作面强烈动压区安全开采技术[J]. 煤炭学报，2015，40(增 1)：12-18.

[9] 张农，陈红，陈瑶. 千米深井高地压软岩巷道沿空留巷工程案例[J]. 煤炭学报，2015，40(3)：494-501.

[10] 马念杰，马海燕，王银伟，等，深部大变形巷道支护原理与柔性锚索支护技术，采矿与安全工程学报，2023，46(5)：957-964.

[11] 康红普. 巷道围岩控制需深入研究的九大问题[EB/OL]. [2021-12-5]. https://www.sohu.com/a/450983907_120059709.

[12] RABCEWICZLV，GOLSERJ. Principles of dimensioning the supporting system for the "New Austrian Tunnelling Method"[J]. Water power，1973，25(3)：88-93.

[13] SALAMON M D，ORAVECZKI. Mathematical analysis of the stress and displacement distributions around bord and pillar workings[J]. Coal mining research controlling council，1965，2(5)：159-185.

[14] GALE W J. Strata control utilizing rock reinforcement techniques and stress control methods，in Australian coal mines[J]. Mining engineer，1991，150(352)：247-253.

[15] 左建平，刘海雁，徐丞谊，等，深部煤矿巷道等强支护力学理论与技术[J]. 中国矿业大学学报，2023，52(4)：625-647.

[16] BERIKOV. The reason for the application of high bearing capacity reinforcement

support in coalmine prefabricated roadway [J]. Bulletin of mountain information analysis (science and technology journal),2007(8):68-72.

[17] DEMIN VF, DEMINA T V, ALIYEVSB, et al. Use anchor timing to prepare estimates of roadway deformation process parameters [J]. Bulletin of mountain information analysis(journal of science and technology),2012(7):44-55.

[18] ZEYNULLIN A, ABEUNOV E, DEMIN V F, et a. Evaluation of mining support methods based on mine anchoring technology in the Karaganda coalfield[J]. Coal, 2021,2(1139):4-9.

[19] COGGAN J, GAO F Q, STEAD D, et al. Numerical modelling of the effects of weak immediate roof lithology on coal mine roadway stability[J]. International journal of coal geology,2012,90:100-109.

[20] THENEVIN I, BLANCO-MARTÍN L, HADJ-HASSEN F, et al. Laboratory pull-out tests on fully grouted rock bolts and cable bolts: Results and lessons learned[J]. Journal of rock mechanics and geotechnical engineering,2017,9(5):843-855.

[21] 刘德军,左建平,刘海雁,等.我国煤矿巷道支护理论及技术的现状与发展趋势[J].矿业科学学报,2020,5(1):22-33.

[22] 康红普.我国煤矿巷道围岩控制技术发展 70 年及展望[J],岩石力学与工程学报,2021,40 (1):1-30。

[23] 张农,高明仕.煤巷高强预应力锚杆支护技术与应用[J].中国矿业大学学报,2004,33(5):34-37.

[24] 张农,王成,高明仕,等.淮南矿区深部煤巷支护难度分级及控制对策[J].岩石力学与工程学报,2009,28(12):2421-2428.

[25] 马念杰,赵志强,冯吉成.困难条件下巷道对接长锚杆支护技术[J].煤炭科学技术,2013,41(9):117-121.

[26] 马念杰,赵希栋,赵志强,等.深部采动巷道顶板稳定性分析与控制[J].煤炭学报,2015,40(10):2287-2295.

[27] 连传杰,徐卫亚,王志华.一种新型让压管锚杆的变形特性及其支护作用机理分析[J].防灾减灾工程学报,2008,28(2):242-247.

[28] 张志康,王连国,单仁亮,等.深部动压巷道高阻让压支护技术研究[J].采矿与安全工程学报,2012,29(1):33-37.

[29] 何满潮,李晨,宫伟力.恒阻大变形锚杆冲击拉伸实验及其有限元分析[J].岩石力学与工程学报,2015,34(11):2179-2187.

[30] 何满潮,吕谦,陶志刚,等.静力拉伸下恒阻大变形锚索应变特征实验研究[J].中国矿业大学学报,2018,47(2):213-220.

[31] 赵洪亮,姚精明,何富连,等.大断面煤巷预应力桁架锚索的理论与实践[J].煤炭学报,2007,32(10):1061-1065.

[32] 严红,何富连,徐腾飞.深井大断面煤巷双锚索桁架控制系统的研究与实践[J].岩石力学与工程学报,2012,31(11):2248-2257.

[33] 侯朝炯,王襄禹,柏建彪,等.深部巷道围岩稳定性控制的基本理论与技术研究[J].中

国矿业大学学报,2021,50(1):1-12.
[34] 康红普,冯志强.煤矿巷道围岩注浆加固技术的现状与发展趋势[J].煤矿开采,2013(3):1-7.
[35] 刘文永,王新刚,冯春喜,等.注浆材料与施工工艺[M].北京:中国建材工业出版社,2008.
[36] 罗平平,何山,张玮,等.岩体注浆理论研究现状及展望[J].山东科技大学学报(自然科学版),2005,24(1):46-48.
[37] 臧德胜,李安琴.钢管砼支架的工程应用研究[J].岩土工程学报,2001,23(3):342-344.
[38] 王璨.双层钢板高强混凝土弧板支架受力机理与承载力研究[D].合肥:安徽建筑工业学院,2013.
[39] 吴丽丽,王慧,徐翔,等.波形钢腹板支架支护技术的研究进展综述[J].矿业科学学报,2021,6(5):524-535.
[40] 左建平,孙运江,王金涛,等.大断面破碎巷道全空间桁架锚索协同支护研究[J].煤炭科学技术,2016,44(3):1-6.
[41] 左建平,文金浩,刘德军,等.深部巷道等强支护控制理论[J].矿业科学学报,2021,6(2):148-159.
[42] 文金浩.深部巷道等强支护控制理论模型研究[D].北京:中国矿业大学(北京),2021.
[43] 左建平,史月,刘德军,等.深部软岩巷道开槽卸压等效椭圆模型及模拟分析[J].中国矿业大学学报,2019,48(1):1-11.
[44] 洪紫杰.纳米黏土改性注浆材料水化机理及加固围岩力学模型研究[D].北京:中国矿业大学(北京),2021.
[45] 高延法,王波,王军,等.深井软岩巷道钢管混凝土支护结构性能试验及应用[J].岩石力学与工程学报,2010,29(增1):2604-2609.
[46] 李围.隧道及地下工程 FLAC 解析方法[M].北京:中国水利水电出版社,2009.
[47] 陈育民,徐鼎平.FLAC/FLAC3D 基础与工程实例[M].北京:中国水利水电出版社,2009.
[48] 蔡建德,刘建辉,李化敏.爆破卸压技术在防治岩爆中的应用研究[J].爆破,2008,25(1):1-4.
[49] VLADIMÍR S. Energy evaluation of de-stress blasting[J]. Actamontanistica Slovaca,1997,2(1):11.
[50] 王永岩,高菲,齐珺.软岩巷道爆破卸压方法的研究与实践[J].矿山压力与顶板管理,2003,20(1):13-15.
[51] 田建胜,靖洪文.软岩巷道爆破卸压机理分析[J].中国矿业大学学报,2010,39(1):50-54.
[52] 周同龄,李玉寿,高春花.巷道底鼓的爆破卸压[J].矿山压力与顶板管理,1997,3(4):158-160.
[53] 张超.煤巷掘进中深孔松动控制爆破防治煤与瓦斯突出技术的研究[D].北京:中国地质大学,2005.

[54] 夏红兵，徐颖，宗琦等，深部软岩巷道爆破卸压技术及工程应用研究[J]. 安徽理工大学学报(自然科学版)，2007，27(1)：13-16.
[55] 白利斌. 深部高应力软岩巷道围岩控制技术研究[M]. 徐州：中国矿业大学，2022.
[56] 袁超. 深部巷道围岩变形破坏机理与稳定性控制原理研究[D]. 湘潭：湖南科技大学，2017.
[57] 朱初初. 基于能量分析的锚杆与锚索协调支护技术研究[M]. 徐州：中国矿业大学，2015.
[58] 左建平，问金浩，胡顺银，等. 深部煤矿巷道等强梁支护理论模型及模拟研究[J]. 煤炭学报，2018，43(增刊 1)：1-11.